用ChatGPT 做软件测试

于涌　田璐　蓝葛亮　于跃　编著

U0381910

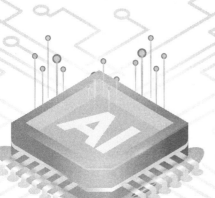

人民邮电出版社

北　京

图书在版编目（CIP）数据

用 ChatGPT 做软件测试 / 于涌等编著. -- 北京 : 人民邮电出版社, 2024. -- ISBN 978-7-115-64929-4

Ⅰ. TP311.55

中国国家版本馆 CIP 数据核字第 2024UK8612 号

内 容 提 要

　　本书以目前流行的大语言模型 ChatGPT 为基础，用丰富的案例演示 ChatGPT 在软件测试中的赋能作用。本书主要介绍如何用 ChatGPT 生成需求规格说明书、测试计划、功能测试用例、自动化测试用例、接口测试用例、测试数据和性能测试用例，以及 ChatGPT 在分析测试结果、辅助 CI（Continuous Integration，持续集成）、生成测试总结报告和职业发展中的应用等。

　　本书内容通俗易懂，案例丰富，涵盖软件测试的功能测试、性能测试、接口测试和自动化测试等。通过阅读本书，读者可以借助大语言模型（简称大模型）提高测试效率和研发效率，提升测试工作质量。本书适合软件测试人员、项目管理人员、研发人员及关注软件效能提升的相关人员阅读，也适合希望借助大语言模型提升工作效率的技术人员阅读。

◆ 编　著　于　涌　田　璐　蓝葛亮　于　跃

　　责任编辑　张　涛

　　责任印制　王　郁　焦志炜

◆ 人民邮电出版社出版发行　　北京市丰台区成寿寺路 11 号

　　邮编　100164　　电子邮件　315@ptpress.com.cn

　　网址　https://www.ptpress.com.cn

　　大厂回族自治县聚鑫印刷有限责任公司 印刷

◆ 开本：800×1000　1/16

　　印张：18.5　　　　　　　　　2024 年 11 月第 1 版

　　字数：341 千字　　　　　　　2024 年 11 月河北第 1 次印刷

定价：79.80 元

读者服务热线：（010）81055410　印装质量热线：（010）81055316

反盗版热线：（010）81055315

广告经营许可证：京东市监广登字 20170147 号

前　言

当前的软件开发和测试处于项目规模日益增大、版本迭代速度加快、时间紧迫和任务繁重的复杂环境。这不仅使软件研发和测试团队面临巨大挑战，还对整个项目团队的工作效率提出了新的要求。那么，如何有效地提升团队的工作效率？这个问题对于承担重要责任的测试团队而言尤为关键。

在这样的背景下，人工智能（Artificial Intelligence，AI）和人工智能生成内容（Artificial Intelligence Generated Content，AIGC）的兴起，尤其是 ChatGPT 在智能对话、AI 编程等多个领域的成功应用，为我们提供了新的测试视角和工具。如何将 ChatGPT 应用于软件测试，实现从自动化到智能化、数字化的飞跃？本书对此进行了解答。本书围绕 ChatGPT 在软件测试全过程中的应用展开，每一章都是经过精心设计的，旨在带给读者关于 ChatGPT 应用的知识和实践经验。从需求规格说明书、测试计划的生成，到功能测试、自动化测试的深度应用，再到接口测试和性能测试的高效实现，每一步都体现了 AI 技术的精妙和实用性。本书还探讨了 ChatGPT 在测试数据生成、测试结果分析和 CI 流程中的创新应用，以及在职业发展中的应用。此外，本书提供了书中讲解的部分脚本文件和案例等配套学习资料，读者可通过关注公众号"AI 智享空间"或在异步社区本书页面中获取下载链接。

感谢家人、朋友在我写作本书的过程中给予我的鼓励和支持，特别感谢编辑团队精益求精的工作态度。正是因为有了他们，本书才得以完善并呈现在读者面前。

最后，感谢读者选择本书。无论是刚进入软件测试行业的新手，还是经验丰富的软件测试专家，阅读本书都将有所收获。本书编辑联系邮箱为 zhangtao@ptpress.com.cn。

注：本书中 ChatGPT 的输出均由机器自动生成，可能存在语法、标点、一致性等方面的问题，为了保持输出的完整性，未特意修改，特此说明。

于涌

目　　录

第1章 ChatGPT 生成需求规格说明书

1.1 ChatGPT 在需求分析中的角色

需求分析是软件开发过程中至关重要的一个阶段，可为软件项目的成功奠定坚实的基础。在这个阶段，产品经理扮演着关键的角色，将实际业务需求转化为软件项目中的具体功能需求和非功能需求。这个阶段不仅包括对业务操作的需求分析，还涉及数据存储和流转等方面。所有需求最终被详尽地记录在一份关键文档中，即软件需求规约（Software Requirements Specification，SRS），又称需求规格说明书。

需求规格说明书是软件项目团队成员遵循的标准和行动指南。开发人员根据这份文档中的功能需求和非功能需求，进行软件项目的框架设计、功能实现、性能优化和数据库结构设计。同时，测试人员也依据这份文档来验收软件产品的功能特性和非功能特性。因此，需求规格说明书不仅是一份详细描述需求的文档，还是确保项目顺利进行的关键参考资料。

一份高质量的需求规格说明书通常具备以下关键特性。

1）完整性：需求规格说明书中的每项需求应详细、清晰地描述其要实现的功能，以便开发人员了解所有必要的相关信息。这可保证开发团队能够全面理解需求并据此实施。

2）正确性：需求规格说明书应准确描述每项需求所需实现的功能。这意味着需求必须精确、无误，并且反映用户的真实意图。

3）可行性：需求规格说明书中的需求应在已知的系统、环境和具体范围内可实现。为确保需求的可行性，建议在需求调研阶段，技术人员（即具备全面技术知识的开发人员）与需求分析人员共同工作，负责检查需求的可行性。

4）必要性：需求规格说明书中的每项需求应记录用户真正需要的标准。

5）无二义性：需求规格说明书中的每项需求对所有读者来说都应该有一个明确且统一的解释。在撰写需求规格说明书时，应尽量用简洁明了的语言清晰描述每项需求，避免模棱两可的描述。

ChatGPT 作为一个先进的自然语言处理工具，在软件开发过程的需求分析阶段发挥着多重辅助作用。首先，它通过对话界面，与项目相关人员交互，有效地收集和整理初步需求信息，为需求规格说明书的编写奠定基础。接着，ChatGPT 能够利用其强大的语言处理能力，将用户的非正式需求表达转化为清晰、具有无二义性的技术文档草稿。在需求验证和反馈阶段，它通过与团队成员、用户的即时交互，确保需求的正确性和完整性，并能快速根据反馈意见进行需求规格说明书（需求文档）的更新。它尽管不直接参与可行性分析，但能提供相关技术信息，协助团队评估需求实现的可能性。总之，ChatGPT 在需求分析阶段中的应用，可极大地提升分析的效率和质量，对软件项目的成功起到积极推动作用。

1.1.1　ChatGPT 的自动文本生成能力

ChatGPT 以其卓越的自动文本生成能力而受到推崇，特别是在生成高质量的文本内容方面表现出色。这一能力在软件开发过程的需求分析阶段尤为重要。编写需求规格说明书时，使用 ChatGPT 能够显著提升工作效率和文档质量。

ChatGPT 能够协助项目团队生成清晰、详尽的需求描述。无论是功能需求（例如，软件应具备的功能和操作），还是非功能需求（如性能标准、安全需求），乃至界面设计的具体要求，ChatGPT 都能提供结构化和精确的文本内容。这不仅可节省团队成员编写需求文档时耗费的时间和精力，还可确保需求的全面性和系统性。

此外，ChatGPT 的自动文本生成能力还有助于减少人为因素引发的需求不一致和模糊性问题。通过其强大的语言处理能力，ChatGPT 能够生成表述清晰、逻辑严密的文本，从而提高需求规格说明书的一致性和准确性。这对于确保软件开发过程中的每一步都基于准确、清晰的需求来说至关重要。

综上所述，ChatGPT 的自动文本生成能力不仅可优化需求规格说明书的编写流程，还可提升其质量，这对整个软件项目的成功起着关键作用。

1.1.2　ChatGPT 的信息提取和分析能力

ChatGPT 在信息提取和分析方面表现出众。信息提取和分析能力在软件开发过程的需求分析阶段尤为关键，尤其是在捕捉和整理具有多样化来源的需求信息时。

首先，ChatGPT 能够从复杂和庞大的数据集中快速、准确地提取关键信息。这意味着在收集需求信息时，无论这些信息来自用户、项目干系人、市场调研报告还是项目团队成员，ChatGPT 都能有效地提取出关键信息。这对于确保在需求文档中不遗漏任何重要需求至关重要。

其次，除了提取信息，ChatGPT 还擅长分析需求之间的相互关系。它可以识别不同需求间是否存在依赖性和冲突性，帮助项目团队更好地管理和优化需求。这种能力对于理解项目的整体结构和各部分如何相互作用是非常有价值的。

综上所述，ChatGPT 的信息提取和分析能力不仅可提高需求分析的效率和质量，还可为整个软件开发过程的决策提供强有力的支持。

1.1.3 ChatGPT 的协作和沟通支持

在软件开发过程的需求分析阶段，团队成员间的有效沟通是确保项目顺利进行的关键因素。在这个阶段中，ChatGPT 不仅是一个工具，更是促进产品团队、开发团队和测试团队的成员之间协作和沟通的桥梁。

首先，ChatGPT 能够帮助团队生成关键的会议记录、讨论总结以及需求变更通知。这一功能有助于确保所有团队成员能够实时获取更新的信息，并共享一致的信息。这种信息的一致性对于团队成员理解各自的职责和需求文档的变化至关重要。

其次，ChatGPT 还可以用作自动回复工具，以解答团队成员或干系人的常见问题。这不仅可提高沟通效率，还有助于降低常规查询产生的沟通成本。例如，当团队成员对某个特定需求的细节有疑问时，ChatGPT 可以快速提供相关信息，减少不必要的会议和降低沟通成本。

此外，ChatGPT 的这些功能使得沟通变得更加高效和透明。它通过自动化常规沟通任务，使团队成员可以将更多的时间和精力投入核心的需求分析和软件开发活动。

综上所述，ChatGPT 在需求分析中的协作和沟通支持不仅可提高团队工作的效率，还可加强信息的共享，从而为软件项目的成功打下坚实的基础。

1.2 ChatGPT 生成需求规格说明书的相关内容与方法

本节将专注于深入探索 ChatGPT 在生成需求规格说明书方面的相关内容与方法，将理论与实际案例相结合，以展示 ChatGPT 应用在生成需求规格说明书方面的有效性和实用性。

1.2.1 ChatGPT 生成需求规格说明书的相关内容

ChatGPT 的自动文本生成能力是其最引人注目的能力之一。在软件开发过程中，无论是产品人员、研发人员还是测试人员都非常关注自动文本生成能力。这种能力源于 ChatGPT 对大量数据的深度理解和总结，这使其在软件开发中，特别是在编写需求规格说明书时，发挥重要作用。

在功能需求方面，利用 ChatGPT，项目团队成员可以输入项目的背景、用户需求和系统功能的基本概念，以生成详尽的功能需求描述。这不仅有助于精确地界定项目的功能，还可确保团队成员对系统功能有清晰且一致的理解。

在性能需求方面，ChatGPT 能够根据预期性能指标和用户的期望水平，生成具体的性能需求描述。这包括系统支持的用户数量、业务响应时间、吞吐量和可伸缩性等。ChatGPT 还可以辅助定义和规划测试的不同类别，如性能测试、负载测试、压力测试等，以确保系统性能的全面评估和优化。

在安全需求方面，ChatGPT 不仅能协助定义系统的数据保密性、完整性和可用性，还能帮助制定用于防范潜在威胁和攻击的策略。例如，它可以提供针对 SQL（Structure Query Language，结构查询语言）注入、跨站脚本攻击的防护策略等，从而全面提升系统的安全性。

在界面设计方面，ChatGPT 能够根据设计团队的要求和预期的用户体验，生成具体的界面设计需求描述。这不仅包括基本的布局、颜色方案、字体，还包括交互元素和用户流程的设计，以确保界面设计不仅美观，还提供优秀的用户体验。

ChatGPT 在用例（Use Case）生成方面的能力特别强大，能够自动创建描述系统响应外部请求的各种场景。其生成的用例不仅包括标准操作流程，还涵盖异常情况处理、用户交互多样性和系统集成等复杂场景，帮助开发人员和利益相关者全面理解系统的需求和功能。

通过将 ChatGPT 应用在以上各方面，不仅可提高生成需求规格说明书的内容质量，还可加强团队对需求的共识。这些应用不仅展示了 ChatGPT 技术的先进性，而且在实际的软件开发过程中具有实用性，可为软件项目的成功奠定坚实的基础。

1.2.2　ChatGPT 生成需求规格说明书的方法

在确定了 ChatGPT 可用于生成需求规格说明书之后，便可利用 ChatGPT 生成这一文档。为了帮助读者更好地理解 ChatGPT 在需求规格说明书生成中的实际应用，笔者将详细介绍操作步骤。

1）访问 ChatGPT 平台并输入相关提示词（Prompt）。这些提示词应涵盖项目的基本信息，包括项目背景、预期功能、目标用户群体等。

2）利用 ChatGPT 提供的输出内容，并结合项目的详细信息（如用户体验、非功能需求等），与 ChatGPT 进行多轮交互。通过这一步，生成需求规格说明书的初稿。产品人员根据公司标准对初稿进行整理，形成一份正式的需求规格说明书。

3）项目团队对需求规格说明书进行仔细的阅读、检查和评审，以确保需求规格说明书满足项目的所有相关需求。这一步至关重要，因为它可保证需求规格说明书的正确性和完整性。

4）收集项目团队的反馈和意见后，产品人员对需求规格说明书进行必要的修改和更新，以形成最终的需求规格说明书。这份需求规格说明书将作为项目团队共同遵循的标准性需求文档。

应用 ChatGPT 的优势在于它显著提高了需求规格说明书的生成效率，减少了手动编写的时间，同时也降低了遗漏关键信息的风险。虽然 ChatGPT 的应用方法可能会根据项目的性质和需求而有所不同，但通常它都是一个有利的工具，用于快速生成需求规格说明书，从而提高效率，减少错误，并确保产品团队、开发团队和测试团队对需求规格说明书的理解的一致性。

在使用 ChatGPT 生成需求规格说明书时，应遵循以下原则。

1）明确信息：为确保 ChatGPT 能够生成准确的需求规格说明书，输入信息应尽可能详细和清晰，包括项目的上下文、用户需求、功能需求和非功能需求等。

2）人工审查：尽管 ChatGPT 能够生成高质量的需求规格说明书，但需求规格说明书仍需要经过团队成员的人工审查和修订，以确保其正确性和完整性。

3）多次迭代：通常情况下，ChatGPT 生成的需求规格说明书应被视为初稿，需要团队成员共同迭代和完善，以确保需求规格说明书满足项目的特定需求。

4）适当培训：为了有效利用 ChatGPT，团队成员需要接受适当的培训，了解如何最大限度地利用这一工具，并理解其潜在的局限性。

通过这些步骤和原则，ChatGPT 可以成为软件开发过程中生成需求规格说明书的有力工具，为项目团队的效率和质量提升提供保障。

1.3　提示词决定生成内容质量

在 1.2.2 小节中，我们在探讨使用 ChatGPT 生成需求规格说明书的操作步骤时，提到了"提示词"。那什么是提示词呢？在 AI 和自然语言处理领域，我们提交给 ChatGPT 的文本消息被称为提示词。这个术语至关重要，因为它会直接影响 ChatGPT 对需求的理解和生成内容的质量。

要使 ChatGPT 准确无误地理解用户的需求，并生成高质量的内容，选择和使用正确的提示词至关重要。这类似于我们平时与他人交流时，为了避免误解和产生歧义，我们需要清晰、具体地表达自己的意图和内容。在与 ChatGPT 的交互中，提示词就像是沟通的桥梁，它的质量决定了 ChatGPT 对用户需求的理解程度以及生成内容的相关性和准确性。

1.3.1　什么是好的提示词

好的提示词可以引导 ChatGPT 生成更加准确和有用的内容，避免模糊或不相关的输出。以下是一些好的提示词的特点。

1）明确而简洁：提示词应当清楚地表达问题或需求，不要过于复杂或含糊不清。

示例：解释一下 AI 的定义。

2）具体且具备上下文：提示词应当包含具体的上下文信息，以便 ChatGPT 理解问题的背景和要求。

示例：我想了解 AI 是如何学习和模仿人类智能的。

3）明确回答类型：如果期望得到解释、定义、例子等类型的回答，可以通过提示词明确说明。

示例：请给我一个关于如何自动生成功能测试用例的例子。

4）逐步引导：对于复杂问题，可以逐步引导 ChatGPT 给出回答以确保回答的准确性。

示例：首先，解释一下等价类用例设计方法是什么，然后，将它应用到测试设计中。

5）使用具体问题：在提示词中直接提出具体问题，而不仅仅是使用陈述性文字，有助于明确需求。

示例：你能告诉我 TPS（Transaction Per Second，每秒交易数）指标在性能测试中的作用是什么吗？

6）避免歧义：避免使用模糊或具有多义性的词语，以确保 ChatGPT 正确理解用户的意图。

示例：请解释一下在计算机科学中，"网络"是指什么。

7）背景信息：在需要的情况下，提供相关背景信息以便 ChatGPT 更好地理解问题。

示例：关于机器学习中的监督学习和无监督学习，你能比较一下它们的不同吗？

8）请求例子：如果希望得到例子来支持回答，可以明确要求 ChatGPT 提供相关例子。

示例：给我一个实际生活中使用机器学习的例子。

9）对比和类比：可使用对比或类比来帮助 ChatGPT 理解抽象或复杂的概念。

示例：请使用类比方法，解释神经网络的工作原理。

10）问题细化：在提示词中可以将大问题分解成多个具体的小问题，以便 ChatGPT 逐步回答。

示例：首先，解释一下什么是 AI，然后，谈谈它的应用领域。

11）指定角色：可以激发 ChatGPT 在特定角色下输出有深度和价值的内容，让对话更加富有创意和趣味性。

示例 1：你是一名科学普及工作者，准备给小学生讲解关于太阳系的知识，请用简单的语句解释一下为什么地球会有四季变化的现象。

示例 2：你是一名研究生，正在撰写一篇关于 AI 在软件研发领域应用的论文。请详细描述研究方法、实验结果以及 AI 对软件研发领域的影响。

总之，好的提示词应当明确而简洁、具备上下文、明确要求，并根据需要逐步引导 ChatGPT 回答等。根据需要和具体情况，项目团队可调整提示词的内容以获得更准确和有价值的回答。

1.3.2 提示工程框架

Elvis Saravia 的提示工程框架可以为我们编写清晰、明确的提示词提供参考，他认为提示词里需包含以下 4 个要素：指令、背景信息、输入数据和输出指示器。

这个框架旨在帮助用户更有效地与大模型进行交互和引导其生成内容。下面对这 4 个要素进行解释。

- 指令（必填）：这是最重要的部分，应明确告诉大模型需要执行的具体任务。指令应该清晰、简洁，并明确说明希望大模型做什么。例如，想让大模型生成一篇文章，指令可以是"请写一篇关于太阳系的文章，包括行星、恒星和卫星等的基本信息。"指令的明确性可以帮助大模型更好地理解用户的意图。

- 背景信息（选填）：可以提供额外的背景信息，以便大模型更好地理解任务。这可以是与任务相关的背景知识、特定条件或约束等。例如，想让大模型生成一篇文章，且希望它具有科普性，可以提供背景信息"这篇文章是为学生写的，所以请使用简单的语言。"背景信息可以帮助大模型更好地满足用户的需求。

- 输入数据（选填）：在任务需要处理特定的数据时指定。这可以是文本、数字等。例如，要求大模型进行翻译，可以在输入数据中提供待翻译的句子。提供输入数据可以帮助大模型更好地理解任务的上下文。

- 输出指示器（选填）：输出指示器用于告诉大模型期望的输出类型或格式。例如，想让大模型生成一段代码，则可以在输出指示器中指定代码的编程语言，如 Python。这有助于确保大模型生成符合期望的输出。

下面结合几个基于不同任务的例子，介绍如何应用 Elavis Saravia 的提示工程框架。

（1）文章生成任务

- 指令：请写一篇关于 AI 的文章，重点介绍其应用和未来的发展。
- 背景信息：这篇文章将在某科技杂志上发表，所以请使用专业术语，参考最新研究。
- 输入数据：无。
- 输出指示器：输出文章应该包括标题、引言、正文和结论。

（2）翻译任务

- 指令：将以下英文语句翻译成中文。
- 背景信息：这是一份旅行手册，所以请使用常见的旅行术语。
- 输入数据："Welcome to Beijing! Explore this ancient city and discover its rich history."。
- 输出指示器：输出应为中文语句，包括标点符号和正确的语法。

（3）代码生成任务

- 指令：请为下面的问题编写一个 Python 程序，计算给定数字列表的平均值。
- 背景信息：这供初学者参考，请使用简单的代码。
- 输入数据：[10, 20, 30, 40, 50]。
- 输出指示器：输出应该是一个完整的 Python 程序，它可以计算并输出数字列表的平均值。

（4）对话生成任务

- 指令：与用户模拟一次预订餐厅的对话。
- 背景信息：你是一名餐厅预订助手，需要收集用户姓名、日期、时间和人数等信息。
- 输入数据：无。
- 输出指示器：输出应该是一个完整的对话，包括用户的问题和餐厅预订助手的回答，以完成餐厅的预订。

这些例子详细展示了如何应用 Elvis Saravia 的提示工程框架有效地构建提示词，这是确保 AI 模型准确理解任务并生成高质量内容的关键步骤。

1.4 实际案例：ChatGPT 生成需求规格说明书的实践

相信很多人都用过百度搜索，为便于读者在理解相关项目的同时掌握 ChatGPT 的使用方法，这里，笔者使用 ChatGPT 生成一份百度搜索项目需求规格说明书。但是，不要误认为 ChatGPT 只能生成已有项目的需求规格说明书，事实上 ChatGPT 拥有丰富的、已经训练好的模型，通常输入任何内容，它都会给出响应结果。

登录 ChatGPT，输入"你是一名优秀的产品经理，现在请你写一份基于百度搜索项目的需求规格说明书，谢谢。"，ChatGPT 生成的部分需求规格说明书如图 1-1 所示。

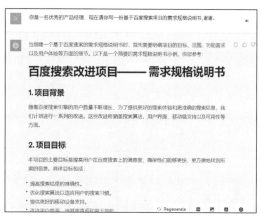

图 1-1　ChatGPT 生成的部分需求规格说明书

以下为 ChatGPT 生成的完整的需求规格说明书。

ChatGPT 生成的完整的需求规格说明书

当创建一个基于百度搜索的需求规格说明书时，首先需要明确项目的目标、范围、功能需求以及用户体验等方面的细节。以下是一个简要的需求规格说明书示例，供您参考：

百度搜索改进项目——需求规格说明书

1. 项目背景

随着百度搜索引擎的用户数量不断增长，为了提供更好的搜索体验和更准确的搜索结果，我们计划进行一系列的改进。这些改进将涵盖搜索算法、用户界面、移动端支持以及可用性等方面。

2. 项目目标

本项目的主要目标是提高用户在百度搜索上的满意度，确保他们能够更快、更方便地找到所需的信息。具体目标包括如下。

- 提高搜索结果的准确性。
- 优化搜索算法以适应用户的搜索习惯。
- 提供更好的移动设备支持。
- 改进用户界面，使其更直观和易于导航。

3. 功能需求

3.1　搜索算法改进

- 优化搜索算法以提高搜索结果的相关性和准确性。

- 引入自然语言处理技术，使搜索更智能化。
- 实施实时搜索建议功能，帮助用户更快地找到他们想要的内容。

3.2　移动设备支持

- 确保百度搜索在各种移动设备上的兼容性和响应速度。
- 提供适用于移动设备的用户界面和交互设计。
- 支持语音搜索和手写输入。

3.3　用户界面改进

- 重新设计搜索结果页面，提高可读性和可操作性。
- 引入卡片式结果显示，以更清晰地呈现不同类型的信息。
- 提供高级搜索选项，允许用户更精确地过滤搜索结果。

3.4　数据隐私与安全性

- 采取措施确保用户搜索数据的隐私和安全。
- 遵守适用的法律法规，包括数据保护法律。

4.　用户体验

用户体验是本项目的核心，我们将不断测试和改进，以确保用户获得以下体验。

- 更快的搜索速度和实时搜索建议。
- 更相关的搜索结果。
- 简化的用户界面，易于导航。
- 适用于各种设备的一致性体验。

5.　非功能需求

除了上述功能需求，还有一些非功能需求需要考虑，包括如下。

- 性能：确保搜索引擎在高负载情况下依然能够提供快速的响应。
- 可扩展性：设计系统以支持未来的扩展和增强功能。
- 安全性：保护用户数据的隐私和安全。
- 可用性：确保搜索引擎易于使用，适用于不同的用户群体。

6.　项目时间表

以下是项目的初步时间表，具体的里程碑和时间表将在项目启动时确定。

- 需求分析和规划：2 周
- 设计和开发：12 周
- 测试和质量保证：4 周
- 上线和发布：2 周
- 持续改进和维护：长期

7.　参与方

本项目将涉及以下参与方。

- 产品经理：负责项目规划和管理。
- 开发团队：负责实施功能需求。

- 设计团队：负责用户界面和用户体验设计。
- 测试团队：负责质量保证和测试。
- 数据隐私团队：负责用户数据隐私和安全。

8. 风险管理

在项目进行中，可能会涉及以下潜在风险。

- 技术挑战：搜索算法改进可能面临技术上的挑战。
- 用户接受度：用户可能需要一定时间来适应新的用户界面和功能。
- 数据隐私：需要遵守严格的数据隐私法规，以保护用户数据。

为了降低这些风险，我们将在项目计划中包括适当的风险管理策略。

这份需求规格说明书为项目的初步计划提供了一个框架。具体的细节和实施细节将在项目启动时与相关团队一起进一步讨论和确定。

ChatGPT 很快帮我们生成了一份"百度搜索改进项目——需求规格说明书"，但是它存在以下几个问题。

1）笔者的本意是想让 ChatGPT 基于目前的百度搜索项目生成需求规格说明书，并不是基于百度搜索改进项目。

2）在该需求规格说明书中，"3.功能需求"部分的内容都是基于现有功能的改进，不符合笔者的本意。

3）在该需求规格说明书中，"5.非功能需求"部分的内容太笼统。如果能给出一些具体的性能指标或者安全需求会更好，这部分内容需要改进。

4）在该需求规格说明书中没有功能需求、非功能需求用例。

在本部分，笔者的主要目的是演示如何通过与 ChatGPT 的迭代会话来提升需求规格说明书的质量，以及如何更有效地运用提示工程框架。因此不详细列出存在的所有问题，而只列出几个笔者认为重要的问题。

下面，依据 Elvis Saravia 的提示工程框架和生成百度搜索项目的需求规格说明书的任务，笔者重新组织了相关提示词，如下所示。

- 指令：请生成一份完整的百度搜索项目的需求规格说明书。
- 背景信息：你是一名优秀的产品经理，基于目前百度搜索项目编写需求规格说明书。
- 输入数据：无。
- 输出指示器："要求：输出一份名称为"百度搜索项目——需求规格说明书"的需求规格说明书，它在描述非功能需求，如系统性能要求和安全要求时要有明确的性能指标要求；用户界面的设计要有明确的布局、颜色方案、字体和交互元素要求。"

接下来，笔者将以上的提示词要素汇总，得到"请生成一份完整的百度搜索项目的需求规格说明书。你是一名优秀的产品经理，基于目前百度搜索项目编写需求规格说明书。要求：输出一份名为'百度搜索项目——需求规格说明书'的需求规格说明书，它在描述非功能需求，如系统性能要求和安全要求时要有明确的性能指标要求；用户界面的设计要有明确的布局、颜色方案、字体和交互元素要求。"，ChatGPT 生成的部分百度搜索项目——需求规格说明书如图 1-2 所示。

以下为 ChatGPT 生成的完整的百度搜索项目——需求规格说明书。

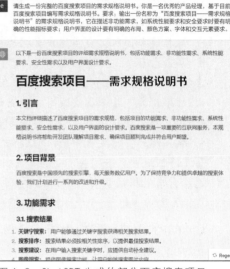

图 1-2　ChatGPT 生成的部分百度搜索项目——
需求规格说明书

ChatGPT 生成的完整的百度搜索项目——需求规格说明书

以下是一份百度搜索项目的详细需求规格说明书，包括功能需求、非功能性需求、系统性能要求、安全性需求以及用户界面设计要求。

百度搜索项目——需求规格说明书

1. 引言

本文档详细描述了百度搜索项目的需求规格，包括项目的功能需求、非功能性需求、系统性能要求、安全性需求，以及用户界面的设计要求。百度搜索是一项重要的互联网服务，本规格说明书将帮助开发团队理解项目需求，确保项目顺利完成并符合用户期望。

2. 项目背景

百度搜索是中国领先的搜索引擎，每天服务数亿用户。为了保持竞争力和提供卓越的搜索体验，我们计划进行一系列的改进和升级。

3. 功能需求

3.1　搜索结果

1. 关键字搜索：用户能够通过关键字搜索获得相关搜索结果。

2. 搜索排序：搜索结果必须按相关性排序，以提供最佳搜索结果。

3. 搜索建议：在用户输入搜索关键字时，应提供自动补全建议。

4. 图像搜索：提供图像搜索功能，让用户能够搜索图片内容。

5. 新闻搜索：用户可以搜索最新的新闻报道。

6. 视频搜索：提供视频搜索功能，包括过滤和排序选项。

3.2　用户体验

1. 响应时间：搜索结果应在 2 秒内加载完成。
2. 移动友好性：搜索页面必须在移动设备上提供出色的用户体验。
3. 个性化建议：根据用户的搜索历史和兴趣，提供个性化搜索建议。
4. 多语言支持：支持多种语言的搜索和搜索建议。

3.3　安全性

1. 防护机制：实施强大的防护机制，防止恶意软件和恶意网站在搜索结果中出现。
2. 隐私保护：严格保护用户隐私信息，不泄露用户搜索历史或个人信息。

4.　非功能性需求

4.1　系统性能要求

1. 搜索延迟：90%的搜索请求响应时间不得超过 2 秒。
2. 并发能力：系统应支持每秒处理至少 10 000 个并发搜索请求。
3. 可扩展性：系统必须能够在需要时水平扩展以满足不断增长的用户需求。

4.2　安全性需求

1. 数据加密：用户搜索数据必须以 AES-256 加密传输。
2. DDoS 防护：实施 DDoS 攻击防护机制，确保系统的可用性。
3. 安全审计：定期进行安全审计，确保系统不受安全漏洞威胁。

5.　用户界面设计要求

5.1　布局

1. 简洁布局：搜索页面应具有简单、直观的布局，将搜索框置于显眼位置。
2. 导航栏：页面顶部应包括清晰的导航栏，以便用户浏览其他百度服务。
3. 结果排列：搜索结果页应按照清晰的网格排列，每个结果之间应有适当的间距。

5.2　颜色方案

1. 白色背景：页面背景色应为白色，以确保清晰的对比度。
2. 蓝色主题：强调性颜色为蓝色，以保持品牌一致性。

5.3　字体

1. 清晰字体：使用易读的字体，确保搜索结果的文本清晰可见。
2. 字号一致：字体大小应保持一致，以提高页面的整体一致性。

5.4　交互元素

1. 响应式设计：页面应采用响应式设计，以适应不同设备和屏幕尺寸。
2. 点击区域：交互元素（如按钮）应具有足够的点击区域，以提高移动设备上的易用性。

6.　附录

6.1　术语定义

- 搜索结果页：用户提交搜索请求后看到的页面，显示相关搜索结果。
- 搜索建议：当用户输入搜索关键字时，系统提供的自动完成和相关搜索建议。

6.2　参考文献

百度搜索官方文档

该需求规格说明书旨在确保百度搜索项目的开发团队和相关利益相关者了解项目的详细需求，以便顺利推进项目并提供出色的搜索服务。各项需求和设计要求将在项目开发中得到遵循和实施。

这次 ChatGPT 输出的需求规格说明书的内容就很符合笔者的要求了。当然还可以在提示词中加入其他内容，如风险管理、项目周期等内容。是不是有人觉得需求规格说明书还缺少什么内容呢？是的，缺少需求规格说明书的用例。

那么 ChatGPT 能不能帮我们生成用例呢？让我们来尝试一下。

这里笔者以百度搜索项目的关键字搜索业务为例，让 ChatGPT 生成用例，提示词参考 Elvis Saravia 的提示工程框架。

- 指令：请生成一份百度搜索项目的关键字搜索业务用例。
- 背景信息：你是一名优秀的产品经理，基于目前百度关键字搜索业务编写用例。
- 输入数据：无。
- 输出指示器：输出用例，要求对用例进行编号，考虑用例的多种使用场景、扩展分支要有标识符号等。

接下来，笔者将以上提示词要素汇总，得到"请生成一份百度搜索项目的关键字搜索业务用例。你是一名优秀的产品经理，基于目前百度关键字搜索业务编写用例。输出用例，要求对用例进行编号，考虑用例的多种使用场景、扩展分支要有标识符号等。"。ChatGPT 生成的部分关键字搜索业务用例如图 1-3 所示。

图 1-3　ChatGPT 生成的部分关键字搜索业务用例

以下为 ChatGPT 生成的完整的关键字搜索业务用例。

ChatGPT 生成的完整的关键字搜索业务用例

以下是关于百度关键字搜索业务的一些功能用例，包括多种使用场景和扩展分支，每个用例都有唯一的编号。

关键字搜索业务用例

用例 1：执行基本关键字搜索

用例编号：UC-01

主要参与者：用户

描述：用户执行基本关键字搜索以获取相关搜索结果。

前置条件：用户已进入百度搜索页面。

主要流程

1. 用户在搜索框中输入一个或多个关键字。
2. 用户点击搜索按钮。
3. 系统执行搜索操作，返回与关键字相关的搜索结果。
4. 用户查看搜索结果并可能点击其中一个以获取更多信息。

扩展

- 如果用户取消了搜索操作，用例结束。
- 如果系统未找到相关搜索结果，系统应返回相应通知给用户。
- 如果用户执行多次搜索，系统应保留搜索历史。

用例 2：查看搜索建议

用例编号：UC-02

主要参与者：用户

描述：用户查看搜索建议以获取快速搜索建议。

前置条件：用户已在搜索框中输入部分搜索关键字。

主要流程

1. 用户在搜索框中输入部分搜索关键字。
2. 系统自动显示搜索建议下拉列表。
3. 用户可以选择一个建议项或继续输入。

扩展

- 如果用户忽略建议，继续手动输入。
- 如果用户选择建议并点击，系统将执行相应搜索操作。

用例 3：高级搜索选项

用例编号：UC-03

主要参与者：用户

描述：用户使用高级搜索选项以过滤搜索结果。

前置条件：用户已执行基本关键字搜索并看到搜索结果页面。

主要流程

1. 用户执行基本关键字搜索。
2. 用户点击高级搜索选项按钮。
3. 用户选择特定的过滤条件（如时间、文件类型等）。
4. 系统重新执行搜索操作，根据选定的过滤条件返回搜索结果。
5. 用户查看过滤后的搜索结果。

扩展

- 如果用户取消了高级搜索操作，用例结束。

　　● 如果用户未选择任何过滤条件，系统将继续显示基本搜索结果。
　　这些用例涵盖了用户在百度关键字搜索业务中的常见交互，包括基本搜索、搜索建议和高级搜索选项。每个用例都考虑了多种使用场景和扩展分支，以确保系统满足用户的不同需求。

　　ChatGPT 只用几秒的时间就生成了关键字搜索业务的用例，而且生成的内容非常不错。但是，其中还有些小问题，比如扩展分支应该和主要流程的步骤相关联，但在本次 ChatGPT 输出的内容中，扩展分支没有标识符号。这时，就需要与 ChatGPT 继续进行交互，让 ChatGPT 理解笔者的意图，修正这个问题。ChatGPT 支持上下文，也就是说，在同一个会话中它记得以前的对话内容，并可以根据以前的对话内容完成后续的对话。所以，笔者继续在 ChatGPT 中输入"你的回答非常好，但是有一个小问题，主要流程有步骤编号，但并没有和扩展分支相关联，我希望你能将扩展分支和主要流程进行关联。举例：扩展分支应符合'主要流程步骤编号+字母顺序+.+具体内容'的格式，用例编号 UC-01 中主要流程中'3.系统执行搜索操作，返回与关键字相关的搜索结果。'，则'如果系统未找到相关搜索结果，系统应返回相应通知给用户。'，应该输出'3a.如果系统未找到相关搜索结果，系统应返回相应通知给用户。'，你明白我的意思吗？"。很明显，我的意思是"教"ChatGPT 正确输出扩展分支的相关标识符号，如图 1-4 所示。

　　ChatGPT 很"聪明"，正确输出了笔者期望的扩展分支标识符号，但扩展分支内容并不完整。笔者继续利用 ChatGPT 支持上下文的特性，让其输出带有其他扩展分支的用例，如图 1-5 所示。

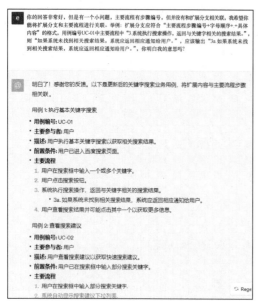

图 1-4　教 ChatGPT 正确输出扩展分支的相关标识符号

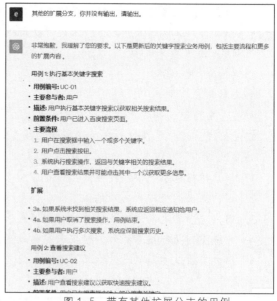

图 1-5　带有其他扩展分支的用例

以下为 ChatGPT 生成的带有其他扩展分支的完整用例。

ChatGPT 生成的带有其他扩展分支的完整用例

非常抱歉，我理解了您的要求。以下是更新后的关键字搜索业务用例，包括主要流程和更多的扩展内容。

用例 1：执行基本关键字搜索

用例编号：UC-01

主要参与者：用户

描述：用户执行基本关键字搜索以获取相关搜索结果。

前置条件：用户已进入百度搜索页面。

主要流程

1. 用户在搜索框中输入一个或多个关键字。

2. 用户点击搜索按钮。

3. 系统执行搜索操作，返回与关键字相关的搜索结果。

4. 用户查看搜索结果并可能点击其中一个以获取更多信息。

扩展

3a. 如果系统未找到相关搜索结果，系统应返回相应通知给用户。

4a. 如果用户取消了搜索操作，用例结束。

4b. 如果用户执行多次搜索，系统应保留搜索历史。

用例 2：查看搜索建议

用例编号：UC-02

主要参与者：用户

描述：用户查看搜索建议以获取快速搜索建议。

前置条件：用户已在搜索框中输入部分搜索关键字。

主要流程

1. 用户在搜索框中输入部分搜索关键字。

2. 系统自动显示搜索建议下拉列表。

3. 用户可以选择一个建议项或继继输入。

扩展

3a. 如果用户忽略建议，继续手动输入。

3b. 如果用户选择建议并点击，系统将执行相应搜索操作。

3c. 如果系统未找到相关搜索建议，系统应返回相应通知给用户。

用例 3：高级搜索选项

用例编号：UC-03

主要参与者：用户

描述：用户使用高级搜索选项以过滤搜索结果。

前置条件：用户已执行基本关键字搜索并看到搜索结果页面。

主要流程

1. 用户执行基本关键字搜索。
2. 用户点击高级搜索选项按钮。
3. 用户选择特定的过滤条件（如时间、文件类型等）。
4. 系统重新执行搜索操作，根据选定的过滤条件返回搜索结果。
5. 用户查看过滤后的搜索结果。

扩展

3a.　如果用户取消了高级搜索操作，用例结束。
3b.　如果用户未选择任何过滤条件，系统将继续显示基本搜索结果。
4a.　如果系统未找到相关搜索结果，系统应返回相应通知给用户。

这些更新后的用例包括了更多扩展内容，以覆盖更多的使用场景和分支情况，以确保系统在不同情况下都能适当地响应用户的需求。希望这次的更新满足了您的要求。

在以上内容中，笔者重点介绍了如何使用 ChatGPT 来生成我们最关注的核心业务之一——即关键字搜索业务的用例。其他业务的用例的生成操作与此类似，因此在此不赘述。通过这种方式，ChatGPT 能够有效地协助我们完成需求规格说明书的编写，它操作简便，生成内容的质量也相当令人满意。相较以往，产品经理或需求设计人员可能需要耗费数周甚至数月的时间来编写需求规格说明书，使用 ChatGPT 可使其效率显著提高。它可能仅需几天甚至几小时就能完成同样的工作。效率的显著提高凸显了 AI 在快速处理复杂任务方面的强大优势，ChatGPT 为需求分析和文档编写工作带来了革命性的变化。

1.5　编程环境准备

1.5.1　安装 Python 运行环境

我们可以通过访问 Python 的官方网站来获取 Python 的相关资源。访问 Python 官方网站，单击"Downloads"链接来下载 Python 的安装包，如图 1-6 所示。

笔者的计算机使用的是 64 位的 Windows 11 操作系统，所以，在打开的页面中单击"Windows installer (64-bit)"链接，如图 1-7 所示，下载基于 64 位的 Windows 11

图 1-6　单击"Downloads"链接

操作系统的 Python 3.11.5。

python-3.11.5-amd64.exe 文件下载完成后，选中该文件，单击鼠标右键，在弹出的快捷菜单中选择"以管理员身份运行"命令，如图 1-8 所示。

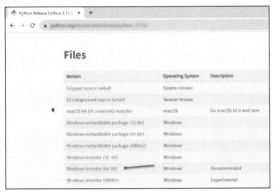

图 1-7　单击 "Windows installer(64-bit)" 链接

图 1-8　选择 "以管理员身份运行" 命令

如图 1-9 所示，在 "Install Python 3.11.5(64-bit)" 窗口中勾选 "Use admin privileges when installing py.exe" 和 "Add python.exe to PATH" 复选框，而后选择 "Customize installation" 选项。

如图 1-10 所示，在 "Optional Features" 窗口中单击 "Next" 按钮。

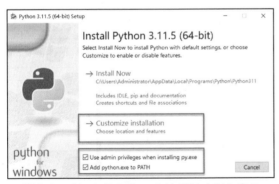

图 1-9　"Install Python 3.11.5(64-bit)" 窗口

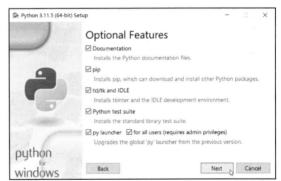

图 1-10　"Optional Features" 窗口

如图 1-11 所示，在 "Advanced Options" 窗口中勾选 "Install Python 3.11 for all users" 复选框，而后单击 "Install" 按钮。

如图 1-12 所示，在 "Setup was successful" 窗口中显示安装成功的信息，单击 "Close" 按钮，关闭该窗口。

图 1-11　"Advanced Options"窗口

图 1-12　"Setup was successful"窗口

1.5.2　Python IDE PyCharm 的安装与配置

　　结合自己的体验，笔者推荐使用 PyCharm 2016，所以本书使用的 PyCharm 为 PyCharm 2016。如图 1-13 所示，单击"2016.3.6-Windows(exe)"链接，下载 PyCharm 2016 安装包，即 pycharm-professional-2016.3.6.exe 文件。

　　选中下载的 pycharm-professional-2016.3.6.exe 文件后，单击鼠标右键，在弹出的快捷菜单中选择"以管理员身份运行"命令，如图 1-14 所示。

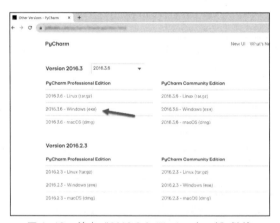

图 1-13　单击"2016.3.6-Windows(exe)"链接

图 1-14　选择"以管理员身份运行"命令

　　如图 1-15 所示，在"Welcome to PyCharm Setup"窗口中单击"Next"按钮。

如图 1-16 所示，在"Choose Install Location"窗口中单击"Next"按钮。

图 1-15　"Welcome to PyCharm Setup"窗口　　　图 1-16　"Choose Install Location"窗口

如图 1-17 所示，在"Installation Options"窗口中勾选"64-bit launcher"和".py"复选框，单击"Next"按钮。

如图 1-18 所示，在"Choose Start Menu Folder"窗口中单击"Install"按钮。

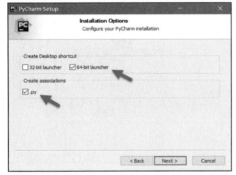

图 1-17　"Installation Options"窗口　　　图 1-18　"Choose Start Menu Folder"窗口

如图 1-19 所示，在"Completing PyCharm Setup"窗口中单击"Finish"按钮。

图 1-19　"Completing PyCharm Setup"窗口

1.5.3　使用 PyCharm 完成第一个 Python 项目

本小节将介绍如何使用 PyCharm 来创建与运行 Python 项目。

双击桌面上的 "JetBrains PyCharm 2016.3.3(64)" 快捷方式图标，弹出 "Complete Installation" 对话框，如图 1-20 所示，在其中选中 "I do not have a previous version of PyCharm or I do not want to import my settings" 单选按钮，单击 "OK" 按钮。

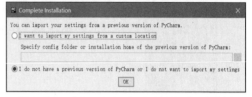

如图 1-21 所示，在 "PyCharm License Activation" 窗口中选中 "Activate" 或 "Evaluate for free" 单选按钮。若选中 "Activate" 单选按钮，则需根据实际情况，选中 "JetBrains Account"、"Activation code" 或 "License server" 单选按钮，并填写相关信息，而后单击 "Activate" 按钮。

图 1-20　"Complete Installation" 对话框

如图 1-22 所示，在 "PyCharm Initial Configuration" 对话框中根据个人对 IDE 的使用喜好情况进行选择，这里笔者不做修改，直接单击 "OK" 按钮。

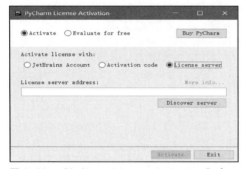

图 1-21　"PyCharm License Activation" 窗口

图 1-22　"PyCharm Initial Configuration" 对话框

如图 1-23 所示，在 "Welcome to PyCharm" 窗口中选择 "Create New Project" 选项，创建一个新的项目。

图 1-23　"Welcome to PyCharm" 窗口

如图 1-24 所示，在"New Project"窗口中选择"Pure Python"选项，在"Location"文本框中添加项目的保存路径和名称，项目的保存路径为"C:\Users\yuy\PycharmProjects\"，项目的名称为"FirstPrj"，设置解释器（即"Interpreter"）为"C:\Program Files\Python311\Python.exe"。若计算机中安装了多个版本的 Python，可以单击"Interpreter"文本框后面对应的图标按钮，通过下拉列表选择相应解释器。

在"New Project"窗口中单击"Create"按钮，创建新的项目。

如图 1-25 所示，在"Tip of the Day"对话框中取消勾选"Show Tips on Startup"复选框，单击"Close"按钮。

图 1-24　"New Project"窗口

图 1-25　"Tip of the Day"对话框

如图 1-26 所示，选择"FirstPrj"项目，单击鼠标右键，从弹出的快捷菜单中选择"New > Python File"命令，创建一个 Python 文件。

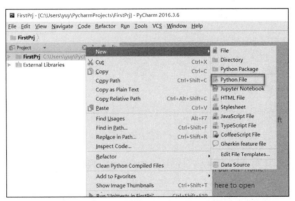

图 1-26　创建一个 Python 文件

如图 1-27 所示，在"New Python file"对话框中，在"Name"文本框中输入"Helloworld"，单击"OK"按钮。

图 1-27　"New Python file"对话框

在新建的 Helloworld.py 中输入如下脚本代码。

```
print('这是我的第一个脚本：')
print('Hello World.')
```

在输入 print 的时候，PyCharm 自动补全相应函数并弹出该函数的相关参数，如图 1-28 所示。

图 1-28　PyCharm 自动补全相应函数并弹出该函数的相关参数

接下来，我们想看一看以上脚本的执行结果。那么如何运行这个 Helloworld.py 脚本呢？

从 PyCharm 的菜单栏中选择 "Run>Run> Helloworld" 菜单项，如图 1-29 所示。

如图 1-30 所示，在窗口右侧的文本区域可以看到两行代码，窗口下方为命令执行与输出内容。第一行为执行的命令，其后的两行为代码的输出内容。

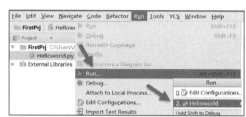

图 1-29　选择 "Helloworld" 菜单项

图 1-30　Helloworld.py 的代码及其执行结果

也可以通过命令提示符窗口执行 Helloworld.py 脚本，如图 1-31 所示。

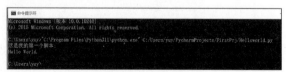

图 1-31　通过命令提示符窗口执行 Helloworld.py 脚本

至此，我们一起完成了一个简单的 Python 项目从创建到执行的过程，你学会了吗？

第 2 章　ChatGPT 生成测试计划

2.1　ChatGPT 在测试计划编写中的作用

测试计划指为测试过程中的各项活动制订的可行的执行计划，包括不同类型的测试活动的对象、测试范围、测试方法、进度安排等。编写测试计划是测试人员的关键工作之一，因为测试计划能够清晰地界定测试的范围、任务和时间等，从而指引整个测试过程。编写测试计划不仅需要收集众多需求文档，还需要依赖编写人员的经验和主观判断。这个过程既耗时又费力，但最终的测试计划的质量仍有可能达不到预期目标。

ChatGPT 作为一种先进的大规模预训练语言模型，凭借深度学习技术掌握了丰富的语法和语义知识，能够处理大量文本数据。在软件测试领域，ChatGPT 的应用为自动生成测试计划提供了可能。ChatGPT 不仅能提高测试计划的编写效率，还能提升测试计划的整体质量。此外，ChatGPT 还支持测试计划的快速迭代和修改，保证其格式的一致性，这有助于知识的积累与复用。

ChatGPT 在测试计划编写中的主要作用如下。

（1）提高测试计划的编写效率

测试计划的编写通常需要测试人员收集需求文档、项目背景信息等，然后综合考虑多个因素来确定测试范围、策略等。这一过程耗时较多，而且容易受到个人经验的影响。我们可以将需求文档、项目背景信息等直接输入 ChatGPT，让 ChatGPT 快速解析这些信息，并根据预设模板自动生成符合项目需要的测试计划初稿。这大幅减少了测试人员的文档处理时间，使他们能够专注于测试策略的制定。

（2）提升测试计划的整体质量

ChatGPT 通过对大量高质量测试计划的学习，具备文本理解和自然语言生成能力。

它可以分析项目的需求文档，找出核心功能，参考历史测试记录，提炼测试难点，然后基于经验生成切合实际的测试范围、测试用例、进度安排等。相比于由人工编写的依赖测试人员个人经验的测试计划，通过 ChatGPT 生成的测试计划更全面、合理。

（3）支持测试计划的快速迭代和修改

软件开发及测试是一个迭代的过程，需求可能会不断变更。若使用 ChatGPT 生成测试计划，当需求发生变更时，只需将新的需求文档输入 ChatGPT，就可以快速生成调整后的新版本测试计划。相比于手动修改，这样做的效率更高，且可以减少手动修改带来的错误。

（4）保证测试计划格式的一致性

在多人协作的测试团队中，测试计划格式的一致性至关重要。格式混乱不仅会影响文档质量，还会对测试计划的执行和管理产生负面影响。ChatGPT 具有语言生成能力，使用它，可以通过输入符合要求的模板，确保所有测试计划都符合统一的格式要求，提高文档可读性和团队协作效率。

（5）支持测试计划知识的积累与复用

ChatGPT 可以学习高质量测试计划文档的内容和格式，进行知识的积累。在生成新的测试计划时，它能够根据积累的知识生成更优秀的测试计划。同时，测试团队也可以从中总结、吸取经验，获得最佳实践，并不断完善 ChatGPT 的训练，以便输出更高质量的测试计划。

综上所述，ChatGPT 在测试计划编写方面为我们提供了全新的可能。然而，我们同样需要认识到 ChatGPT 的局限性。尽管 ChatGPT 拥有强大的自然语言理解、生成能力以及丰富的知识储备，但由它编写的测试计划仍需要经过测试人员的审阅和验证。结合测试人员的专业知识和 ChatGPT 的技术实现人机协作，不仅能够提高测试计划的编写效率，还能够确保测试计划的全面性和准确性，从而为软件测试团队创造更大的价值，推动测试领域向更高效、更智能的方向发展。

2.2　ChatGPT 自动化生成测试计划的步骤

我们在 2.1 节探讨了 ChatGPT 在测试计划编写中的重要作用。接下来，看一下 ChatGPT 自动化生成测试计划的具体步骤。

通常情况下，使用 ChatGPT 自动化生成测试计划可以分为以下 5 个步骤。

1）收集需求文档：收集完整且清晰的需求文档，以加深 ChatGPT 对项目背景的理解，这其中最重要的是需求规格说明书，它是自动化生成测试计划的基础。例如，我们正在测试一个电子商务网站，需求规格说明书中不仅包括用户登录、商品搜索、购物车、支付流程等功能用例的详细说明，还包含该网站核心业务的吞吐量、响应时间等性能指标。通过收集完整且清晰的需求文档，我们可为 ChatGPT 创造理解项目全貌和精准生成测试计划的基础。

2）准备测试计划模板：测试计划模板中可以包括测试计划的基本结构，如测试概述、测试范围、测试级别、测试方法、测试任务分配、进度安排等。该模板中应有清晰的小节划分、格式要求。可以准备好测试计划中常用的词语和词组，以引导 ChatGPT 生成符合测试计划语言风格的文本。

3）生成测试计划初稿：将收集的需求文档以及测试计划模板输入 ChatGPT，让其自动生成测试计划初稿。需要细致地调整输入文档内容、提问方式，并逐步完善交互，以生成令人满意的测试计划初稿。例如，我们可以将电子商务网站的需求规格说明书与测试计划模板结合，然后通过 ChatGPT 生成电子商务网站的测试计划初稿。

4）审核与修改测试计划初稿：这一步骤非常关键。生成的测试计划初稿需要由测试人员仔细审核，评估其测试范围、策略、方法、任务分配等是否合理可行，是否存在遗漏或错误。可依据情况，进一步修改、完善测试计划初稿，使其达到项目测试计划的要求。也可以将修改意见反馈给 ChatGPT，以提升其测试计划生成能力。

5）优化并应用测试计划：重复上述步骤，以便 ChatGPT 生成的测试计划能够达到预期的质量要求。要实现使用 ChatGPT 自动化生成高质量的测试计划，关键在于提供准确的基础信息以及测试人员与 ChatGPT 进行精准高效的沟通。测试团队不能完全依赖 ChatGPT，应该与 ChatGPT 协作。ChatGPT 具有强大的语言生成能力、文档阅读分析能力，以及海量知识储备，而测试团队可发挥其专业性、指导性的优势，只有双方优势互补、强强联合，才能获得自动化生成测试计划的最佳效果。

2.3　ChatGPT 与测试团队的协作

2.2 节中提到 ChatGPT 与测试团队协作，双方优势互补、强强联合，才能获得自动化生成测试计划的最佳效果。那么，测试团队应如何与 ChatGPT 高效协作来提升测试计划的编写效率与质量呢？

软件测试是一个涉及多方面知识与能力的系统工程。生成高质量的测试计划，既需要 ChatGPT 这样的 AI 系统提供智能支持，也需要测试团队的专业经验与创新思维。所以，测试团队不能只是简单地把任务转交给 ChatGPT，而要构建自身与 ChatGPT 的协同工作机制。

建议从以下几个方面推进测试团队与 ChatGPT 的高效协作。

1）提供高质量的训练数据。测试团队要收集优秀的历史测试计划、规范文档作为训练数据，训练 ChatGPT 生成测试计划所需的语言表达能力，提高其文档结构知识储备。

2）及时反馈评估结果。在接收 ChatGPT 生成的测试计划后，测试团队要审核并评估质量，检查遗漏及错误，并把反馈明确地传达给 ChatGPT，有针对性地提出修改建议，指导其持续优化。

3）合理确定工作分工。测试策略设计、风险评估等复杂工作需要由测试团队完成；ChatGPT 则完成测试范围界定、测试用例生成、任务时间估算等相对机械性的工作，双方进行有效分工。

4）共同迭代以完善结果。测试团队不可直接采用 ChatGPT 生成的测试计划，而要对其进行多轮迭代，修改、完善测试计划，逐步提升测试计划的质量，才能在实际项目中应用。

5）持续改进交互方式。随着理解的深入，测试团队要不断总结并提炼与 ChatGPT 交互的最佳实践，设计出高效而准确的提示词、问题表达方式等，减少误解，从而使沟通更加高效、准确。

6）关注人机协作趋势。测试团队要持续、积极地学习人机协同工作的新方法、新工具，不断探索如何更好地实现测试团队与 ChatGPT 的协作，从而实现人机协作优势的最大化。

随着测试团队与 ChatGPT 的协作越来越高效，ChatGPT 自动化生成测试计划的效果会越来越好，在未来的测试工作中会发挥重要作用，助力测试效率与质量的提升。

2.4　ChatGPT 在测试计划生成方面的成功应用

为了帮助读者更深入地理解 ChatGPT 在测试计划生成方面的应用，下面将展示几个案例。这些案例展示了利用 ChatGPT 来简化和优化测试计划生成的过程。

2.4.1　电子商务网站案例

如今，电子商务迅速发展，一家创新型电子商务公司正致力于开发一个全新的在线购物平台，旨在提升网络购物的便捷性和改善用户体验。这个平台集成了众多关键功能模块，如多样化的产品浏览界面、智能化的购物车管理以及安全可靠的支付处理系统等，为用户提供个性化的购物体验。鉴于电子商务行业竞争的日益激烈，以及用户对平台性能的高标准要求，现需一份综合性的测试计划，以确保该平台在功能、用户界面（User Interface，UI）以及性能方面均达到行业领先水平。

ChatGPT 的应用过程如下。

1）收集需求文档：测试团队收集了包括需求规格说明书在内的所有需求文档，这些文档详尽地描述了系统的功能需求、非功能需求、UI 设计、数据安全和系统安全等方面的要求。同时，测试团队还参照了过往类似项目的测试经验和报告，这些宝贵的资料帮助 ChatGPT 深刻理解电子商务行业的特定测试标准和关键性能指标。

2）准备测试计划模板：测试团队构建了一个全面的测试计划模板，覆盖了从用户体验、系统兼容性，到数据安全和负载测试等多个维度。它的设计注重确保测试计划不仅能全面覆盖所有关键功能，而且能够精确反映该平台的操作逻辑和用户交互特点。

3）生成测试计划初稿：将收集到的需求文档和精心准备的测试计划模板输入 ChatGPT 后，测试团队迅速获得了一个测试计划初稿。该初稿中特别强调了多样化的产品浏览界面、智能化的购物车管理、高流量处理能力等测试重点，以确保计划符合该平台的特殊需求。

4）审核与修改测试计划初稿：测试团队对测试计划初稿进行了细致的审核。他们特别关注关键领域的测试条目，如智能化的购物车管理功能的使用体验、支付安全和网站响应速度，确保每项测试都能够精确地满足该平台的实际运营需求。

5）优化并应用测试计划：经过反复审核和精心修改，测试团队最终制订了一个既全面又具有针对性的测试计划。该计划深度考量了该平台的核心功能和用户体验要求，同时兼顾了系统的稳定性和可扩展性，为平台的长期发展和成功奠定了坚实的基础。

这个案例展示了 ChatGPT 在辅助制订电子商务网站测试计划方面的强大能力。从需求文档的收集、测试计划模板的准备，到测试计划初稿的生成、审核与修改，再到测试计划的优化并应用，ChatGPT 与测试团队的紧密协作模式不仅提高了测试计划生成的效率，而且大幅提升了测试计划的质量和实施的针对性。

2.4.2 移动应用案例

在当今的数字化时代，一家领先的移动应用开发公司正着手打造一款革命性的社交媒体应用。这款应用旨在跨平台运行，覆盖 iOS 和 Android 等主流移动操作系统。社交媒体应用对性能具有极高要求，尤其是在不同硬件和操作系统上的兼容性，测试团队面临着生成一个全面且细致的测试计划的挑战，以确保应用在各种设备上都能提供流畅的用户体验。

ChatGPT 的应用过程如下。

1）收集需求文档：测试团队的首要任务是全面收集需求文档，包括但不限于需求规格说明书。这些文档详细描述了应用的功能需求、非功能需求、UI 设计及系统安全等方面的细节。

2）准备测试计划模板：测试团队着手设计了一个针对移动应用测试的全面测试计划模板。针对移动端设备型号、操作系统版本众多，性能差异较大等问题，它特别关注对不同移动端设备和操作系统的兼容性的测试。这个模板专注于多平台适配性、性能、UI 和功能等关键测试领域，结构清晰、内容详尽，旨在确保测试计划能覆盖所有必要的测试场景。

3）生成测试计划初稿：将收集到的需求文档和精心设计的测试计划模板输入 ChatGPT 后，测试团队迅速获得了一个包含针对性测试要求和性能指标的测试计划初稿。这一步中特别强调确保测试计划能够准确反映应用的具体需求。

4）审核与修改测试计划初稿：生成的测试计划初稿得到了团队成员的细致审核。他们仔细评估了每项测试内容，结合移动端适配性测试，采用云测平台，对目前应用的 600 款机型做适配性测试，以确保测试计划能全面考虑并覆盖所有关键领域。

5）优化并应用测试计划：通过反复的审核、讨论和修改，测试团队逐步完善了测试计划。最终，他们得到了一个既全面又具有针对性的测试计划，这个计划不仅能够有效地应对各种测试挑战，还能为应用的成功开发和推广提供坚实的质量保障，确保应用在各个平台上都能提供统一而卓越的用户体验。

2.4.3　自动驾驶系统案例

在自动驾驶技术迅猛发展的当下，一家专注于自动驾驶技术研究的公司正致力于研发一个全新的自动驾驶系统。这个系统的开发不仅承载着该公司对技术创新的期望，还肩负着确保在复杂的交通环境和多变的天气条件下提供可靠与安全驾驶体验的重任。因此，需要设计严格的测试计划，以验证该系统在不同场景下的安全性能，确保其能够应对实际道路条件下的各种挑战。

ChatGPT 的应用过程如下。

1）收集需求文档：测试团队先着手全面收集需求文档，这些文档详细描述了自动驾驶系统的功能需求和非功能需求，涵盖车辆控制机制、环境感知能力、决策制定过程和行驶规划等核心组成部分。此外，需求文档还包括道路测试、安全性能评估以及应对各种交通情况的具体要求，为制订测试计划提供指导。

2）准备测试计划模板：基于收集到的需求文档，测试团队创建了一个专门针对自动驾驶系统的测试计划模板。该模板详细划分了各个测试领域，如模拟环境测试、实际道路驾驶测试、应急反应测试等，每个领域都设计得非常详尽和清晰，旨在确保测试计划全面覆盖所有关键测试领域和潜在风险。

3）生成测试计划初稿：将需求文档和准备好的测试计划模板输入 ChatGPT 后，测试团队迅速获得了一个测试计划初稿。这一步中，测试团队特别关注特定道路条件下的测试要求和安全性标准，确保生成的测试计划既全面又具体，满足自动驾驶系统的独特需求。

4）审核与修改测试计划初稿：生成的测试计划初稿被提交给专家团队进行细致审核。专家团队对每项测试内容进行了仔细的检查和评估，确保所有必要的测试领域得到充分的考虑，尤其是涉及特定环境和极端情况的测试领域。

5）优化并应用测试计划：通过多轮反馈和调整，测试计划被不断优化，最终形成了一个高质量、全面且实用的测试计划。这个计划不仅覆盖了自动驾驶系统的所有关键测试领域，还特别考虑了在实际应用中可能遇到的挑战，为系统的成功开发和部署提供了坚实的质量保障。

2.4.4 ChatGPT 生成测试计划的最佳实践

2.4.1～2.4.3 小节的案例凸显了 ChatGPT 在不同领域的成功应用，包括电子商务网站、移动应用和自动驾驶系统。ChatGPT 不仅加速了测试计划的生成过程，还提高了测试计划的质量和全面性。

下面以百度搜索项目为例，介绍如何应用 ChatGPT 来生成测试计划。具体操作步骤如下。

1）收集需求文档：在使用 ChatGPT 生成测试计划时，建议延续需求规格说明书生成的会话，从而避免输入重复的需求文档相关内容，同时可以把与该项目相关的其他文档内容输入 ChatGPT，以便其了解更多的项目背景。

2）准备测试计划模板：准备一些优质的测试计划，输入 ChatGPT 供其学习是非常重要的。这里，笔者输入了某项目的测试计划让 ChatGPT 学习，如图 2-1 所示。

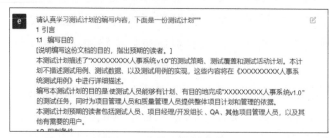

图 2-1　某项目的测试计划

ChatGPT 学习完成后，将给出这个测试计划的一些关键点和建议，如图 2-2 所示。

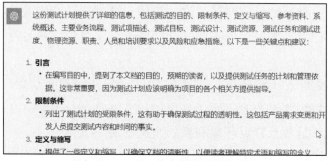

图 2-2　ChatGPT 给出的关键点和建议

接下来，问 ChatGPT："你学会编写测试计划的方法了吗？"ChatGPT 说它不具备学习或获取新技能的能力，但可以给我们提供编写测试计划的模板和建议，如图 2-3 所示。

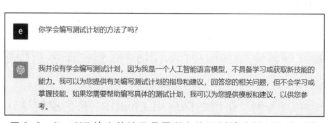

图 2-3　ChatGPT 给出的关于是否学会编写测试计划方法的回答

3）生成测试计划初稿：让 ChatGPT 生成一份关于百度搜索项目的测试计划，因为本会话中含有以前的需求规格说明书以及需求用例，所以不需要再次输入相关需求文档的内容。笔者按照 Elvis Saravia 的提示工程框架给出提示词，如图 2-4 所示。

ChatGPT 只用十几秒就生成了一份"百度搜索项目测试计划"初稿，其完全是按照 3 个双引号中的要求编写的测试计划，其中功能以及非功能测试范围的内容也是需求规格说明书中的内容。

请生成一份完整的百度搜索项目的测试计划。你是一名优秀的产品经理，基于目前百度搜索项目编写测试计划。要求：输出一份名为“百度搜索项目测试计划”的测试计划，要求按照以下文档编写要求实现。

文档编写内容要求如下。"""

1. 引言部分

（1）编写目的：介绍测试计划的编写目的，如明确测试范围、策略、资源需求等。

（2）项目背景：描述项目背景，说明测试的依据。

（3）测试对象：说明被测试系统和文档。

（4）预期读者：列出测试计划的预期读者对象。

（5）词汇表：解释专业术语，利于读者理解。

2. 测试范围部分

（1）功能测试范围：列出主要功能模块作为测试范围。

（2）非功能测试范围：列出性能、安全、容错等非功能需求作为测试范围。

（3）文档测试范围：文档交付物的测试范围。

3. 测试方式部分

（1）功能测试策略：等价类、边界值、因果图、正交实验法等。

（2）非功能测试策略：性能测试、压力测试、SQL注入、渗透测试等。

（3）文档测试策略：评审检查、变更追踪等。

4. 测试资源部分

（1）人员配备：角色及人数。

（2）硬件设备：服务器、工作站等。

（3）测试工具：测试管理工具、性能测试工具等。

5. 测试进度部分

（1）测试阶段：测试计划、测试设计、测试执行、测试报告等阶段与时间安排。

（2）测试节点：进入/退出标准与关键时间。

6. 交付物部分

测试计划、设计文档、用例、报告、日志等交付成果。

"""

图 2-4 生成百度搜索项目测试计划的提示词

以下为 ChatGPT 输出的完整的百度搜索项目测试计划。

ChatGPT 输出的完整的百度搜索项目测试计划

百度搜索项目测试计划

1. 引言

1.1 编写目的

本测试计划旨在明确百度搜索项目的测试范围、测试策略、资源需求，以确保项目的质量和稳定性。它描述了测试的目的和方法，为测试团队提供指导和参考。

1.2 项目背景

百度搜索是中国领先的搜索引擎，每天服务数亿用户。为了维护和提升服务质量，我们计划对百度搜索进行改进和升级。本测试计划是为了支持这一项目的成功实施而制订的。

1.3 测试对象

本测试计划的测试对象是百度搜索项目，包括其功能、性能、安全性，以及相关文档交付物。

1.4 预期读者

本测试计划的预期读者包括项目团队成员、测试团队成员、项目经理，以及其他与项目相关的利益相关者。

1.5 词汇表

在本测试计划中，以下专业术语将按如下方式解释。

- 百度搜索项目：指百度搜索引擎的改进和升级项目。
- 测试对象：被测试的系统、模块或文档。
- 预期读者：计划的预期读者对象。

2. 测试范围

2.1　功能测试范围

以下是百度搜索项目的主要功能模块，作为功能测试的范围。

- 关键字搜索。
- 搜索排序。
- 搜索建议。
- 图像搜索。
- 新闻搜索。
- 视频搜索。

2.2　非功能测试范围

非功能测试的范围将涵盖以下方面的需求。

- 性能测试：包括搜索响应时间、并发能力、可扩展性。
- 安全性测试：包括数据加密、DDoS 防护、安全审计。

2.3　文档测试范围

文档测试的范围将包括以下文档交付物的测试。

- 百度搜索项目测试计划。
- 百度搜索项目测试设计文档。
- 百度搜索项目测试用例。
- 百度搜索项目测试报告。

3. 测试方式

3.1　功能测试策略

功能测试将采用黑盒测试方法，主要包括功能点测试、边界值分析等。

3.2　非功能测试策略

非功能测试策略将包括性能测试（压力测试、负载测试）、安全性测试（渗透测试、安全审计）等。

3.3　文档测试策略

文档测试将采用评审检查、变更追踪等方法，以确保文档的质量和准确性。

4. 测试资源

4.1　人员配备

- 测试经理：1 人。
- 测试工程师：3 人。
- 硬件工程师：2 人。
- 安全测试专家：1 人。

4.2　硬件设备

- 服务器：用于性能测试和安全性测试。
- 工作站：测试工程师的工作设备。

4.3　测试工具

- 测试管理工具：用于测试计划、设计和报告的管理。
- 性能测试工具：用于性能测试。
- 安全性测试工具：用于安全性测试。

5. 测试进度

5.1　测试阶段

本测试计划将包括以下测试阶段和时间安排。

- 测试计划编制：2 周。
- 测试设计：3 周。
- 测试执行：6 周。
- 测试报告：1 周。

5.2　测试节点

测试阶段的关键时间节点如下。

- 测试计划编制完成：第 2 周结束。
- 测试设计完成：第 5 周结束。
- 测试执行完成：第 11 周结束。
- 测试报告完成：第 12 周结束。

6. 交付物

本测试计划的交付物包括。

- 百度搜索项目测试计划。
- 百度搜索项目测试设计文档。
- 百度搜索项目测试用例。
- 百度搜索项目测试报告。

该测试计划详细说明了百度搜索项目的测试范围、测试策略、资源需求，以及测试进度。它旨在确保项目顺利完成并符合用户期望，为项目团队提供了明确的指导和参考。测试团队将严格按照本计划的要求执行测试工作，以确保项目的质量和稳定性。

4）审核与修改测试计划初稿：生成测试计划初稿以后，要对其进行认真阅读、审核。测试计划初稿有可能存在内容遗漏、描述不清、描述错误等情况。这里以 ChatGPT 生成的百度搜索项目测试计划为例，我们不难发现该测试计划中的"3.1 功能测试策略"部分的描述过于简单，没有提供具体的策略，还可以发现"4.3 测试工具"部分并没有指出具体的工具名称，"5. 测试进度"部分的内容使用表格形式会更便于阅读，所以笔者尝试修正这 3 个问题，输入如图 2-5 所示的提示词。

ChatGPT 重新输出的"3.1 功能测试策略"部分的内容如图 2-6 所示。从中不难发现ChatGPT 参考、学习了笔者输入的功能测试策略，生成了更为详细的功能测试策略。

"4.3 测试工具"和"5.测试进度"部分的内容也得到了修正，如图 2-7 所示。

请详细描述策略，具体可以参看下面的内容。

""""

（1）以手工黑盒测试为主。

考虑到本项目时间紧张，做功能测试时，以手工黑盒测试为主。

（2）正规测试和随机测试相结合。

根据项目文档（需求规格说明书等）实现测试设计及测试用例来进行正规测试，考虑到测试用例有可能不全面，所以在进行常规测试过程中，可以加入随机测试。同时，对测试发现的缺陷，将其执行过程写成一个测试用例，添加到测试用例集合中，以完善测试用例。

（3）采用工具进行测试管理。

采用QC进行测试管理和缺陷记录、跟踪。

（4）黑盒测试过程的参考准则如下。

1）必须采用边界值分析法。

2）必要时采用等价类划分法补充测试用例。

3）采用错误判断法，追加测试用例。

4）对照程序逻辑，检查已设计出的测试用例的逻辑覆盖程度。如果它没有达到要求的覆盖程度，应当补充更多的测试用例。

5）测试数据应准备充分，应采用有效数据、无效数据、边界数据分别测试。

6）如果程序的功能说明中含有输入条件的组合情况，则应考虑使用因果图法或者决策表法。

（5）分工明确。

开发人员负责完成相应代码的单元测试，而系统测试则由专门的测试人员来计划测试、设计测试、执行测试、评估测试。

（6）多人分组交叉测试。

对于每个测试项至少由两人参与测试工作，实施分组交叉测试。""""

测试工具部分应该指出具体的工具名称，测试进度部分应该用便于查看的表格形式，请修改后重新输出完整文档内容，谢谢。

图 2-5　用于修正 3 个问题而输入的提示词

3. 测试方式

3.1 功能测试策略

功能测试将采用以下策略和方法。

- 主要以手工黑盒测试为主，鉴于项目时间紧张，手工测试效率较高。
- 结合正规测试和随机测试，根据项目文档（需求规格等）编写测试设计和测试用例，同时加入随机测试，以确保全面性。
- 使用边界值分析法和等价类划分法来设计测试用例。
- 采用错误判断法，追加测试用例，确保捕捉更多缺陷。
- 检查测试用例的逻辑覆盖程度，补充更多测试用例，以确保充分覆盖。
- 准备有效数据、无效数据和边界数据，确保全面测试。
- 如果功能说明中包含输入条件的组合情况，考虑使用因果图法或决策表法。

图 2-6　ChatGPT 重新生成的功能测试策略内容

4.3 测试工具

以下是所需的测试工具：

- 测试管理工具：使用QC (Quality Center) 进行测试管理、缺陷记录和跟踪。
- 性能测试工具：使用Apache JMeter进行性能测试。
- 安全性测试工具：使用IBM Security AppScan进行渗透测试和安全审计。

5. 测试进度

5.1 测试阶段与时间安排

以下是测试的不同阶段和时间安排：

测试阶段	时间安排
测试计划编制	2周
测试设计	3周
测试执行	6周
测试报告	1周

图 2-7　ChatGPT 重新输出的测试工具和测试进度部分的内容

以下为 ChatGPT 输出的完整的测试计划。

ChatGPT 输出的完整的测试计划

百度搜索项目测试计划

1. 引言

1.1　编写目的

本测试计划的主要目的是规划和组织测试活动，确保百度搜索项目的质量和稳定性。测试计划将明确测试范围、策略、资源需求，以指导测试团队的工作。

1.2　项目背景

百度搜索是中国领先的搜索引擎，为提升服务质量和竞争力，本项目旨在进行改进和升级。测试是确保项目成功实施的关键步骤。

1.3　测试对象

本测试计划的测试对象包括百度搜索项目的功能、性能、安全性，以及相关文档交付物。

1.4　预期读者

本测试计划的预期读者包括项目团队成员、测试团队成员、项目经理以及其他与项目相关的利益相关者。

1.5　词汇表

在本测试计划中，以下专业术语将按如下方式解释。

- 百度搜索项目：指百度搜索引擎的改进和升级项目。
- 测试对象：被测试的系统、模块或文档。
- 预期读者：计划的预期读者对象。

2.　测试范围

2.1　功能测试范围

以下是百度搜索项目的主要功能模块，作为功能测试的范围。

- 关键字搜索。
- 搜索排序。
- 搜索建议。
- 图像搜索。
- 新闻搜索。
- 视频搜索。

2.2　非功能测试范围

非功能测试的范围将涵盖以下方面的需求。

- 性能测试：包括搜索响应时间、并发能力、可扩展性。
- 安全性测试：包括数据加密、DDoS 防护、安全审计。

2.3　文档测试范围

文档测试的范围将包括以下文档交付物的测试。

- 百度搜索项目测试计划。
- 百度搜索项目测试设计文档。
- 百度搜索项目测试用例。
- 百度搜索项目测试报告。

3.　测试方式

3.1　功能测试策略

功能测试将采用以下策略和方法。

- 主要以手工黑盒测试为主，鉴于项目时间紧张，手工测试效率较高。

- 结合正规测试和随机测试，根据项目文档（需求规格等）编写测试设计和测试用例，同时加入随机测试，以确保全面性。
- 使用边界值分析法和等价类划分法来设计测试用例。
- 采用错误判断法，追加测试用例，确保捕捉更多缺陷。
- 检查测试用例的逻辑覆盖程度，补充更多测试用例，以确保充分覆盖。
- 准备有效数据、无效数据和边界数据，确保全面测试。
- 如果功能说明中包含输入条件的组合情况，考虑使用因果图法或决策表法。

3.2　非功能测试策略

非功能测试策略包括以下策略和方法。

- 性能测试：使用 Apache JMeter 进行性能测试，包括压力测试和负载测试，以验证系统性能。
- 安全性测试：使用 IBM Security AppScan 进行渗透测试和安全审计，以确保系统安全性。

3.3　文档测试策略

文档测试将采用以下策略和方法。

- 评审检查：对测试文档进行审查和检查，以确保文档的准确性和完整性。
- 变更追踪：跟踪文档的变更，以维护文档的版本控制。

4. 测试资源

4.1　人员配备

以下是所需的测试团队人员及其角色。

角色	人数
测试经理	1
测试工程师	3
硬件工程师	2
安全测试专家	1

4.2　硬件设备

以下是所需的硬件设备。

- 服务器：用于性能和安全性测试。
- 工作站：供测试团队使用。

4.3　测试工具

以下是所需的测试工具。

- 测试管理工具：使用 QC（Quality Center）进行测试管理、缺陷记录和跟踪。
- 性能测试工具：使用 Apache JMeter 进行性能测试。
- 安全性测试工具：使用 IBM Security AppScan 进行渗透测试和安全审计。

5. 测试进度

5.1　测试阶段与时间安排

以下是测试的不同阶段和时间安排。

测试阶段	时间安排
测试计划编制	2 周
测试设计	3 周
测试执行	6 周
测试报告	1 周

5.2   测试节点和关键时间

测试的进入和退出标准将在每个测试阶段明确定义，并根据项目的实际情况调整。

6. 交付物

本测试计划的交付物包括。

- 百度搜索项目测试计划。
- 百度搜索项目测试设计文档。
- 百度搜索项目测试用例。
- 百度搜索项目测试报告。

此测试计划将为测试团队提供一个清晰的框架，以确保对百度搜索项目的全面测试，并最终确保项目的质量。

5）优化并应用测试计划：从 ChatGPT 给出的测试计划可以看出测试计划的框架已经较为完整，涵盖了从引言到交付物等主要部分。但测试计划框架本身还需要进一步丰富，比如需要针对非功能测试提出具体的测试策略、方法；兼容性测试、接口测试等测试也是目前企业必做的测试，但在该测试计划中并没有相关内容。因此，在学习、掌握了如何修改测试计划的提示词后，可以根据实际项目的需要，有针对性地完善测试计划的各部分内容。这可能是一个迭代过程，需要我们有足够的耐心，循序渐进地进行。

在利用 ChatGPT 辅助编写测试计划的实践中，这种反复修改、完善的过程是必不可少的。我们需要通过实践积累经验，学习、掌握合理的提示词的用法，以便更好地控制 ChatGPT 的输出。一旦掌握了编写和完善测试计划所需的各种提示词的使用技巧，在编写测试计划时就会得心应手。

第 3 章　ChatGPT 生成功能测试用例

3.1　ChatGPT 在功能测试用例生成方面的优势

功能测试是软件测试中非常重要的一种测试,所有软件系统都要保证功能的正确性,而测试用例则是功能测试的重中之重。测试用例的编写是测试人员必须认真面对的一件耗时费力的工作。如何才能快速、高效地编写测试用例,并且让用例覆盖功能需求,一直是软件测试领域的一个重要挑战。现在借助 ChatGPT,可以自动生成功能测试用例,从而提高功能测试用例编写的效率。

功能测试用例通常用于验证软件系统的各个功能是否按照需求规格说明书的要求正常运行。传统的功能测试用例生成方法通常是测试人员手动编写,这需要大量的时间和精力,而且其质量依赖于测试人员的测试能力和经验,容易出现遗漏和冗余的情况。ChatGPT 为功能测试用例生成提供了一种创新性的方法,它可以根据自然语言描述生成功能测试用例,从而减轻了测试人员的负担。

ChatGPT 在功能测试用例生成方面具有以下优势。

（1）自动化和高效性

ChatGPT 可以大大提高测试用例生成的自动化水平,简化烦琐的手动编写过程。这意味着测试人员可以更快速地生成大量功能测试用例,从而提高测试工作效率。

（2）自然语言理解能力

ChatGPT 具有出色的自然语言理解能力,可以根据问题描述生成自然语言功能测试用例。这降低了测试人员与测试工具之间的沟通成本,使功能测试用例的生成更加直观和易于理解。

（3）潜在问题检测

依靠大数据的支撑,ChatGPT 生成的功能测试用例通常具有全面性,可以帮助测试人员检测潜在的问题和边界情况，从而提高功能测试用例的覆盖率和质量。

注：测试用例、测试用例脚本和测试用例代码这 3 个概念意义基本相同。

（4）可迭代性和可改进

ChatGPT 生成的功能测试用例可以迭代和改进。测试人员可以根据实际执行结果和反馈来完善功能测试用例，从而逐步提高测试质量。当然，这需要测试人员更加全面的功能测试用例设计方法、深厚的测试经验知识等做支撑，由测试人员指出 ChatGPT 在生成功能测试用例时的不足，并综合运用测试用例设计方法和相关经验来指导 ChatGPT，弥补其不足。

（5）降低人力成本

通过 ChatGPT 牛成功能测试用例可以显著降低人力成本。测试人员可以将更多的精力集中在覆盖功能需求的方法研究、测试执行和问题解决上。

为了更好地展示 ChatGPT 在功能测试用例生成方面的优势，笔者提供几个案例供读者参考。

案例 1：电子商务平台

在一个电子商务平台项目中，测试人员使用 ChatGPT 来生成商品搜索功能的测试用例。ChatGPT 帮他们快速生成了大量不同场景下的商品搜索功能测试用例，覆盖了各种搜索条件和排序选项等。这显著提高了测试的全面性，帮助测试人员及早发现了一些搜索结果不准确的问题。

案例 2：社交媒体应用

一家社交媒体应用开发公司的测试人员使用 ChatGPT 来生成用户个人资料编辑的功能测试用例。ChatGPT 生成的功能测试用例包含用户个人资料的各种编辑操作，覆盖了用户个人资料的各个方面。

案例 3：医疗信息系统

一家医疗信息系统供应公司的测试人员采用 ChatGPT 来生成患者信息管理的功能测试用例。ChatGPT 生成了包括患者信息录入、查询和修改等多个方面的功能测试用例，帮助测试人员全面验证了系统功能的正确性。这有助于确保系统符合医疗行业的严格要求。

ChatGPT 在功能测试用例生成方面具有强大的能力，为软件测试领域带来了一种新的方法，极大地提高了测试的效率和质量。凭借自动化和高效性、自然语言理解能力、潜在问题检测、可迭代性和可改进，以及降低人力成本等多重优势，ChatGPT 和其他 AI 大模型成为现代软件测试中的利器。尽管 ChatGPT 在功能测试用例生成方面表现出巨大的优势，但测试人员仍然需要确保输入的提示词的准确性，以免 ChatGPT 理解错误，从而导致生成的功能测试用例不正确或覆盖不全面等问题。测试人员要不断增加相关知识储备，如果 ChatGPT 生成的功能测试用例对测试需求的覆盖不全面，就需要测试人员运用已掌握的各种不同测试分类、专业知识来扩展功能或非功能测试用例，从而实现对需求的全面覆盖。此外，功能测试用例的生成仅仅是测试过程的一部分，测试执行和问题解决同样重要。ChatGPT 虽然可以减轻测试人员编写功能测试用例的负担，但目前仍然不能替代测试人员。未来，随着技术的不断发展，ChatGPT 将在软件测试中继续发挥重要作用，帮助测试人员更好地应对日益复杂的软件系统。因此，我们鼓励软件测试领域的从业人员深入研究 ChatGPT 的应用，并将其融入自己的测试过程，以提高测试工作的效率和质量。

3.2　ChatGPT 自动生成功能测试用例的步骤

在 3.1 节，我们一起探讨了 ChatGPT 在功能测试用例生成方面的优势。接下来，我们将探讨 ChatGPT 自动生成功能测试用例的步骤。

1）问题描述：让 ChatGPT 自动生成功能测试用例的第一步是清晰地描述要测试的问题和提供足够的上下文信息。提供足够的上下文信息对于 ChatGPT 生成准确的功能测试用例至关重要。上下文信息可能包括产品的版本、环境信息、用户角色等，确保 ChatGPT 了解测试的背景，以便生成相关性高的功能测试用例。

2）测试人员与 ChatGPT 交互：测试人员向 ChatGPT 提供问题描述，ChatGPT 根据描述信息来生成测试用例。在操作过程中必须注意提供清晰、明确的问题描述和进行适时的追问。

向 ChatGPT 提供清晰、明确的问题描述，有助于 ChatGPT 理解需求，从而生成相关性高的测试用例。通过适时的追问，可得到 ChatGPT 提出的一些澄清性的问题，以确保它理解用户的需求。请及时做出回应，以便 ChatGPT 可以生成准确的测试用例。

3）测试用例生成：ChatGPT 生成的内容是用自然语言描述的，需要将其转化为可执行的测试用例。ChatGPT 生成的测试用例要符合测试用例设计规范，必须保证输出的测试用例格式一致，且每个测试用例都要有测试编号、前置条件、测试步骤以及预期结果。借助自然语言处理工具可以将描述转化为测试步骤和预期结果等。若测试人员经验不足，有可能导致设计的提示词对需求的覆盖不全面，从而影响生成的测试用例的全面性。项目团队要有良好的沟通反馈机制，当上述情况出现时，应及时进行必要的调整。

4）用例评审和改进：ChatGPT 生成功能测试用例后，内、外部测试人员需要进行评审，然后收集相关评审意见，并依据评审意见进行功能测试用例的改进。要及时对功能测试用例进行维护，以保证其与软件系统及需求规格说明书的一致性。只要项目没有结束，测试人员就要及时维护功能测试用例，这可能是一个迭代的过程。测试工具集成并不是所有企业都可以做到的，在一些中小型企业中，由于测试人员不足和能力有限等，通常在 ChatGPT 生成功能测试用例后，由测试人员执行测试用例。而有些中大型企业则自行开发一些测试平台，测试平台可能集成多个工具，ChatGPT 生成功能测试用例后，测试平台能直接读取功能测试用例并生成自动化测试脚本，这显然是一种更高层次的测试用例设计。

当使用 ChatGPT 进行功能测试用例自动生成时，测试人员可以迅速获取功能测试用例并将其融入测试过程。这种方法提高了测试工作的自动化水平，减轻了测试人员的工作负担。然而，在最初使用 ChatGPT 协助生成功能测试用例时，可能会遇到生成的功能测试用例覆盖不全面等问题，这可能是提示词不准确、测试人员知识和经验不足等因素导致的。为了解决这些问题，团队可以举办 ChatGPT 工具的使用培训、技术及经验交流等活动。

3.3　ChatGPT 在测试用例自动生成方面的应用案例

下面我们通过一些案例来深入了解 ChatGPT 如何应用于测试用例的自动生成。这些案例将展示 ChatGPT 在不同领域的灵活性和有效性。

3.3.1　电子商务平台案例

在一个大型电子商务平台项目中，测试人员面临着功能多、人员少的挑战。为了提高测试效率和全面性，他们决定采用 ChatGPT 来生成功能测试用例。以下是该案例的问题描述、解决措施和实施效果。

（1）问题描述

针对电子商务平台的商品搜索功能，测试人员需要测试不同的搜索条件和排序选项，以确保搜索结果的准确性。

（2）解决措施

测试人员与 ChatGPT 进行多轮交互，测试人员向 ChatGPT 提供了关于电子商务平台商品搜索功能的问题描述，同时，在对话中，ChatGPT 要求测试人员澄清一些问题，以便更好地理解测试的范围和上下文，比如包括哪些搜索条件和排序选项等。

　　ChatGPT 生成了大量不同场景下的商品搜索功能测试用例，覆盖了各种搜索条件和排序选项。这些功能测试用例以自然语言形式呈现。ChatGPT 只用几分钟就生成了 45 个功能测试用例。

　　测试人员按照 ChatGPT 生成的功能测试用例执行测试，验证商品搜索功能的准确性。测试执行的结果被记录并反馈给项目人员。测试人员一共发现了 12 个缺陷，其中包括 3 个严重等级的缺陷、8 个一般等级的缺陷和 1 个轻微等级的缺陷。

　　（3）实施效果

　　测试团队利用 ChatGPT 生成功能测试用例，提升了测试的工作效率，减少了人员投入。仅以该案例中的商品搜索功能为例，生成 45 个功能测试用例，在通常情况下是一个人一天的工作量，而 ChatGPT 仅用几分钟就完成了。测试人员发现了一些搜索结果不准确的问题，包括某些搜索条件下的错误排序和遗漏搜索结果等问题。这些问题的发现，有助于研发人员及时进行缺陷修复，加快项目研发速度。

3.3.2　社交媒体应用案例

　　在一个社交媒体应用项目中，有一个常用的用户个人资料编辑功能需要测试。由于社交媒体应用的用户数据量庞大，用户对应用的功能和安全性都非常关注。测试人员决定尝试使用 ChatGPT 来生成功能和安全测试用例。以下是该案例的问题描述、解决措施和实施效果。

　　（1）问题描述

　　测试人员定义了问题描述，着重测试用户个人资料编辑功能，包括用户个人资料的修改、添加和删除功能。这些功能是用户平时较为常用的功能，也是为了保证界面展示和数据存储的一致性，测试人员必须测试的内容。同时，应该考虑这些功能的安全性因素。

　　（2）解决措施

　　测试人员与 ChatGPT 进行交互，向其提供了问题描述。ChatGPT 理解了测试的范围，并迅速生成了相应的功能测试用例和安全测试用例。

　　ChatGPT 生成的功能测试用例包括用户个人资料的各种编辑操作，每个功能测试用例以自然语言形式呈现。这次 ChatGPT 输出了 36 个功能和安全测试用例，对界面的展示、界面数据显示与数据库数据的一致性、用户个人资料的编辑（如修改、添加和删除）功能、安全性因素［如 SQL 注入、XSS（Cross-Site Scripting，跨站脚本）攻击﹞等方面都进行了覆盖。

测试人员按照 ChatGPT 生成的功能和安全测试用例步骤执行测试，测试系统的用户个人资料编辑功能。测试人员一共发现了 16 个缺陷，其中包括 8 个严重等级的缺陷、5 个一般等级的缺陷和 3 个轻微等级的缺陷。

（3）实施效果

采用 ChatGPT 生成测试用例，提升了用例的编写速度和质量。在没有使用 ChatGPT 生成测试用例之前，测试人员只有安全性测试的理论知识，并不知道如何利用编辑框构建 SQL 注入和 XSS 攻击。这次利用 ChatGPT 生成测试用例，不仅得到功能测试用例，还得到具体的 SQL 注入和 XSS 攻击安全测试用例。同时，测试人员还发现了缺陷聚集现象，新来的研发同事由于编码能力和业务理解能力较弱，所以编写的用户个人资料模块出现了很多严重问题，如数据没有存储、界面显示内容和数据库数据字段不对应等。测试人员发现这些问题以后，对其编写的其他模块也进行了检查，发现存在类似问题。开发团队及时对该同事进行了培训、指导，使得相关问题得到解决，该同事的能力也在一定程度上得到提升。

3.3.3 医疗信息系统案例

一家医疗信息系统的供应公司采用 ChatGPT 来生成患者信息管理功能的测试用例，ChatGPT 不仅可以生成功能测试用例和性能测试用例，还可以快速给出 SQL 语句或者代码让测试人员制造出大量的测试数据。以下是该案例的问题描述、解决措施和实施效果。

（1）问题描述

测试人员定义了问题描述，着重测试患者信息的录入、查询和修改功能，以确保医疗信息系统满足医疗行业的要求。考虑到有的大医院患者数据庞大，所以用户在使用医疗信息系统时，核心业务功能的性能指标是否符合要求也是系统是否达标的重要衡量标准。

（2）解决措施

测试人员与 ChatGPT 进行交互，提供问题描述和上下文信息。ChatGPT 理解了测试的背景，并生成了相关功能和性能测试用例。

ChatGPT 生成了包括患者信息录入、查询和修改等多个方面的测试用例。性能测试用例主要涉及核心业务的单场景和复合场景，并给出了明确的性能指标要求。同时，结合数据库的结构，测试人员还让 ChatGPT 给出了用于生成测试数据的 SQL 语句。

测试人员按照 ChatGPT 生成的测试用例步骤执行测试，测试系统的患者信息管理功能和性能。在执行过程中，测试人员利用 ChatGPT 生成了 SQL 语句，并在 MySQL 数据库中执行，生成了满足性能测试需求的百万级数据；根据研发人员提供的接口文档，让 ChatGPT 帮助性能测试人员生成了 JMeter 脚本。

（3）实施效果

利用 ChatGPT，测试人员快速生成了功能和性能测试用例。以前在大量测试数据生成方面，由于测试人员对数据库结构不熟悉，通常由研发人员协助生成相关 SQL 语句、存储过程或者直接应用研发人员自测试使用的数据库备份文件，这一方面可能会干扰正常的研发任务，另一方面测试人员由于等待测试数据往往比较被动。使用 ChatGPT 以后，测试人员可以快速得到 SQL 语句来生成满足需求的大量数据，也可以快速生成性能测试脚本，而且性能测试可以根据自己的安排独立执行，不再像以前那样被动。相较于以前，在数据准备和脚本开发方面，测试人员至少节省了 2/3 的时间，总体测试时间由 20 天减少到了 10 天，全面验证了系统的功能特性和性能指标。

3.3.4　ChatGPT 生成测试用例的最佳实践

前面介绍的案例主要展示了 ChatGPT 在功能、安全和性能测试用例生成方面的应用和成果。ChatGPT 在功能、安全和性能测试用例生成方面的应用为我们提供了一种创新的方法，通过 ChatGPT 生成测试用例，测试人员不仅可以提升工作效率，还可以加快测试工作的速度，尽早发现被测软件中的问题，有助于提高软件的质量和用户满意度。

下面以百度搜索项目为例，介绍如何应用 ChatGPT 来生成功能和安全测试用例。

具体操作步骤如下。

1）问题描述：测试人员定义问题描述，着重测试百度搜索项目的核心业务，即关键字搜索业务。这是用户平时应用最为频繁的业务之一，也是测试人员必测的内容。

2）ChatGPT 交互：测试人员与 ChatGPT 进行交互，向其提供问题描述；ChatGPT 理解测试的范围，并迅速生成相应的测试用例。

生成百度关键字搜索业务测试用例集的提示词及 ChatGPT 输出的结果如图 3-1 所示。

3）测试用例生成：从生成的百度关键字搜索业务测试用例集来看，其并不符合测试用例的规范格式。一个测试用例通常至少包括测试编号、前置条件、测试步骤、预期结果这 4 项内容，目前 ChatGPT 给出的格式明显不符合要求。

因此，借助 ChatGPT 会话支持上下文的功能，输入"你并没有按照测试用例的格式输出，请按照规范的测试用例格式输出相关用例。"提示词，ChatGPT 按照规范格式输出测试用例集，如图 3-2 所示。

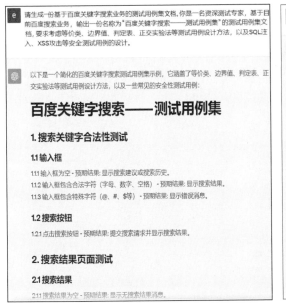

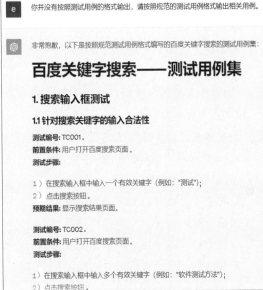

图 3-1　生成百度关键字搜索业务测试用例集的提示词及 ChatGPT 输出的结果　　图 3-2　按照规范格式输出测试用例的提示词及 ChatGPT 输出的测试用例集

这次 ChatGPT 输出的测试用例集完全符合要求，如下所示。

> ## ChatGPT 按照规范格式输出的测试用例集
>
> 非常抱歉，以下是按照规范测试用例格式编写的百度关键字搜索的测试用例集：
>
> 百度关键字搜索——测试用例集
>
> 1. 搜索输入框测试
>
> 1.1　针对搜索关键字的输入合法性
>
> 测试编号：TC001。
>
> 前置条件：用户打开百度搜索页面。
>
> 测试步骤：
>
> 1）在搜索输入框中输入一个有效关键字（例如："测试"）；
>
> 2）点击搜索按钮。
>
> 预期结果：显示搜索结果页面。
>
> 测试编号：TC002。

前置条件：用户打开百度搜索页面。

测试步骤：

1）在搜索输入框中输入多个有效关键字（例如："软件测试方法"）；

2）点击搜索按钮。

预期结果：显示搜索结果页面。

测试编号：TC003。

前置条件：用户打开百度搜索页面。

测试步骤：

1）在搜索输入框中输入特殊字符（例如："#$%^"）；

2）点击搜索按钮。

预期结果：显示错误消息提示。

1.2　针对搜索建议的测试

测试编号：TC004。

前置条件：用户打开百度搜索页面。

测试步骤。

在搜索输入框中输入部分关键字（例如："测"）。

预期结果：显示搜索建议列表。

测试编号：TC005。

前置条件：用户打开百度搜索页面。

测试步骤。

在搜索输入框中输入多个部分关键字（例如："软件测"）。

预期结果：显示搜索建议列表。

2.　搜索结果页面测试

2.1　针对搜索结果的验证

测试编号：TC006。

前置条件：用户输入合法关键字并点击搜索按钮。

测试步骤：检查搜索结果页面。

预期结果：显示相关的搜索结果。

测试编号：TC007。

前置条件：用户输入合法关键字并点击搜索按钮。

测试步骤。

点击下一页按钮。

预期结果：显示下一页的搜索结果。

测试编号：TC008。

前置条件：用户输入合法关键字并点击搜索按钮。

测试步骤。

点击上一页按钮。

预期结果：显示上一页的搜索结果。

2.2 针对搜索结果排序

测试编号：TC009。

前置条件：用户输入合法关键字并点击搜索按钮。

测试步骤。

选择按相关性排序。

预期结果：结果按相关性排序。

测试编号：TC010。

前置条件：用户输入合法关键字并点击搜索按钮。

测试步骤。

选择按时间排序。

预期结果：结果按时间排序。

3. 安全性测试

3.1 SQL 注入

测试编号：TC011。

前置条件：用户在搜索输入框中输入恶意 SQL 查询（例如："'"; DROP TABLE Users --"）。

测试步骤：检查搜索结果或页面行为。

预期结果：拒绝查询并显示错误消息。

3.2 跨站脚本（XSS）攻击

测试编号：TC012。

前置条件：用户在搜索输入框中输入包含 XSS 脚本的关键字（例如："<script>alert('XSS Attack')</script>"）。

测试步骤：检查搜索结果或页面行为。

预期结果：过滤并显示普通文本。

这是一个简单的测试用例示例，具体测试用例的设计和数量可以根据具体需求和应用场景进行扩展和定制。同时，需要注意，测试用例集应根据百度搜索的实际功能和特性来进一步完善。

这种测试用例集还不够直观，能不能让其以表格的形式显示呢？笔者输入"请以表格形式展示，谢谢。"提示词，ChatGPT 输出的部分内容如图 3-3 所示。

图 3-3 ChatGPT 输出的部分内容

以下为 ChatGPT 生成的关于百度关键字搜索的测试用例集（以表格形式组织）。

测试编号	测试目标	前置条件	测试步骤	预期结果
	ChatGPT 生成的关于百度关键字搜索的测试用例集（以表格形式组织）			
	当使用表格形式来呈现测试用例时，可以按照以下格式组织测试用例：			
TC001	搜索输入框合法关键字的测试	用户打开百度搜索页面	1. 在搜索输入框中输入一个有效关键字（例如："测试"） 2. 点击搜索按钮	显示搜索结果页面
TC002	搜索输入框多个合法关键字的测试	用户打开百度搜索页面	1. 在搜索输入框中输入多个有效关键字（例如："软件测试方法"） 2. 点击搜索按钮	显示搜索结果页面
TC003	搜索输入框包含特殊字符的测试	用户打开百度搜索页面	1. 在搜索输入框中输入特殊字符（例如："#$%^"） 2. 点击搜索按钮	显示错误消息提示
TC004	搜索建议显示测试	用户打开百度搜索页面	在搜索输入框中输入部分关键字（例如："测"）	显示搜索建议列表
TC005	搜索建议多个部分关键字的测试	用户打开百度搜索页面	在搜索输入框中输入多个部分关键字（例如："软件测"）	显示搜索建议列表
TC006	针对搜索结果的验证	用户输入合法关键字并点击搜索按钮	检查搜索结果页面	显示相关的搜索结果
TC007	下一页按钮测试	用户输入合法关键字并点击搜索按钮	点击下一页按钮	显示下一页的搜索结果

续表

测试编号	测试目标	前置条件	测试步骤	预期结果
TC008	上一页按钮测试	用户输入合法关键字并点击搜索按钮	点击上一页按钮	显示上一页的搜索结果
TC009	按相关性排序测试	用户输入合法关键字并点击搜索按钮	选择按相关性排序	结果按相关性排序
TC010	按时间排序测试	用户输入合法关键字并点击搜索按钮	选择按时间排序	结果按时间排序
TC011	SQL 注入攻击测试	用户在搜索输入框中输入恶意 SQL 查询（例如："'; DROP TABLE Users --"）	检查搜索结果或页面行为	拒绝查询并显示错误消息
TC012	XSS 攻击测试	用户在搜索输入框中输入包含 XSS 脚本的关键字（例如："<script>alert('XSS Attack')</script>"）	检查搜索结果或页面行为	过滤并显示普通文本

上述表格列出了一些百度关键字搜索的测试用例，按照测试编号、测试目标、前置条件、测试步骤和预期结果的格式组织。您可以根据需要扩展和修改测试用例，以适应具体的测试需求和场景。

ChatGPT 以表格形式生成了关于百度关键字搜索的测试用例集，但是细心的读者可能已经发现了问题，即尽管笔者让其使用边界值用例设计方法来编写测试用例，但事实上在已输出的测试用例集中并没有使用该用例设计方法的测试用例。因此，不要盲目相信ChatGPT 可以帮我们做好一切事情，我们必须认真检查其输出内容的正确性和完整性。当然这一切都依赖于扎实的专业知识，否则可能会被 ChatGPT "蒙混过关"。笔者输入"你好，在你给出的用例中并没有看到使用边界值用例设计方法的测试用例，请补充，谢谢。"提示词，ChatGPT 输出补充的使用边界值用例设计方法的测试用例，如图 3-4 所示。

由图 3-4 可知 ChatGPT 补充了 6 个使用边界值用例设计方法的测试用例。

还记得在第 1 章，我们利用 ChatGPT 生成的业务用例吗？这种业务用例生成方式其实和场景法用例设计十分相似，我们是不是也可以直接将业务用例输入 ChatGPT，让它输出测试用例呢？笔者输入相关提示词让其补充以需

图 3-4 ChatGPT 输出的补充的使用边界值用例设计方法的测试用例

求规格说明书中的业务用例为依据的测试用例，ChatGPT 输出的部分基于需求规格说明书中的业务用例补充的测试用例如图 3-5 所示。

图 3-5　ChatGPT 输出的部分基于需求规格说明书中的业务用例补充的测试用例

以下为 ChatGPT 输出的完整的基于需求规格说明书中的业务用例补充的测试用例。

ChatGPT 输出的完整的基于需求规格说明书中的业务用例补充的测试用例				
根据业务用例 UC-01，以下是一些与该用例相关的测试用例，以确保百度关键字搜索功能的正确性和完整性：				
测试编号	测试目标	前置条件	测试步骤	预期结果
TC019	基本关键字搜索–有效输入	用户已进入百度搜索页面	1．在搜索框中输入一个有效关键字（例如："测试"）。\<br\> 2．点击搜索按钮	显示与关键字相关的搜索结果页面
TC020	基本关键字搜索–多个有效输入	用户已进入百度搜索页面	1．在搜索框中输入多个有效关键字（例如："软件测试方法"）。\<br\> 2．点击搜索按钮	显示与多个关键字相关的搜索结果页面
TC021	基本关键字搜索–无相关结果	用户已进入百度搜索页面	1．在搜索框中输入一个关键字，但系统无法找到相关结果(例如："未知关键字")。\<br\> 2．点击搜索按钮	显示相应的通知给用户（例如："未找到相关结果"）

测试编号	测试目标	前置条件	测试步骤	预期结果
TC022	基本关键字搜索–取消搜索	用户已进入百度搜索页面	1. 在搜索框中输入一个有效关键字（例如："测试"）。\<br\> 2. 在搜索操作执行前取消搜索操作	搜索操作被取消，用例结束
TC023	基本关键字搜索–多次搜索	用户已进入百度搜索页面	1. 在搜索框中输入一个有效关键字（例如："测试"）。\<br\> 2. 点击搜索按钮。\<br\> 3. 重复步骤 1 和 2 多次	搜索结果正确显示，搜索历史被保留
TC024	基本关键字搜索–边界值测试	用户已进入百度搜索页面	1. 在搜索框中输入一个极小的关键字（例如："a"）。\<br\> 2. 点击搜索按钮	显示与关键字相关的搜索结果页面
TC025	基本关键字搜索–边界值测试	用户已进入百度搜索页面	1. 在搜索框中输入一个极长的关键字（超出限制字符数，例如："a" * 1000）。\<br\> 2. 点击搜索按钮	显示错误消息提示

这些测试用例覆盖了主要业务用例 UC-01 中的不同情况，包括有效输入、无相关结果、取消搜索操作、多次搜索以及边界值测试。它们有助于验证百度关键字搜索功能是否按照规格说明书的要求正常运行。

ChatGPT 根据业务用例 UC-01 补充了测试用例，这使得测试用例在操作流程的使用场景方面覆盖得更加全面。

4）用例评审和改进：对测试用例的评审和改进是确保软件质量的关键步骤。结合前面 ChatGPT 生成的功能和安全测试用例，进行测试团队内部的测试用例评审，在进行内部评审时，测试团队成员发现以下问题。

- 有的测试用例的测试步骤中夹杂着\<br\>这一 HTML 标签。
- 有的测试用例的测试步骤仅有 1 个步骤，却有序号。
- 有的测试用例重复，如 TC001 和 TC019 非常相似。
- 有的测试用例不一定包含真实数据库表，如 TC011 SQL 注入攻击测试用例可能不存在 Users 表等，需要和研发人员进一步确认是否存在该表。
- 存在文本输入框需明确的情况，如关键字文本输入框中的最大输入字符数是 1000 个吗？是允许输入 1000 个英文字符，还是 1000 个中文或英文字符？这些需要和产品人员进一步明确。

限于篇幅，笔者只罗列几点内容。测试团队针对评审意见进行了相关测试用例的问题修正与疑问明确，经过测试用例去重以后，形成基于百度关键字搜索业务的功能和安全测试用例集，如表 3-1 所示。

表 3-1　基于百度关键字搜索业务的功能和安全测试用例集

测试编号	测试目标	前置条件	测试步骤	预期结果
TC001	搜索输入框合法关键字的测试	用户打开百度搜索页面	1. 在搜索输入框中输入一个有效关键字（例如"测试"）。 2. 单击搜索按钮	显示搜索结果页面
TC002	搜索输入框多个合法关键字的测试	用户打开百度搜索页面	1. 在搜索输入框中输入多个有效关键字（例如"软件测试方法"）。 2. 单击搜索按钮	显示搜索结果页面
TC003	搜索输入框包含特殊字符的测试	用户打开百度搜索页面	1. 在搜索输入框中输入特殊字符（例如"#$%^"）。 2. 单击搜索按钮	显示错误消息提示
TC004	基本关键字搜索–无相关结果	用户已进入百度搜索页面	1. 在搜索框中输入一个关键字（例如"未知关键字"），但系统无法找到相关结果。 2. 单击搜索按钮	显示相应的通知给用户（例如"未找到相关结果"）
TC005	基本关键字搜索–取消搜索	用户已进入百度搜索页面	1. 在搜索框中输入一个有效关键字（例如"测试"）。 2. 在搜索操作执行前取消搜索操作	搜索操作被取消，用例结束
TC006	基本关键字搜索–多次搜索	用户已进入百度搜索页面	1. 在搜索框中输入一个有效关键字（例如"测试"）。 2. 单击搜索按钮。 3. 重复步骤 1 和 2 多次	搜索结果正确显示，搜索历史被保留
TC007	基本关键字搜索–边界值测试	用户已进入百度搜索页面	1. 在搜索框中输入一个极小的关键字（例如"a"）。 2. 单击搜索按钮	显示与关键字相关的搜索结果页面
TC008	基本关键字搜索–边界值测试	用户已进入百度搜索页面	1. 在搜索框中输入一个极长的关键字（超出限制字符数，例如，"a"×1000）。 2. 单击搜索按钮	显示错误消息提示
TC009	搜索建议显示测试	用户打开百度搜索页面	在搜索输入框中输入部分关键字（例如"测"）	显示搜索建议列表
TC010	搜索建议多个部分关键字的测试	用户打开百度搜索页面	在搜索输入框中输入多个部分关键字（例如"软件测"）	显示搜索建议列表
TC011	针对搜索结果的验证	用户输入合法关键字并单击搜索按钮	检查搜索结果页面	显示相关的搜索结果
TC012	"下一页"按钮测试	用户输入合法关键字并单击搜索按钮	单击"下一页"按钮	显示下一页的搜索结果
TC013	"上一页"按钮测试	用户输入合法关键字并单击搜索按钮	单击"上一页"按钮	显示上一页的搜索结果
TC014	按相关性排序测试	用户输入合法关键字并单击搜索按钮	选择按相关性排序	结果按相关性排序

续表

测试编号	测试目标	前置条件	测试步骤	预期结果
TC015	按时间排序测试	用户输入合法关键字并单击搜索按钮	选择按时间排序	结果按时间排序
TC016	SQL 注入攻击测试	用户在搜索输入框中输入恶意 SQL 查询(例如,"'; DROP TABLE Users --")	检查搜索结果或页面行为	拒绝查询并显示错误消息
TC017	XSS 攻击测试	用户在搜索输入框中输入包含 XSS 脚本的关键字(例如,"<script>alert('XSS Attack')</script>")	检查搜索结果或页面行为	过滤并显示普通文本
TC018	搜索输入框的最小边界值测试	用户打开百度搜索页面	在搜索输入框中输入一个空格	显示搜索建议或搜索历史
TC019	搜索输入框的最大边界值测试	用户打开百度搜索页面	在搜索输入框中输入一个长字符串,超出限制字符数(例如,1000 个字符或 500 个汉字)	显示错误消息提示
TC020	搜索建议的最小边界值测试	用户打开百度搜索页面	在搜索输入框中输入一个字符(例如 "a")	显示搜索建议列表
TC021	搜索建议的最大边界值测试	用户打开百度搜索页面	在搜索输入框中输入多个字符(例如 "abcde"),但不足以显示搜索建议	不显示搜索建议列表
TC022	搜索结果的最小边界值测试	用户输入合法关键字并单击搜索按钮	检查搜索结果页面	显示相关的搜索结果
TC023	搜索结果的最大边界值测试	用户输入合法关键字并单击搜索按钮	输入关键字,使得搜索结果数超过限制(例如,超过 1000 个结果)	显示错误消息提示

通常情况下还应该进行测试用例外部评审。将已完成的基于百度关键字搜索业务的功能和安全测试用例集的存放位置告知项目团队成员,需要预留出一定的时间,便于项目团队研发、产品人员阅读,以免在项目团队测试用例评审会议上占用过多时间熟悉相关测试用例内容。在项目团队测试用例评审会议上,相关人员积极进行测试用例评审,提出如下几点意见。

1)针对测试用例 TC008、TC019 和 TC023,产品人员对搜索输入框的字符进行了明确,即无论是中文字符还是英文字符,最大的输入字符数就是 100 个,无论是中文字符、英文字符或者中英文字符混合,都需要前后端做校验,若前端输入超过 100 个字符,则自动截取前 100 个字符。

2)针对测试用例 TC016,产品人员对需求进行了明确,即将 SQL 注入的语句进行过滤处理,将其作为普通文本处理,同时后端研发人员也明确 Users 表存在。

3）针对测试用例 TC023，产品人员对需求进行了明确，即搜索结果数没有限制。

限于篇幅，笔者只罗列几点评审意见，测试人员针对产品人员和研发人员提出的评审意见进行了相关测试用例的问题修正，形成新的基于百度关键字搜索业务的功能和安全测试用例集，如表 3-2 所示。

表 3-2　新的基于百度关键字搜索业务的功能和安全测试用例集

测试编号	测试目标	前置条件	测试步骤	预期结果
TC001	搜索输入框合法关键字的测试	用户打开百度搜索页面	1. 在搜索输入框中输入一个有效关键字（例如"测试"）。 2. 单击搜索按钮	显示搜索结果页面
TC002	搜索输入框多个合法关键字的测试	用户打开百度搜索页面	1. 在搜索输入框中输入多个有效关键字（例如"软件测试方法"）。 2. 单击搜索按钮	显示搜索结果页面
TC003	搜索输入框包含特殊字符的测试	用户打开百度搜索页面	1. 在搜索输入框中输入特殊字符（例如"#$%^"）。 2. 单击搜索按钮	显示错误消息提示
TC004	基本关键字搜索-无相关结果	用户已进入百度搜索页面	1. 在搜索框中输入一个关键字（例如"未知关键字"），但系统无法找到相关结果。 2. 单击搜索按钮	显示相应的通知给用户（例如"未找到相关结果"）
TC005	基本关键字搜索-取消搜索	用户已进入百度搜索页面	1. 在搜索框中输入一个有效关键字（例如"测试"）。 2. 在搜索操作执行前取消搜索操作	搜索操作被取消，用例结束
TC006	基本关键字搜索-多次搜索	用户已进入百度搜索页面	1. 在搜索框中输入一个有效关键字（例如"测试"）。 2. 单击搜索按钮。 3. 重复步骤 1 和 2 多次	搜索结果正确显示，搜索历史被保留
TC007	基本关键字搜索-边界值测试	用户已进入百度搜索页面	1.在搜索框中输入一个极小的关键字（例如"a"）。 2. 单击搜索按钮	显示与关键字相关的搜索结果页面
TC008	基本关键字搜索-边界值测试	用户已进入百度搜索页面	1.在搜索框中输入一个极长的关键字（超出限制字符数，例如"a"×101）。 2. 单击搜索按钮	1. 搜索框自动截取前100 个字符。 2. 显示前 100 个字符的搜索结果页面
TC009	搜索建议显示测试	用户打开百度搜索页面	在搜索输入框中输入部分关键字（例如"测"）	显示搜索建议列表
TC010	搜索建议多个部分关键字的测试	用户打开百度搜索页面	在搜索输入框中输入多个部分关键字（例如"软件测"）	显示搜索建议列表
TC011	针对搜索结果的验证	用户输入合法关键字并单击搜索按钮	检查搜索结果页面	显示相关的搜索结果
TC012	"下一页"按钮测试	用户输入合法关键字并单击搜索按钮	单击"下一页"按钮	显示"下一页"的搜索结果
TC013	"上一页"按钮测试	用户输入合法关键字并单击搜索按钮	单击"上一页"按钮	显示"上一页"的搜索结果

续表

测试编号	测试目标	前置条件	测试步骤	预期结果
TC014	按相关性排序测试	用户输入合法关键字并单击搜索按钮	选择按相关性排序	结果按相关性排序
TC015	按时间排序测试	用户输入合法关键字并单击搜索按钮	选择按时间排序	结果按时间排序
TC016	SQL 注入攻击测试	用户在搜索输入框中输入恶意 SQL 查询(例如,";"DROP TABLE Users --")	检查搜索结果或页面行为	过滤并显示普通文本
TC017	XSS 攻击测试	用户在搜索输入框中输入包含 XSS 脚本的关键字(例如,"<script> alert('XSS Attack') </script>")	检查搜索结果或页面行为	过滤并显示普通文本
TC018	搜索输入框的最小边界值测试	用户打开百度搜索页面	在搜索输入框中输入一个空格	显示搜索建议或搜索历史
TC019	搜索输入框的最大边界值测试	用户打开百度搜索页面	在搜索输入框中输入一个长字符串,超出限制字符数(例如,101 个英文字符、汉字字符或两者的混合)	显示前 100 个字符的搜索结果页面
TC020	搜索建议的最小边界值测试	用户打开百度搜索页面	在搜索输入框中输入一个字符(例如"a")	显示搜索建议列表
TC021	搜索建议的最大边界值测试	用户打开百度搜索页面	在搜索输入框中输入多个字符(例如"abcde"),但不足以显示搜索建议	不显示搜索建议列表
TC022	搜索结果的最小边界值测试	用户输入合法关键字并单击搜索按钮	检查搜索结果页面	显示相关的搜索结果
TC023	搜索结果的最大边界值测试	用户输入合法关键字并单击搜索按钮	输入关键字,使得搜索结果数超过限制(例如,超过 1000 个结果)	显示搜索结果页面

　　测试用例的评审和改进是一个持续的过程,随着项目的发展、需求的变更和新功能的加入,测试用例必须不断地进行更新和优化。这不仅要求测试人员具有极高的敏捷性和适应性,还需要他们对业务和技术有深入的理解。

3.4 ChatGPT 与领域特定语言的集成

　　领域特定语言(Domain-Specific Language,DSL)是一种编程语言,专门用于满足特定领域的需求。它是一种定制的语言,通常包括特定领域的专业术语以及相应的语法规则。DSL 的设计旨在让领域专家和非程序员能够更容易地表达和解决特定领域的问题,从而提高开发效率和准确性,它可以使测试用例的生成更加精确和自动化。

3.4.1　DSL 的介绍

DSL 通常具有以下特点。

1）领域特定性：DSL 专门为某个特定领域而设计，包括该领域内的专业术语和概念，使得编写领域相关的代码更加容易。

2）高度自动化：DSL 通常提供自动化的功能，可以帮助程序员、测试人员等快速生成符合特定领域要求的代码。

3）语法简洁：DSL 的语法通常比常用的编程语言的语法简洁和易于理解，因为它专注于特定领域的问题。

3.4.2　ChatGPT 与 DSL 的集成

ChatGPT 与 DSL 的集成可以通过以下步骤实现，以更高效和更精确地生成和执行测试用例。

首先，定义 DSL，该语言应当包括特定领域的术语以及功能的描述（相应的语法规则）。

然后，测试人员与 ChatGPT 进行交互，向 ChatGPT 提供问题描述和 DSL 的上下文信息。ChatGPT 利用这些信息以自然语言的方式生成测试用例的描述。这个交互步骤是确保测试用例与领域要求相符的关键步骤。

接下来，将 ChatGPT 生成的自然语言描述转化为 DSL 代码。这些 DSL 代码包括测试用例的具体步骤、预期结果和其他相关信息。这个转化步骤是将自然语言描述转化为计算机可执行的 DSL 代码的关键步骤。

以下是一个百度搜索关键字测试用例的生成示例，供读者参考，其展示了 ChatGPT 与 DSL 的集成在功能测试用例生成中的应用。

百度搜索关键字测试用例的生成示例

```
# 定义 DSL 测试用例
测试用例:百度搜索关键字

#设置搜索关键字
Step1: Set Search Keyword to ChatGPT
    - Action: Set the search keyword to ChatGPT
    - Expected: The search keyword is set to ChatGPT

#执行搜索
Step2: Perform Search
    - Action: Perform Search
```

```
          - Expected: Search results are displayed

#验证搜索结果
Step3: Verify that search results contain relevant information ChatGPT
- Action: Verify that search results contain relevant information ChatGPT
- Expected: Search results contain relevant information ChatGPT
```

而后，生成的 DSL 代码被定制开发的 DSL 解释器或者测试工具、平台等执行，用于验证软件的功能是否正常。DSL 解释器或者测试工具、平台等会按照 DSL 代码中指定的步骤执行测试用例，并记录执行的结果。这一步骤是验证软件功能是否正常的核心步骤，同时也是测试自动化的关键步骤。关于如何编写 DSL 解释器以及如何利用其他的一些自动化框架和 DSL 协同工作，自动执行测试用例，将在第 4 章进行详细介绍，这里不赘述。

最后，在测试用例执行后，测试人员分析执行结果，并将执行结果反馈给开发团队。同时，根据执行结果和反馈，对 DSL 代码进行改进和迭代。这个步骤有助于不断提高测试用例的质量和扩大其覆盖范围，从而提升软件的质量。

通过上述步骤，ChatGPT 与 DSL 的集成可以帮助测试人员更有效、快捷地生成测试用例，提高测试效率。

ChatGPT 与 DSL 的集成具有如下一些优势。

1）DSL 的使用可以确保生成的测试用例和领域要求高度相符，从而提高测试的精确性。

2）DSL 可以自动生成测试用例，减少手动编写的工作量，提高测试的自动化水平。

3）DSL 代码的生成可保证测试用例的一致性，避免人为错误。

4）DSL 代码的语法通常简洁和直观，可以提升测试用例的编写效率。

5）DSL 代码可以被复用，以完成不同项目或不同测试任务，提高代码的可维护性和复用性。

ChatGPT 与 DSL 的集成为测试用例生成提供了可能。这种集成提高了测试用例生成的精确性、自动化水平、一致性和效率。通过定义适用于特定领域的 DSL，结合 ChatGPT 的自然语言生成能力，测试人员可以更好地满足特定领域的测试需求。在实际应用中，ChatGPT 与 DSL 的集成过程中需要精心设计 DSL，确保其能够满足特定领域的需求。这种集成有望在各种领域的软件测试中发挥关键作用，提高测试效率和质量。

第 4 章　ChatGPT 生成自动化测试用例

4.1　ChatGPT 生成自动化测试用例的基本流程和原理

在自动化测试过程中，测试人员需要把大量时间花在元素定位、业务流程梳理等测试工作上，所以自动化测试用例的编写一直是软件测试过程中非常关键而又耗时的工作。为了提高自动化测试用例的编写效率，同时保证其覆盖率，测试人员尝试使用各类自动化方式辅助自动化测试用例的设计与编写。近年来，随着 AI 技术的进步，尤其是大模型的出现，基于自然语言的自动化测试用例的生成成为可能。

4.1.1　ChatGPT 生成自动化测试用例的基本流程

ChatGPT 生成自动化测试用例的基本流程可以分为以下几个步骤。

1）收集需求文档和系统文档。测试用例的生成需要基于对被测系统的充分理解，所以首先需要收集需求文档、系统文档（UI 设计原型、前端设计文档）等相关资料，让ChatGPT 对被测系统有充分的理解。

2）提供明确的生成指令。向 ChatGPT 提供明确的生成指令，说明需要生成什么类型的测试用例及需要覆盖的功能点或场景等。需要注意的是，在生成自动化测试用例时，应明确指出自动化测试用例应用的编程语言和测试框架。生成指令越明确和详细，ChatGPT 生成的自动化测试用例的质量越高。

3）ChatGPT 生成初始版本的自动化测试用例。ChatGPT 将结合收集的需求文档和系统文档中的相关信息和自动化测试用例应用的编程语言、测试框架等，对需求内容进行理解并输出指定编程语言和测试框架的初始版本的自动化测试用例。

4）评审和修改自动化测试用例。测试人员需要评审 ChatGPT 生成的初始版本的自动化测试用例，检查用例是否符合预期，修改自动化测试用例中的错误或不完善之处。

此过程可能需要多次迭代修改，直到自动化测试用例达到可用的质量标准。

5）抽取和整理最终版本的自动化测试用例。根据评审结果及不同的测试策略，测试人员从 ChatGPT 生成的自动化测试用例中提取有效的自动化测试用例，随后对它们进行整理和分类。这些自动化测试用例将根据不同的测试目的被分为不同的自动化测试用例集，例如冒烟测试和大版本自动化测试用例集。

通过上述步骤，测试团队可以利用 ChatGPT 强大的语言生成能力生成自动化测试用例。与手动编写相比，这一方法可以显著提高自动化测试用例的生成效率。然而，这仍然需要测试人员对自动生成的用例进行评审和修改，以确保其质量。

4.1.2　ChatGPT 生成自动化测试用例的原理

我们探讨一下 ChatGPT 生成自动化测试用例的原理。

首先，其核心在于深度学习。ChatGPT 采用了一个庞大的 Transformer 型深度神经网络，通过预训练技术，从大规模互联网语料中获取各种知识，包括软件测试的专业知识，如需求分析、用例设计、测试技巧、测试框架和编程语言等知识。这使 ChatGPT 能够像测试人员一样具备软件测试的相关知识。

其次，自然语言理解是关键。当测试人员用自然语言发出自动化测试用例生成的指令时，ChatGPT 能够解析指令中的关键信息，如需要测试的功能模块、场景和覆盖条件等。借助自然语言处理技术，ChatGPT 能够准确理解指令中的测试需求。

然后，ChatGPT 会根据已经理解的指令，结合自身的测试知识，通过推理来扩展测试场景。如果指令只涵盖基本情况，ChatGPT 可以自动生成边界用例和错误用例等。ChatGPT 能够像测试人员一样"思考"，对指令进行泛化。

接着，ChatGPT 会根据理解的测试需求，利用其强大的语言生成模型，以符合标准模板的形式输出测试用例描述，包括各种测试输入、测试步骤和预期结果。它们都可以以自然流畅的语言呈现，也可以转化为指定编程语言的代码。

最后，ChatGPT 可以不断迭代和优化，以提升输出质量。如果测试人员对 ChatGPT 生成的初始测试用例有修改和反馈，ChatGPT 可以通过迁移学习的方式，并生成更好的测试用例。

总之，基于以上原理，ChatGPT 能够与测试人员高效合作，自动生成大量高质量的测试用例。它不仅具备自身的知识，还可吸取人类测试经验，最终输出符合质量标准的测试用例。与纯手动设计相比，这样的方法能够显著提高设计效率，降低测试成本。借助 ChatGPT 的深度学习和语言理解能力，我们能够实现自动化测试用例的生成。

这种创新方法将在未来的软件测试领域发挥越来越重要的作用，使测试用例的设计更高效和智能化。

4.2　ChatGPT 与测试框架的整合

4.2.1　ChatGPT 与主流 UI 自动化测试框架整合

对于 Web 应用和 App 的 UI 测试，主流的 UI 自动化测试框架包括 Selenium、Appium、Cypress 等。这些 UI 自动化测试框架需要测试人员编写脚本来模拟用户界面操作，实现功能测试用例的自动执行。

以下罗列了一些 ChatGPT 在与主流 UI 自动化测试框架整合时，值得关注的内容。

准备框架的测试脚本模板，其中包含初始化操作、定位控件、调用关键方法等通用功能代码。

例如，Selenium 框架中可以包含初始化浏览器、打开网页、定位元素并进行单击操作的通用测试脚本模板，如下所示。

Selenium 框架中的通用测试脚本模板示例

```python
from selenium import webdriver
from selenium.webdriver.common.by import By

# 初始化浏览器
driver = webdriver.Chrome()

# 打开网页
driver.get("https://example.com")

# 定位元素并进行单击操作
element = driver.find_element(By.ID, "element_id")
element.click()
```

ChatGPT 输出的自然语言测试用例，需要被转换为使用对应框架的脚本语言的测试用例。解析测试用例中的步骤，形成完整的自动化测试用例脚本。例如，解析"单击用户名文本框，输入张三"，将其转换为 Selenium 的 send_keys 方法的调用代码，如下所示。

Selenium 的 send_keys 方法的调用代码示例

```python
# 定位元素并进行单击操作
```

```
element = driver.find_element(By.ID,  "User_Name")
element.send_keys('张三')
```

　　自动生成的测试用例脚本需要进行调试，以确保其能够正确执行。有些时候需要注意数据不能重复，例如同一个用户名不能注册两次；每个自动化测试用例脚本至少应该有一个断言语句，例如用户成功登录后验证页面标题是否正确。Selenium 的验证代码示例如下所示。

Selenium 的验证代码示例

```
......
action,  expected = line.split(": Verify that search results ")
search_results = self.driver.find_elements(By.CSS_SELECTOR,  ".t")
result_texts = [result.text for result in search_results]
if (expected.lower() in str(result_texts).lower()):
        print(f"'{case_name}' 测试通过.")
else:
        print(f"'{case_name}' 测试失败.")
```

4.2.2　ChatGPT 与接口测试工具整合

　　对于接口测试，经常会用到 JMeter、Postman、Python 的 Requests 包等。

　　以下罗列了一些 ChatGPT 在与主流接口测试工具 JMeter 整合时，值得关注的内容。

　　ChatGPT 生成的接口测试用例需要被解析，以提取 URL、参数、头信息等，然后将其转换为 JMeter JMX 格式的脚本文件。

　　例如，ChatGPT 生成的接口测试用例为以下内容。

ChatGPT 生成的接口测试用例

发送 POST 请求到 https://api.example.com/login,参数为{username: 'user', password: 'pass'},
预期响应码应为 200

　　以上内容可以转化为 JMeter 接口测试脚本，如下所示。

JMeter 接口测试脚本示例

```
<HTTPSamplerProxy guiclass="HttpTestSampleGui" testclass="HTTPSamplerProxy" testname=
"HTTP Request" enabled="true">
    <elementProp name="HTTPsampler.Arguments" elementType="Arguments" guiclass=
"HTTPArgumentsPanel" testclass="Arguments" testname="User Defined Variables" enabled=
"true">
```

```
      <collectionProp name="Arguments.arguments">
        <elementProp name="username" elementType="HTTPArgument">
          <stringProp name="Argument.name">username</stringProp>
          <stringProp name="Argument.value">user</stringProp>
          <stringProp name="Argument.metadata">=</stringProp>
        </elementProp>
        <elementProp name="password" elementType="HTTPArgument">
          <stringProp name="Argument.name">password</stringProp>
          <stringProp name="Argument.value">pass</stringProp>
          <stringProp name="Argument.metadata">=</stringProp>
        </elementProp>
      </collectionProp>
    </elementProp>
    <stringProp name="HTTPSampler.domain">https://api.example.com</stringProp>
    <stringProp name="HTTPSampler.port"></stringProp>
    <stringProp name="HTTPSampler.protocol"></stringProp>
    <stringProp name="HTTPSampler.contentEncoding"></stringProp>
    <stringProp name="HTTPSampler.path">/login</stringProp>
    <stringProp name="HTTPSampler.method">POST</stringProp>
    <boolProp name="HTTPSampler.follow_redirects">true</boolProp>
  </HTTPSamplerProxy>
```

　　将接口请求的参数进行参数化和脚本化，以便生成可重用的接口测试用例脚本。这有助于在不同情境下执行测试，并轻松地调整参数，以涵盖各种测试场景。通常，可以利用测试框架提供的数据驱动功能，将参数值与测试用例分离，以创建可重用的接口测试用例脚本。这样一来，可以在单个脚本中测试多组数据，提高测试的覆盖率，同时降低代码的重复性。

　　在此示例中，我们使用 CSV Data Set Config 组件来加载参数化的数据，然后在 HTTP（Hypertext Transfer Protocol，超文本传送协议）请求中使用"${变量名}"的方式引用这些参数化的数据，使用"${username}"和"${password}"分别对用户名和密码进行参数化，如下所示。

JMeter 接口测试脚本参数化示例

```
<JMeterTestPlan>
  <!--省略 Test Plan 和 Thread Group 配置 -->
  <hashTree>
    <CSVDataSet guiclass="TestBeanGUI" testclass="CSVDataSet" testname="CSV Data Set
    Config" enabled="true">
      <stringProp name="TestPlan.comments">Load CSV data for parameterization</stringProp>
      <stringProp name="filename">path/to/your/csv/data.csv</stringProp>
```

```xml
        <stringProp name="fileEncoding"></stringProp>
        <stringProp name="variableNames">username,password</stringProp>
        <stringProp name="delimiter">,</stringProp>
        <boolProp name="quotedData">true</boolProp>
        <boolProp name="recycle">false</boolProp>
        <boolProp name="stopThread">true</boolProp>
        <boolProp name="shareMode">shareMode.group</boolProp>
      </CSVDataSet>
      <hashTree/>
      <HTTPSamplerProxy guiclass="HttpTestSampleGui" testclass="HTTPSamplerProxy"
      testname="HTTP Request" enabled="true">
        <!-- 省略其他配置 -->
        <elementProp name="HTTPsampler.Arguments" elementType="Arguments" guiclass=
        "HTTPArgumentsPanel" testclass="Arguments" testname="User Defined Variables"
        enabled="true">
          <collectionProp name="Arguments.arguments">
            <elementProp name="username" elementType="HTTPArgument">
              <stringProp name="Argument.name">username</stringProp>
              <stringProp name="Argument.value">${username}</stringProp> <!-- 参数化引用 -->
              <stringProp name="Argument.metadata">=</stringProp>
            </elementProp>
            <elementProp name="password" elementType="HTTPArgument">
              <stringProp name="Argument.name">password</stringProp>
              <stringProp name="Argument.value">${password}</stringProp> <!-- 参数化引用 -->
              <stringProp name="Argument.metadata">=</stringProp>
            </elementProp>
          </collectionProp>
        </elementProp>
      </HTTPSamplerProxy>
      <hashTree/>
    </hashTree>
</JMeterTestPlan>
```

　　根据预期结果的描述，可以选择适当的验证机制或断言集成到测试用例脚本中，以实现自动化验证。例如，使用测试框架提供的断言函数，检查接口的响应是否符合预期，如验证响应中的特定文本、状态码、响应时间等。通过集成验证机制，可确保每次测试都能按照预期执行，及时发现问题并提高测试的可靠性。

　　在此示例中，我们使用 JSON Assertion 组件来对预期结果进行断言，如下所示。

JMeter 接口测试脚本断言示例

```xml
<JMeterTestPlan>
```

```xml
    <!-- 省略 Test Plan 和 Thread Group 配置 -->
  <hashTree>
    <HTTPSamplerProxy guiclass="HttpTestSampleGui" testclass="HTTPSamplerProxy"
    testname="HTTP Request" enabled="true">
      <!-- 省略其他配置 -->
    </HTTPSamplerProxy>
    <hashTree/>
    <JSONPathAssertion guiclass="JSONPathAssertionGui" testclass="JSONPathAssertion"
    testname="JSON Assertion" enabled="true">
      <stringProp name="JSON_PATH">
        $.status
      </stringProp>
      <stringProp name="EXPECTED_VALUE">
        success
      </stringProp>
      <boolProp name="JSONVALIDATION">true</boolProp>
      <boolProp name="EXPECT_NULL">false</boolProp>
    </JSONPathAssertion>
    <hashTree/>
  </hashTree>
</JMeterTestPlan>
```

接下来的关键步骤是将接口测试脚本集成到持续集成（Continuous Integration，CI）或持续交付（Continuous Delivery，CD）流程中。每当新版本或更改被推送到测试环境中时，CI/CD 流程将自动触发接口测试，以验证新代码是否符合预期，并确保应用的稳定性和可靠性。这种自动化的接口测试有助于问题的及时发现与修复。关于这部分内容将在第 9 章进行详细介绍，这里不赘述。

4.2.3　ChatGPT 与单元测试框架整合

在软件开发中，单元测试是一项重要的任务，用于验证代码中的各个单元（通常是函数或方法）是否按预期工作。基于不同编程语言的单元测试框架非常多，其中，基于 Java 语言的单元测试框架包括 JUnit、TestNG 等，基于 Python 语言的单元测试框架有 unittest、pytest 等。

ChatGPT 可以与单元测试框架集成，自动生成单元测试用例，从而提高测试效率和代码质量。

例如，使用 ChatGPT 生成的单元测试用例测试加法函数，输入 2 和 3，预期结果应为 5。可以要求 ChatGPT 利用 JUnit 单元测试框架将其转化为 Java 单元测试代码，如下所示。

基于 Java 语言的 JUnit 单元测试框架的单元测试代码示例

```java
import org.junit.Test;
import static org.junit.Assert.assertEquals;

public class CalculatorTest {
    @Test
    public void testAddition() {
        Calculator calculator = new Calculator();
        int result = calculator.add(2, 3);
        assertEquals(5, result);
    }
}
```

当然，无论是基于 Java 语言的 JUnit 单元测试脚本，还是基于 Python 语言的 unittest 单元测试脚本，都可以通过 ChatGPT 完成不同编程语言、不同单元测试框架脚本的相互转换。将上面基于 Java 语言的 JUnit 单元测试脚本转换为基于 Python 语言的 unittest 单元测试脚本，如下所示。

将 JUnit 单元测试脚本转换为 unittest 单元测试脚本示例

```python
import unittest

# 导入需要测试的函数或类
from calculator import add

class TestCalculator(unittest.TestCase):
    def test_addition(self):
        # 测试计算器的加法函数
        result = add(2, 3)
        expected_result = 5
        self.assertEqual(result, expected_result)

if __name__ == '__main__':
    unittest.main()
```

4.3 ChatGPT 生成自动化测试用例的效果评估

为了直观地评估 ChatGPT 生成自动化测试用例的实际效果，本节将采用一个实际业务系统的案例进行说明。

　　该系统是一个 B2C 电子商务网站，包含用户登录、浏览商品、加入商品至购物车、提交订单等功能。下面以用户登录功能为例，看一看 ChatGPT 生成自动化测试用例的效果。

　　笔者仍然按照 Elvis Saravia 的提示工程框架，向 ChatGPT 发出如下指令"请自动生成针对某系统的用户登录功能的测试用例脚本。该系统是一个 B2C 电子商务网站，包含用户登录、浏览商品、加入商品至购物车、提交订单等功能。该系统需要支持用户账户登录验证，登录参数包括手机号和密码。正常情况下手机号和密码匹配则登录成功，否则给出错误提示。手机号格式需要限制为 11 位数字，密码长度为 6—12 位。请使用 Python 语言结合 Selenium 和 unittest 框架，包含不同的正常和异常场景，设计至少 5 个用例。"，ChatGPT 生成的 5 个基于 Selenium 和 unittest 测试框架的用户登录功能测试用例脚本（部分），如图 4-1 所示。

图 4-1　ChatGPT 生成的 5 个基于 Selenium 和 unittest 测试框架的用户登录功能测试用例脚本（部分）

　　ChatGPT 生成的 5 个基于 Selenium 和 unittest 测试框架的用户登录功能测试用例脚本，如下所示。

ChatGPT 生成的 5 个基于 Selenium 和 unittest 测试框架的用户登录功能测试用例脚本

　　以下是使用 Python 语言结合 Selenium 和 unittest 框架编写的用户登录功能测试用例脚本，包括不同的正常和异常场景，共 5 个用例。在编写这些用例之前，请确保已安装 Selenium 和 Webdriver，并设置好浏览器驱动。

```
import unittest
from selenium import webdriver
from selenium.webdriver.common.keys import Keys
class TestUserLogin(unittest.TestCase):
def setUp(self):
        # 使用 Chrome 浏览器，需确保已安装 Chrome 浏览器和对应的驱动
        self.driver = webdriver.Chrome()
        # 替换为实际的登录页面 URL
        self.driver.get("https://your_b2c_eCommerce_website***/login")
    def test_successful_login(self):
        # 正常情况下，手机号和密码匹配，登录成功
        self.driver.find_element_by_name("phone").send_keys("13512345678")
        self.driver.find_element_by_name("password").send_keys("password123")
        self.driver.find_element_by_name("password").send_keys(Keys.RETURN)
        success_message = self.driver.find_element_by_id("success-message").text
        self.assertEqual(success_message, "Login successful")
    def test_invalid_phone_format(self):
        # 手机号格式不正确，登录失败并显示错误提示
        self.driver.find_element_by_name("phone").send_keys("12345")
        self.driver.find_element_by_name("password").send_keys("password123")
        self.driver.find_element_by_name("password").send_keys(Keys.RETURN)
        error_message = self.driver.find_element_by_id("error-message").text
        self.assertEqual(error_message, "Invalid phone format")
    def test_invalid_password_length(self):
        # 密码长度不在范围内，登录失败并显示错误提示
        self.driver.find_element_by_name("phone").send_keys("13512345678")
        self.driver.find_element_by_name("password").send_keys("pass")
        self.driver.find_element_by_name("password").send_keys(Keys.RETURN)
        error_message = self.driver.find_element_by_id("error-message").text
        self.assertEqual(error_message, "Password length should be 6-12"
"characters")
    def test_wrong_password(self):
        # 正常手机号但密码不匹配，登录失败并显示错误提示
        # 以"135"开头的 11 位数字
        self.driver.find_element_by_name("phone").send_keys("13512345678")
        self.driver.find_element_by_name("password").send_keys("wrongpass" "word")
        self.driver.find_element_by_name("password").send_keys(Keys.RETURN)
        error_message = self.driver.find_element_by_id("error-message").text
        self.assertEqual(error_message, "Incorrect password")
    def test_nonexistent_user(self):
        # 不存在的用户，登录失败并显示错误提示
        self.driver.find_element_by_name("phone").send_keys("99999999999")
        self.driver.find_element_by_name("password").send_keys("password123")
```

```
        self.driver.find_element_by_name("password").send_keys(Keys.RETURN)
        error_message = self.driver.find_element_by_id("error-message").text
        self.assertEqual(error_message, "User not found")
    def tearDown(self):
        self.driver.quit()
if __name__ == '__main__':
    unittest.main()
```

在上述示例中，你需要替换 "https://your_b2c_eCommerce_website***/login" 为实际的登录页面 URL，以及相应的元素定位方式（例如，使用 find_element_by_name、find_element_by_id 等）来模拟用户在网站上的交互。这个脚本包含了五个测试用例，分别测试了登录成功、手机号格式不正确、密码长度不正确、密码不匹配和不存在的用户登录场景。你可以根据你的实际系统逻辑和需求进行进一步的调整和扩展。

ChatGPT 针对笔者给出的提示词，在短短十几秒时间内就生成了基于 Selenium 和 unittest 测试框架的 5 个测试用例脚本。但 Selenium 测试框架目前已经废弃了 find_element_by_name 和 find_element_by_id 方法，在新版本中需要使用 find_element 方法来进行单个元素定位。显然，上面的脚本在应用于最新的 Selenium 测试框架时会报错。所以笔者又向 ChatGPT 发出了将 find_element_by_name 和 find_element_by_id 方法替换为 find_element 方法的提示词。ChatGPT 输出的部分使用 find_element 方法的 Selenium 测试用例脚本如图 4-2 所示。

图 4-2　ChatGPT 输出的部分使用 find_element 方法的 Selenium 测试用例脚本

ChatGPT 输出的使用 find_element 方法的 Selenium 测试用例脚本如下所示。

ChatGPT 输出的使用 find_element 方法的 Selenium 测试用例脚本

当使用 Selenium 的'find_element'方法时，你可以直接传递'By'和元素定位器作为参数，而不需要编写自定义的'find_element_by_name'和'find_element_by_id'方法。以下是将上述代码中的'find_element_by_name'和'find_element_by_id'方法替换为'find_element(By.*, *)'方法的示例：

```python
import unittest
from selenium import webdriver
from selenium.webdriver.common.keys import Keys
from selenium.webdriver.common.by import By
class TestUserLogin(unittest.TestCase):
    def setUp(self):
        # 使用 Chrome 浏览器，需确保尸安装 Chrome 浏览器和对应的驱动
        self.driver = webdriver.Chrome()
        # 替换为实际的登录页面 URL
        self.driver.get("https://your_b2c_eCommerce_website***/login")
    def test_successful_login(self):
        # 正常情况下，手机号和密码匹配，登录成功
        # 以"135"开头的 11 位数字
        self.driver.find_element(By.NAME, "phone").send_keys("13512345678")
        self.driver.find_element(By.NAME, "password").send_keys("password123")
        self.driver.find_element(By.NAME, "password").send_keys(Keys.RETURN)
        success_message = self.driver.find_element(By.ID, "success-message").text
        self.assertEqual(success_message, "Login successful")
    def test_invalid_phone_format(self):
        # 手机号格式不正确，登录失败并显示错误提示
        self.driver.find_element(By.NAME, "phone").send_keys("12345")
        self.driver.find_element(By.NAME, "password").send_keys("password123")
        self.driver.find_element(By.NAME, "password").send_keys(Keys.RETURN)
        error_message = self.driver.find_element(By.ID, "error-message").text
        self.assertEqual(error_message, "Invalid phone format")
    def test_invalid_password_length(self):
        # 密码长度不在范围内，登录失败并显示错误提示
        # 以"135"开头的 11 位数字
        self.driver.find_element(By.NAME, "phone").send_keys("13512345678")
        self.driver.find_element(By.NAME, "password").send_keys("pass")
        self.driver.find_element(By.NAME, "password").send_keys(Keys.RETURN)
        error_message = self.driver.find_element(By.ID, "error-message").text
        self.assertEqual(error_message, "Password length should be 6-12 characters")
    def test_wrong_password(self):
        # 正常手机号但密码不匹配，登录失败并显示错误提示
        # 以"135"开头的 11 位数字
```

```
            self.driver.find_element(By.NAME, "phone").send_keys("13512345678")
            self.driver.find_element(By.NAME, "password").send_keys("wrongpassword")
            self.driver.find_element(By.NAME, "password").send_keys(Keys.RETURN)
            error_message = self.driver.find_element(By.ID, "error-message").text
            self.assertEqual(error_message, "Incorrect password")
    def test_nonexistent_user(self):
        # 不存在的用户，登录失败并显示错误提示
            self.driver.find_element(By.NAME, "phone").send_keys("99999999999")
            self.driver.find_element(By.NAME, "password").send_keys("password123")
            self.driver.find_element(By.NAME, "password").send_keys(Keys.RETURN)
            error_message = self.driver.find_element(By.ID, "error-message").text
            self.assertEqual(error_message, "User not found")
    def tearDown(self):
            self.driver.quit()
if __name__ == '__main__':
unittest.main()
```

　　从这个简单的示例可以看出，ChatGPT 可以自动、快速生成符合要求的测试用例脚本。它包含正常场景、异常场景，可覆盖不同的测试条件。测试用例描述虽然使用的是自然语言，但可以转换为对应的测试框架脚本。在实际使用时，仅需要替换一些网址和元素的 ID 或 NAME 等属性信息，就可以让自动化测试用例脚本运行，这是不是非常简单呢？

　　我们可以对 ChatGPT 生成自动化测试用例的效果从覆盖率、正确性、可维护性和自动化程度这 4 个方面进行简单评估。

　　1）覆盖率：这 5 个用例基本覆盖了用户登录的主要场景，包括正常、异常情况的测试场景，符合需求描述的测试范围。

　　2）正确性：生成的基于 Python 语言的 unittest 框架脚本结构正确，可直接运行，没有语法问题。在实际应用时需要认真观察，若有问题及时修正。

　　3）可维护性：用例命名符合规范，代码结构清晰，可读强，便于后续的维护。

　　4）自动化程度：自动生成测试用例脚本代码，较手动编码节省了大量时间。

　　通过以上简单的评估可以看出，ChatGPT 生成的自动化测试用例总体上达到较好的效果。使用 ChatGPT 明显提高了测试用例脚本的编写效率，减少了测试用例脚本编写的工作量。

　　另外，还可以应用 seldom 等一些简单易用的测试框架。笔者尝试向 ChatGPT 输入"你了解 seldom 吗？"提示词，ChatGPT 输出的关于 seldom 测试框架的内容，如图 4-3 所示。

图 4-3 ChatGPT 输出的关于 seldom 测试框架的内容

可以看到 ChatGPT "了解" seldom 测试框架，那么它能不能将上面基于 Selenium 和 unittest 测试框架的测试用例脚本替换为基于 seldom 测试框架的测试用例脚本呢？笔者输入相关提示词让 ChatGPT 将基于 Selenium 和 unittest 测试框架的测试用例脚本替换为基于 seldom 测试框架的测试用例脚本，如图 4-4 所示。

图 4-4 将基于 Selenium 和 unittest 测试框架的测试用例脚本替换为基于 seldom 测试框架的测试用例脚本

ChatGPT 很快就将先前生成的基于 Selenium 和 unittest 测试框架的测试用例脚本替

换为基于 seldom 测试框架的测试用例脚本。可选择的测试框架众多，笔者在这里只是想通过该示例告诉读者，ChatGPT 就像一个浩瀚的知识海洋，包罗万象，不仅可以写情诗、文章，还可以写代码，也可以将不同语言、不同测试框架的代码进行转换。当然这些都可以由我们来主导。

4.4 ChatGPT 生成自动化测试用例的实际案例

本节以百度关键字搜索业务作为案例，带领读者深入了解 ChatGPT 如何应用于自动化测试用例的生成。

4.4.1 ChatGPT 生成自动化测试用例的最佳实践

（1）收集需求文档和系统文档

在"3.3.4 ChatGPT 生成测试用例的最佳实践"小节，ChatGPT 已经生成了基于百度关键字搜索业务的功能测试用例，如表 4-1 所示。

表 4-1　基于百度关键字搜索业务的功能测试用例

测试编号	测试目标	前置条件	测试步骤	预期结果
TC001	搜索输入框合法关键字的测试	用户打开百度搜索页面	1. 在搜索输入框中输入一个有效关键字（例如"测试"）。 2. 单击搜索按钮	显示搜索结果页面
TC002	搜索输入框多个合法关键字的测试	用户打开百度搜索页面	1. 在搜索输入框中输入多个有效关键字（例如"软件测试方法"）。 2. 单击搜索按钮	显示搜索结果页面
TC003	搜索输入框包含特殊字符的测试	用户打开百度搜索页面	1. 在搜索输入框中输入特殊字符（例如"#$%^"）。 2. 单击搜索按钮	显示错误消息提示
TC004	基本关键字搜索–无相关结果	用户已进入百度搜索页面	1. 在搜索框中输入一个有效关键字（例如"未知关键字"），但系统无法找到相关结果。 2. 单击搜索按钮	显示相应的通知给用户（例如"未找到相关结果"）
TC005	基本关键字搜索–取消搜索	用户已进入百度搜索页面	1. 在搜索框中输入一个有效关键字（例如"测试"）。 2. 在搜索操作执行前取消搜索操作	搜索操作被取消，用例结束
TC006	基本关键字搜索–多次搜索	用户已进入百度搜索页面	1. 在搜索框中输入一个有效关键字（例如"测试"）。 2. 单击搜索按钮。 3. 重复步骤 1 和 2 多次	搜索结果正确显示，搜索历史被保留

测试编号	测试目标	前置条件	测试步骤	预期结果
TC007	基本关键字搜索-边界值测试	用户已进入百度搜索页面	1. 在搜索框中输入一个极小的关键字（例如 "a"）。 2. 单击搜索按钮	显示与关键字相关的搜索结果页面
TC008	基本关键字搜索-边界值测试	用户已进入百度搜索页面	1. 在搜索框中输入一个极长的关键字（超出限制字符数，例如 "a"×101）。 2. 单击搜索按钮	1. 搜索框自动截取前100个字符。 2. 显示前100个字符的搜索结果页面
TC009	搜索建议显示测试	用户打开百度搜索页面	在搜索输入框中输入部分关键字（例如 "测"）	显示搜索建议列表
TC010	搜索建议多个部分关键字的测试	用户打开百度搜索页面	在搜索输入框中输入多个部分关键字（例如 "软件测"）	显示搜索建议列表
……	……	……	……	……

（2）提供明确的生成指令

在 ChatGPT 中输入提示词：请按照"测试编号 测试目标 前置条件 测试步骤 预期结果 TC001 搜索输入框合法关键字的测试用户打开百度搜索页面 1. 在搜索输入框中输入一个有效关键字（例如'测试'）。2. 单击搜索按钮 显示搜索结果页面。"生成基于 Selenium 和 unittest 的自动化测试用例脚本，注意请使用 find_element(By.*,*)方法。ChatGPT 的输出结果如图 4-5 所示。需要说明的是，在输入提示词时，ChatGPT 的普通用户获取的结果只是文本，所以尽管笔者复制表格形式的测试用例，但粘贴后其格式混乱、不易阅读，不过 ChatGPT 仍然能准确理解，实属难得。

图 4-5 ChatGPT 的输出结果

如果您是 ChatGPT Plus 用户，可使用提供带有格式的文件，一定会取得更好的效果。

（3）ChatGPT 生成初始版本的自动化测试用例

从 TC001 自然语言的测试用例生成的基于 Selenium 和 unittest 测试框架的脚本来看，其完全按照 TC001 测试用例实现了自动化测试用例脚本。ChatGPT 输出的 TC001 自动化测试用例脚本如下所示。

ChatGPT 输出的 TC001 自动化测试用例脚本

以下是一个使用 Selenium 和 unittest 编写的测试用例脚本，根据你提供的测试内容生成。这个脚本模拟用户在百度搜索页面中输入合法关键字进行搜索的情景，并使用 **'find_element(By.*,**

"*")'方法查找页面元素:

```
import unittest
from selenium import webdriver
from selenium.webdriver.common.by import By
class TestBaiduSearch(unittest.TestCase):
    def setUp(self):
        # 前置条件：用户打开百度搜索页面
        self.driver = webdriver.Chrome()
        self.driver.get("https://www.baidu.com")

    def test_search_valid_keyword(self):
        # 测试步骤：
        # 1. 在搜索输入框中输入一个有效关键字（例如："测试"）
        search_input = self.driver.find_element(By.ID, "kw")
        search_input.send_keys("测试")
        # 2. 点击搜索按钮
        search_button = self.driver.find_element(By.ID, "su")
        search_button.click()
        # 预期结果：显示搜索结果页面。
        self.assertIn("百度为您找到相关结果约", self.driver.page_source)
    def tearDown(self):
        self.driver.quit()
if __name__ == '__main__':
unittest.main()
```

在这个脚本中，我们使用 find_element(By.ID, "kw")来查找搜索输入框和 find_element (By.ID, "su")来查找搜索按钮。然后，我们模拟用户在搜索输入框中输入"测试"关键字，点击搜索按钮。接着，我们使用断言来验证是否显示了相关的搜索结果页面。

这是一个简单的示例，你可以根据实际需求和网站的结构进行扩展和定制。如果你有其他问题或需要进一步的帮助，请随时提问。

（4）评审和修改自动化测试用例

ChatGPT 完全理解自然语言的前置条件等，生成的代码中将用户打开百度搜索页面的代码放到了 setUp 方法中，如下所示。

```
def setUp(self):
    # 前置条件：用户打开百度搜索页面
    self.driver = webdriver.Chrome()
    self.driver.get("https://www.baidu.com")
```

其测试用例的命名也非常规范，即 test_search_valid_keyword，从中可以明确看出这是一

个有效的输入关键字的测试用例。并且测试步骤中输入的数据是按照 TC001 测试用例输入的
数据来实现测试脚本的，如下所示。

```python
def test_search_valid_keyword(self):
    # 测试步骤：
    # 1．在搜索输入框中输入一个有效关键字（例如："测试"）
    search_input = self.driver.find_element(By.ID, "kw")
    search_input.send_keys("测试")
    # 2．点击搜索按钮
    search_button = self.driver.find_element(By.ID, "su")
    search_button.click()
```

在 ChatGPT 给出的自动化测试用例脚本中，没有发现任何语法错误。ChatGPT 给出
的测试用例脚本代码中的百度网址是正确的，不需要进行修改，且元素的 ID 属性完全
正确。如图 4-6 所示，百度搜索输入框对应的 ID 属性为"kw"、搜索按钮对应的 ID 属性
为"su"。

图 4-6　百度搜索输入框和搜索按钮对应的 ID 属性信息

ChatGPT 非常贴心地在其自动生成的测试用例脚本中加入了断言语句，如下所示。

```python
# 预期结果：显示搜索结果页面。
self.assertIn("百度为您找到相关结果约", self.driver.page_source)
```

如图 4-7 所示，经过笔者的实际验证，在搜索成
功后确实会出现"百度为您找到相关结果约……"这
段文字。

如果读者已经阅读了 ChatGPT 生成的自动化测
试用例脚本代码，是否发现了其中的问题？

图 4-7　百度搜索成功后显示的相关文字

从 Python 语言和自动化测试用例脚本代码方面讲，前面 ChatGPT 输出的 TC001 测试用例脚本完全没有问题，但是实际应用过 Selenium 测试框架进行自动化测试的人可能会说，这段代码缺少页面同步处理的相关代码，有可能会因为脚本执行速度过快，导致页面没有显示完整就进行断言，从而导致断言失败情况的出现。是的，确实存在该问题。Selenium 有 3 种等待方式，即强制等待、显式等待和隐式等待。这里，笔者以较为简单的强制等待方式为例，每执行一次搜索就强制等待 2s。在实际工作中，可以采用其他两种等待方式。加入等待时间的 TC001 自动化测试用例脚本如下所示。

加入等待时间的 TC001 自动化测试用例脚本

```python
import unittest
from selenium import webdriver
from selenium.webdriver.common.by import By
from time import sleep
class TestBaiduSearch(unittest.TestCase):
    def setUp(self):
        # 前置条件：用户打开百度搜索页面
        self.driver = webdriver.Chrome()
        self.driver.get("https://www.baidu.com")
    def test_search_valid_keyword(self):
        # 测试步骤：
        # 1. 在搜索输入框中输入一个有效关键字（例如："测试"）
        search_input = self.driver.find_element(By.ID, "kw")
        search_input.send_keys("测试")
        # 2. 点击搜索按钮
        search_button = self.driver.find_element(By.ID, "su")
        search_button.click()
    # 3. 加入 2s 等待时间
    Sleep(2)
        # 预期结果：显示搜索结果页面。
        self.assertIn("百度为您找到相关结果约", self.driver.page_source)
    def tearDown(self):
        self.driver.quit()
if __name__ == '__main__':
unittest.main()
```

这样笔者就完成了针对 TC001 测试用例脚本的评审和修改工作。

（5）抽取和整理最终版本的自动化测试用例

在实际工作当中，我们并不会把功能测试用例都转换为自动化测试用例。自动化测试用例的执行策略可以根据不同需求和项目情况进行选择和定制。以下是一些常见的执行策略和考虑因素。

- 选择测试用例执行范围：不是所有的功能测试用例都需要转换为自动化测试用例。通常，应该先关注重复执行频率较高、对稳定性要求较高、回归测试执行较频繁的测试用例，这些测试用例的自动化可以提高测试效率和一致性。
- 分层测试策略：对于自动化测试，常常采用分层测试策略。底层是单元测试，中层是集成测试，顶层是端到端（End-to-End，E2E）测试。
- 冒烟测试：用于快速验证应用程序的基本功能是否正常。它通常包括较重要的功能，以便快速捕获严重问题。
- 回归测试：回归测试是在每次更改或添加新功能后执行的测试，以确保没有引入新问题或破坏现有功能。自动化回归测试是自动化测试用例的一个主要应用领域。
- 数据驱动测试：使用数据驱动测试策略，可以在输入多组数据的情况下执行相同的测试用例，以扩大覆盖范围。这对于测试相同功能的不同输入组合非常有用。
- 并行执行：自动化测试工具通常可以并行执行多个测试用例，以提高执行效率。
- CI：将自动化测试集成到 CI 和 CD 流程中，确保每次代码更改后都运行自动化测试，以及时发现和修复问题。
- 自动化测试工具选择：选择满足项目需求的自动化测试工具和框架。不同工具适用于不同类型的应用程序和测试场景。
- 维护和更新：自动化测试用例需要定期维护和更新，以适应应用程序的变化和需求变更。测试用例脚本需要与应用程序保持同步。

总的来说，自动化测试用例的执行策略应该是根据项目需求和目标来制定的。不是所有的功能测试用例都需要自动化，以确保自动化测试的投入产出比理想。

这里笔者出于对篇幅的考虑，仅选取前 3 个功能测试用例将其转换为基于 Selenium 和 unittest 测试框架的自动化测试用例脚本，如图 4-8 所示。

图 4-8　ChatGPT 生成的 3 个自动化测试
用例脚本的部分内容

笔者让 ChatGPT 将 TC001～TC003 这 3 个功能测试用例转换为自动化测试用例脚本，并且要求在单击搜索按钮后等待 2s。ChatGPT 生成的 3 个自动化测试用例脚本如下所示。

ChatGPT 生成的自动化测试用例脚本

以下是根据提供的测试内容使用 Selenium 和 unittest 编写的自动化测试用例脚本。脚本模拟了 3 个测试场景，每个场景都在点击搜索按钮后等待 2 秒，以确保页面加载完毕。测试中使用 **'find_element(By.*, "*")'** 方法查找页面元素：

```python
import unittest
import time
from selenium import webdriver
from selenium.webdriver.common.by import By
class TestBaiduSearch(unittest.TestCase):
    def setUp(self):
        # 前置条件：用户打开百度搜索页面
        self.driver = webdriver.Chrome()
        self.driver.get("https://www.baidu.com")
    def test_search_valid_keyword(self):
        # 测试步骤：
        # 1. 在搜索输入框中输入一个有效关键字（例如："测试"）
        search_input = self.driver.find_element(By.ID, "kw")
        search_input.send_keys("测试")
        # 2. 点击搜索按钮
        search_button = self.driver.find_element(By.ID, "su")
        search_button.click()
        # 3. 等待2秒
        time.sleep(2)
        # 预期结果：显示搜索结果页面。
        self.assertIn("百度为您找到相关结果约", self.driver.page_source)
    def test_search_multiple_valid_keywords(self):
        # 测试步骤：
        # 1. 在搜索输入框中输入多个有效关键字（例如："软件测试方法"）
        search_input = self.driver.find_element(By.ID, "kw")
        search_input.send_keys("软件测试方法")
        # 2. 点击搜索按钮
        search_button = self.driver.find_element(By.ID, "su")
        search_button.click()
        # 3. 等待2秒
        time.sleep(2)
        # 预期结果：显示搜索结果页面。
        self.assertIn("百度为您找到相关结果约", self.driver.page_source)
    def test_search_special_characters(self):
```

```
# 测试步骤:
# 1. 在搜索输入框中输入特殊字符 ( 例如: "#$%^" )
search_input = self.driver.find_element(By.ID, "kw")
search_input.send_keys("#$%^")
# 2. 点击搜索按钮
search_button = self.driver.find_element(By.ID, "su")
search_button.click()
# 3. 等待 2 秒
time.sleep(2)
# 预期结果: 显示错误消息提示。
error_message = self.driver.find_element(By.CLASS_NAME, "nors").text
self.assertEqual(error_message, "抱歉, 没有找到与 "#$%^" 相关的结果。")
    def tearDown(self):
        self.driver.quit()
if __name__ == '__main__':
unittest.main()
```

这个脚本按照你提供的要求在每次点击搜索按钮后等待 2 秒，以确保页面加载完毕。如果你有其他问题或需要进一步的帮助，请随时提问。

（6）测试执行

在 PyCharm 中运行 ChatGPT 生成的自动化测试用例脚本，可以发现有一条关于输入 "#$%^" 测试用例失败的信息，如图 4-9 所示。

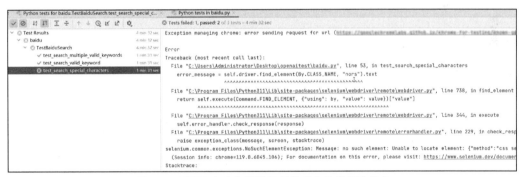

图 4-9　TC003 自动化测试用例执行失败的相关信息

从图 4-9 中不难发现失败的原因是找不到指定的提示信息元素。笔者验证发现，当输入 "#$%^" 时，并不会像预想的那样输出 "抱歉，没有找到与 '#$%^' 相关的结果。" 的提示信息，系统能搜索到结果，如图 4-10 所示。

在发现问题后，首先，需要将 Bug 提交到缺陷管理工具中。如果问题是由前期需求未考虑某些特殊字符是否可以作为关键字输入而引起的，那么需要与产品经理进行沟通

81

并确认。如果最后确认只需将其视为普通字符进行处理，那就没有问题了。否则，系统应该限制输入或在提交后将关键字转换为特殊符号，以确保无法查询到相关结果。

图 4-10　验证时 TC003 自动化测试用例
执行后显示的信息

其次，在实际的测试过程中，测试人员常常会发现一些细节问题，这些问题在产品设计阶段可能被忽略，在需求评审时没有被关注，而在软件测试过程中被发现，这时就需要考虑需求变更的问题。一旦需求变更且经过项目团队相关成员的评审，将修订需求规格说明书。此时，无论是功能测试用例还是自动化测试用例脚本，都需要及时进行修正，以确保测试用例与系统的最新版本保持一致。

4.4.2　ChatGPT 与 DSL 集成的最佳实践

在本书的"3.4 ChatGPT 与领域特定语言的集成"一节，已经介绍了 DSL 的概念，下面示范如何应用 ChatGPT 编写一个用于百度关键字搜索业务的 DSL 测试用例，如下所示。

```
# 定义 DSL 测试用例
测试用例：百度搜索关键字
#设置搜索关键字
Step1: Set Search Keyword to ChatGPT
    - Action: Set the search keyword to ChatGPT
    - Expected: The search keyword is set to ChatGPT
#执行搜索
Step2: Perform Search
    - Action: Perform Search
    - Expected: Search results are displayed
#验证搜索结果
Step3: Verify that search results contain relevant information ChatGPT
- Action: Verify that search results contain relevant information ChatGPT
    - Expected: Search results contain relevant information ChatGPT
```

DSL 测试用例如何运行呢？可以通过以下两种方式来运行 DSL 测试用例：自行开发一个专用的 DSL 解释器或创建一个强大的平台，以便更好地管理、运行和维护相应的 DSL 测试用例；还可以依靠 ChatGPT 的协助，逐步编写代码来运行 DSL 测试用例。

在这里，笔者借助 ChatGPT，实现了一个简单的 DSL 解释器来运行用于百度关键字搜索业务的 DSL 测试用例，以下是相关的代码。

针对百度关键字搜索业务的 DSL 解释器代码

```python
import time
from selenium import webdriver
from selenium.webdriver.common.by import By
from selenium.webdriver.common.keys import Keys
class DSLInterpreter:
    def __init__(self, driver):
        self.driver = driver
        self.variables = {}
    def execute(self, dsl_code):
        dsl_lines = dsl_code.strip().split('\n')
        for line in dsl_lines:
            line = line.strip()
            if line.startswith("测试用例:"):
                case_name= line
            if line.startswith("Step1: Set Search Keyword to "):
                action, value = line.split(": ")[1].split(" to ")
                self.variables[action] = value
                self.driver.get("https://www.baidu.com")
                search_box = self.driver.find_element(By.NAME, "wd")
                search_box.send_keys(value)
            elif line.startswith("Step2: Perform Search"):
                action = "Perform Search"
                search_box.send_keys(Keys.RETURN)
                time.sleep(5)
            elif line.startswith("Step3: Verify that search results "
        "contain relevant information "):
            action, expected = line.split(": Verify that search "
            "results contain relevant information ")
                search_results = self.driver.find_elements(By.CSS_SELECTOR, ".t")
                result_texts = [result.text for result in search_results]
                if (expected.lower() in str(result_texts).lower()):
                    print(f"'{case_name}' 测试通过.")
                else:
                    print(f"'{case_name}' 测试失败.")
# 创建浏览器实例(使用 Chrome 浏览器)
driver = webdriver.Chrome()
# 创建 DSL 解释器实例,并传入浏览器实例
interpreter = DSLInterpreter(driver)
# 执行 DSL 测试用例
dsl_code = """
# 定义 DSL 测试用例
```

```
测试用例：百度搜索关键字
# 步骤 1: 设置搜索关键字
Step1: Set Search Keyword to ChatGPT
    - Action: Set the search keyword to ChatGPT
    - Expected: The search keyword is set to ChatGPT
# 步骤 2: 执行搜索
Step2: Perform Search
    - Action: Perform Search
    - Expected: Search results are displayed
# 步骤 3: 验证搜索结果
Step3: Verify that search results contain relevant information ChatGPT
- Action: Verify that search results contain relevant information ChatGPT
    - Expected: Search results contain relevant information ChatGPT"""
interpreter.execute(dsl_code)
# 关闭浏览器
driver.quit()
```

在 PyCharm 中新建 dsl.py 文件，并将代码复制到该文件中并运行该文件。可以看到针对百度关键字搜索业务的 DSL 解释器可以正常执行，其执行结果如图 4-11 所示。

编写中文 DSL 测试用例（见图 4-12）具有多重优势。一旦定义了 DSL 的规则并实现了 DSL 解释器，只需要进行简单的培训，功能测试人员便能够编写符合 DSL 规则的自动化测试用例，而无须深入了解代码。

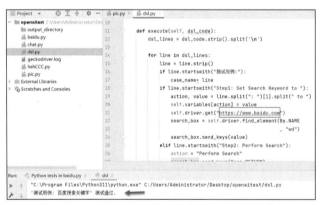

图 4-11　针对百度关键字搜索业务的 DSL 解释器的执行结果

图 4-12　中文 DSL 测试用例示例

利用 ChatGPT，可以轻松地输入自然语言，它会自动将其转换为 DSL 测试用例，然后通过 DSL 解释器执行 DSL 测试用例。实际上，这是许多企业一直以来都梦寐以求却难以实现的。但是，现在有了 ChatGPT 的辅助，这就可以轻松实现。这无疑会极大地提高测试工作的效率和质量，对于各个领域的测试人员、开发人员和产品人员都具有重要意义。

第 5 章　ChatGPT 生成接口测试用例

接口测试在软件开发生命周期中扮演着至关重要的角色，有助于验证不同模块之间的交互是否正确。例如，若协议消息被恶意修改，系统是否能够恰当处理，以确保系统的功能正常运行，不会出现宕机或者安全问题。

5.1　ChatGPT 在接口测试中的角色

接口测试是确保系统各个模块协同工作的关键环节。传统的接口测试用例编写通常依赖于测试人员的经验、手动操作，这可能导致接口测试用例的不充分和测试内容的遗漏。ChatGPT 能够理解和生成文本，是编写接口测试用例的理想工具。

5.1.1　理解系统需求和接口规范

ChatGPT 可以用来解析系统需求规格说明书和接口文档。通过输入相关文档，ChatGPT 可以生成摘要、要点和问题列表等，帮助测试人员更好地把握测试的范围和重点。

假设我们正在测试一个电子商务网站的购物车接口。我们有系统需求文档和接口文档，但它们很冗长，需要花费大量的时间阅读、理解。但是有了 ChatGPT 以后，只需要将这些文档输入 ChatGPT，它就可以快速给出摘要，列出所有与购物车相关的功能和要点等。这有助于测试人员快速地确定测试重点，确保接口测试用例的全面性。

5.1.2　生成测试用例模板

ChatGPT 可以协助测试团队生成测试用例模板，包括输入数据、操作步骤和预期结果等。测试人员可以向 ChatGPT 提供接口描述和测试目标，ChatGPT 会自动生成基本的测试用例结构。测试用例模板化以后，既可以加快测试用例的编写速度，又能确保测试用例的一致性。

对于一个社交媒体平台的接口测试，我们需要测试用户发布帖子的功能。通过描述接口规范和测试目标，ChatGPT 可以自动生成测试用例模板，包括帖子内容、发布操作的步骤和预期的发布结果等。这样，测试人员只需填写具体的内容，而不必从头开始编写每个接口测试用例。

　　例如，对于一个电子商务网站的购物车接口，ChatGPT 生成的接口文档如下所示。

ChatGPT 生成的接口文档

接口名称：add_to_cart

接口概述：该接口用于将指定商品添加到购物车。

请求方式：POST 请求

请求 URL：https://example.com/api/add_to_cart

参数列表：

- item_id（商品 ID）

参数描述：用于指定要添加到购物车的商品的唯一标识。

参数类型：整数

是否必填：是

- num（数量）

参数描述：指定要添加的商品数量。

参数类型：整数

是否必填：是

请求示例：

```
POST 请求 https://example.com/api/add_to_cart
```

请求体：

```
{
"item_id": 12345,
"num": 2
}
```

响应示例：

```
{
"status": 200,
"message": "添加商品到购物车成功",
"data": {
"cart_total_items": 5
}
}
```

响应字段说明：

status：标识业务是否成功的状态码。

- 200 表示请求成功，商品成功添加到购物车。
- 其他状态码可根据具体情况自行定义。

message：状态信息，对状态码的详细描述。

data：包含响应数据。

- cart_total_items：购物车中的总商品数量。

5.1.3 探索边界条件

在接口测试中，通常需要测试各种输入数据的边界条件。ChatGPT 可以帮助测试人员生成边界条件的接口测试用例，确保系统能够正确处理各种情况。

在电子商务网站的购物车接口的测试中，我们需要确保它能够正确处理购买商品的数量的输入，包括商品数量的正常输入和异常输入。异常输入可能包括带小数点的数字、字母、全角数字、中文字符以及货币符号等特殊字符。不同类型的数据库具有不同的数字上下限，例如，在 MySQL 中，SMALLINT 类型占用 2 个字节，可以存储从—32768 到 32767 的整数。因此，我们需要考虑商品数量超过上限、低于下限、等于上限、等于下限以及 0 作为特殊数字和正常数字等各种边界条件的测试用例。

很多情况下，对于通过 UI 无法提交的数字，若接口测试通过协议直接发送请求，在应用程序的后台没有进行校验并且数据库没有添加约束条件的情况下，仍然可以正常提交。这可能导致数据无法正常存储等严重问题。

例如，购物车中单个商品的数量最大可以为 9999，考虑用边界值测试用例方法设计接口测试用例，则可以获得以下边界用例，ChatGPT 生成的边界值接口测试用例如下所示。

ChatGPT 生成的边界值接口测试用例

用例编号：TC001
用例名称：添加数量为 0 的商品

输入参数：

item_id: 123456
num: 0

预期结果：

添加失败，提示数量不能为 0

......
用例编号：TC005

用例名称：添加超过库存的商品

输入参数：

item_id: 123456
num: 10000

预期结果：

添加失败，提示超过库存

......

5.1.4　自动生成测试数据

测试数据的生成通常是接口测试的一个烦琐任务。ChatGPT 可以帮助测试团队生成测试数据，包括各种输入和它们的组合。测试人员可以描述他们需要的数据类型和范围，ChatGPT 可以生成符合要求的测试数据，从而减轻测试人员的负担。

对于一个在线预订酒店的用户登录接口的测试，需要输入用户名、密码、手机号和邮箱信息。ChatGPT 可以根据接口测试的需要生成多条不同的测试数据，下面以生成10000 条 user 表的数据为例。在 ChatGPT 中输入提示词，其就能给出 Python 代码，运行代码后就能得到 SQL 文件。ChatGPT 生成的部分 SQL 文件如图 5-1 所示。

图 5-1　ChatGPT 生成的部分 SQL 文件

ChatGPT 生成的完整的 SQL 文件如下所示。

ChatGPT 生成的完整的 SQL 文件

要生成 10000 条包含用户名、密码、邮箱和手机号的 SQL 插入语句，你可以使用 Python 编写脚本，然后执行它以生成 SQL 语句。以下是一个 Python 脚本示例，用于生成 SQL 语句：

```python
import random
import string
# 生成符合长度要求的随机用户名
def generate_username(length):
    username = ''.join(random.choice(string.ascii_letters) for _ in range(length))
    return username
# 生成包含大小写字母、数字和特殊符号的随机密码
def generate_password(length):
    characters = string.ascii_letters + string.digits + string.punctuation
    password = ''.join(random.choice(characters) for _ in range(length))
    return password
# 生成格式正确的随机邮箱地址
def generate_email():
    username = generate_username(random.randint(5, 10))
    domain = ''.join(random.choice(string.ascii_lowercase) for _ in range(5))
    extension = random.choice(['com', 'net', 'org'])
    email = f"{username}@{domain}.{extension}"
    return email
# 生成符合手机号格式的随机数字
def generate_phone_number():
    area_code = random.randint(100, 999)
    exchange = random.randint(100, 999)
    subscriber_number = random.randint(1000, 9999)
    phone_number = f"({area_code}) {exchange}-{subscriber_number}"
    return phone_number
# 生成 10000 条 SQL 插入语句
sql_statements = []
for _ in range(10000):
    username = generate_username(8)
    password = generate_password(12)
    email = generate_email()
    phone_number = generate_phone_number()
    # 构建插入语句
    sql = f"INSERT INTO user (username, password, Email, phone) VALUES ('{username}',
'{password}', '{email}', '{phone_number}');"
    sql_statements.append(sql)
# 保存 SQL 语句到文件
```

```
with open("insert_data.sql", "w") as file:
    for statement in sql_statements:
        file.write(statement + "\n")
```

此脚本将生成 10000 条 SQL 插入语句，将这些数据插入名为 "user" 的数据表中。你可以根据你的数据库类型和需求修改生成的 SQL 插入语句，确保它们与你的数据库架构相匹配。生成的 SQL 插入语句将保存在名为 "insert_data.sql" 的文本文件中。

5.1.5　更新和维护测试用例

随着系统的演化，测试用例需要不断更新和维护。ChatGPT 可以协助测试人员，根据新的接口规范和需求来修改测试用例。这有助于确保测试用例始终与系统的最新版本保持一致。

在一个电子邮件应用程序的接口测试中，我们需要测试发送电子邮件的功能。随着新的电子邮件格式和附件要求的变化，我们需要更新测试用例以适应这些变化。ChatGPT可以帮助我们快速修改测试用例，以满足新的需求，从而减少维护测试用例的工作量。

5.1.6　自动生成接口测试代码

对于常用的接口测试工具或者测试框架，如 Postman、JMeter、pytest 等，ChatGPT 都可以生成相应的接口测试用例脚本（测试代码）等。测试人员只需描述接口信息和测试场景，通常就可以获得可直接运行的接口测试用例脚本。

针对上文的购物车接口，ChatGPT 生成的 JMeter 接口测试用例脚本如下所示。

ChatGPT 生成的 JMeter 接口测试用例脚本

```xml
<?xml version="1.0" encoding="UTF-8"?>
<jmeterTestPlan version="1.2" properties="5.0" jmeter="5.5">
  <hashTree>
    <TestPlan guiclass="TestPlanGui" testclass="TestPlan" testname="测试计划">
      <stringProp name="TestPlan.comments"></stringProp>
      <boolProp name="TestPlan.functional_mode">false</boolProp>
      <boolProp name="TestPlan.tearDown_on_shutdown">true</boolProp>
      <boolProp name="TestPlan.serialize_threadgroups">false</boolProp>
      <elementProp name="TestPlan.user_defined_variables"
elementType="Arguments" guiclass="ArgumentsPanel"
testclass="Arguments" testname="用户定义的变量" enabled="true">
        <collectionProp name="Arguments.arguments"/>
      </elementProp>
```

```xml
      <stringProp name="TestPlan.user_define_classpath"></stringProp>
  </TestPlan>
  <hashTree>
    <ThreadGroup guiclass="ThreadGroupGui" testclass="ThreadGroup"testname="线程组">
      <stringProp name="ThreadGroup.on_sample_error">continue</stringProp>
      <elementProp name="ThreadGroup.main_controller"
      elementType="LoopController" guiclass="LoopControlPanel"
      testclass="LoopController" testname="循环控制器" enabled="true">
        <boolProp name="LoopController.continue_forever">false</boolProp>
        <stringProp name="LoopController.loops">1</stringProp>
      </elementProp>
      <stringProp name="ThreadGroup.num_threads">1</stringProp>
      <stringProp name="ThreadGroup.ramp_time">1</stringProp>
      <boolProp name="ThreadGroup.scheduler">false</boolProp>
      <stringProp name="ThreadGroup.duration"></stringProp>
      <stringProp name="ThreadGroup.delay"></stringProp>
      <boolProp name="ThreadGroup.same_user_on_next_iteration">true</boolProp>
    </ThreadGroup>
    <hashTree>
      <HTTPSamplerProxy guiclass="HttpTestSampleGui"
      testclass="HTTPSamplerProxy" testname="HTTP 请求" enabled="true">
        <elementProp name="HTTPsampler.Arguments" elementType="Arguments"guiclass=
                        "HTTPArgumentsPanel" testclass="Arguments"
        testname="用户定义的变量" enabled="true">
        guiclass="HTTPArgumentsPanel" testclass="Arguments"
          <collectionProp name="Arguments.arguments">
            <elementProp name="item_id" elementType="HTTPArgument">
              <boolProp name="HTTPArgument.always_encode">false</boolProp>
              <stringProp name="Argument.value">123456</stringProp>
              <stringProp name="Argument.metadata">=</stringProp>
              <boolProp name="HTTPArgument.use_equals">true</boolProp>
              <stringProp name="Argument.name">item_id</stringProp>
            </elementProp>
            <elementProp name="num" elementType="HTTPArgument">
              <boolProp name="HTTPArgument.always_encode">false</boolProp>
              <stringProp name="Argument.value">1</stringProp>
              <stringProp name="Argument.metadata">=</stringProp>
              <boolProp name="HTTPArgument.use_equals">true</boolProp>
              <stringProp name="Argument.name">num</stringProp>
            </elementProp>
          </collectionProp>
        </elementProp>
        <stringProp name="HTTPSampler.domain">www.example.com</stringProp>
```

```xml
          <stringProp name="HTTPSampler.port"></stringProp>
          <stringProp name="HTTPSampler.protocol">http</stringProp>
          <stringProp name="HTTPSampler.contentEncoding"></stringProp>
          <stringProp name="HTTPSampler.path">/cart/add</stringProp>
          <stringProp name="HTTPSampler.method">POST</stringProp>
          <boolProp name="HTTPSampler.follow_redirects">true</boolProp>
          <boolProp name="HTTPSampler.auto_redirects">false</boolProp>
          <boolProp name="HTTPSampler.use_keepalive">true</boolProp>
          <boolProp name="HTTPSampler.DO_MULTIPART_POST">false</boolProp>
          <stringProp name="HTTPSampler.embedded_url_re"></stringProp>
          <stringProp name="HTTPSampler.connect_timeout"></stringProp>
          <stringProp name="HTTPSampler.response_timeout"></stringProp>
        </HTTPSamplerProxy>
        <hashTree>
          <ResponseAssertion guiclass="AssertionGui"
          testclass="ResponseAssertion" testname="响应断言" enabled="true">
            <collectionProp name="Asserion.test_strings">
              <stringProp name="49586">200</stringProp>
            </collectionProp>
            <stringProp name="Assertion.custom_message"></stringProp>
            <stringPropname="Assertion.test_field">Assertion.response_code </stringProp>
            <boolProp name="Assertion.assume_success">false</boolProp>
            <intProp name="Assertion.test_type">8</intProp>
          </ResponseAssertion>
          <hashTree/>
        </hashTree>
      </hashTree>
    </hashTree>
  </hashTree>
</jmeterTestPlan>
```

5.1.7　智能对比新旧接口

在接口迭代升级的过程中，往往需要更新对应的接口测试用例。ChatGPT 可以通过对比新旧接口规范，智能生成更新接口测试用例的建议。

例如，购物车接口进行了变更，新旧接口文档示例如下所示。

新旧接口文档示例
原接口:
接口:add_to_cart
方法:POST

```
参数:item_id，num
......
新接口:
接口:add_to_cart
方法:POST
参数:item_id，num，selected
......
```

ChatGPT 可以快速指出新接口文档中添加了 selected 参数，并给出更新测试用例的建议。ChatGPT 给出的更新测试用例的建议如下所示。

ChatGPT 给出的更新测试用例的建议

- 新接口在原有基础上新增了 selected 参数，需要在原有用例中补充该参数的测试。
- selected 参数可以传入 0 或 1，表示状态是否选中。需要新增用例验证该参数的逻辑。
- 需要保留原有不传 selected 参数的兼容性用例。

这样可以避免测试人员逐一手动对比了解接口的变更，从而大幅提升更新接口测试用例的效率。

5.2　ChatGPT 生成接口测试用例的流程

通常，使用 ChatGPT 生成接口测试用例的流程可以分为以下关键步骤。

（1）收集接口的相关文档和信息

收集接口的信息，如接口名称、请求方法、请求参数、返回结果等。这些是 ChatGPT 生成接口测试用例需要的输入信息。

这一步骤的重要性不可忽视，因为它为 ChatGPT 提供了上下文，使其能够理解接口的基本特性和功能。这也是测试人员与 ChatGPT "合作"的起点，确保 ChatGPT 在生成接口测试用例时能够根据接口的具体情况进行创造性的工作。通常情况下，研发团队会有一份接口文档，它是接口测试的主要参考文档。

（2）输入接口的相关文档和信息

将已收集到的接口的相关文档和信息输入 ChatGPT，并提出希望其生成接口测试用例的需求。

这一步骤是启动 ChatGPT 生成接口测试用例的关键。通过输入这些信息，测试人员可向 ChatGPT 传达测试的方向和目标。测试人员可以清晰地描述他们期望测试用例覆盖的方面，包括一般功能、边界条件、异常情况等。ChatGPT 将根据这些需求生成测试用例，确保测试人员的期望得到满足。

（3）生成接口测试用例

ChatGPT 会自动分析接口的预期行为，快速生成一组初始接口测试用例，其中包括一些基础的验证用例。ChatGPT 通过自然语言处理技术，理解接口的功能和行为。它可以根据输入的接口信息，生成一组初始接口测试用例，以验证接口的基本功能。这些初始接口测试用例通常涵盖了正常操作的情况，以帮助测试人员快速建立测试用例的框架。

（4）接口测试用例评审

测试人员需要评审 ChatGPT 生成的初始接口测试用例，检查是否需要补充测试场景。此时可以在 ChatGPT 中提出扩展需求，如增加更多边界条件等。

这一步骤是测试团队与 ChatGPT 交互的关键。测试人员需要评审 ChatGPT 生成的初始接口测试用例，确保它们覆盖了预期的测试范围。如果发现遗漏或需要更多测试场景，测试人员可以直接与 ChatGPT 对话，提出扩展需求，比如需要覆盖更多的边界条件、异常情况等。

（5）接口测试用例迭代与完善

ChatGPT 可以迭代生成更多接口测试用例。测试人员只需要将评审迭代结果输入 ChatGPT，ChatGPT 就会不断补充、完善接口测试用例，直到测试用例完全满足测试需求，达到预期目标为止。当确认接口测试用例已经完善时，测试人员将 ChatGPT 生成的接口测试用例整合为一个完整的文档，以便后续的测试执行和管理。

5.3　ChatGPT 与接口测试工具的协作

本节我们将讨论 ChatGPT 如何与主流接口测试工具（包括 Postman、JMeter 及 Python 的 Requests 库）协作，以提高接口测试工作的效率。

5.3.1　ChatGPT 与 Postman 的协作

Postman 是一款广受欢迎的接口测试工具，其提供直观的 GUI（Graphical User Interface，图形用户界面）来创建、管理和执行测试用例。ChatGPT 能够与 Postman 协作，自动生成并执行 Postman 接口测试脚本。

以下是由 ChatGPT 生成的 Postman 示例代码片段。

ChatGPT 生成的 Postman 示例代码片段

```
const postman = require('postman-request');
```

```
// ChatGPT 生成的接口测试用例
const testCase = {
  method: 'POST',
  endpoint: 'https://api.example.com/login',
  headers: { 'Content-Type': 'application/json' },
  body: { username: 'testuser', password: 'testpassword' },
  expectedResponse: { statusCode: 200, body: { success: true } },
};

// 创建 Postman 请求
postman.post(testCase.endpoint, { json: testCase.body, headers: testCase.headers },
(error, response, body) => {
    if (response.statusCode === testCase.expectedResponse.statusCode && body ===
testCase.expectedResponse.body) {
      console.log('Test case passed');
    } else {
      console.log('Test case failed');
    }
});
```

5.3.2　ChatGPT 与 JMeter 的协作

JMeter 作为一款出色的性能测试工具，适用于接口测试。通过它与 ChatGPT 的协作，用户可以生成兼容 JMX 格式的 JMeter 测试脚本文件，这些文件既可以直接执行，也可按需调整和优化来完成接口测试任务。

以下是由 ChatGPT 生成的 JMX 格式的 JMeter 测试脚本。

ChatGPT 生成的 JMX 格式的 JMeter 测试脚本

```
    <HTTPSamplerProxy guiclass="HttpTestSampleGui" testclass="HTTPSamplerProxy" testname=
"API Test" enabled="true">
    <elementProp name="HTTPsampler.Arguments" elementType="Arguments" guiclass=
"HTTPArguments Panel" testclass="HTTPArguments" testname="User Defined Variables"
enabled="true">
      <collectionProp name="Arguments.arguments">
      <elementProp name="username" elementType="HTTPArgument">
        <boolProp name="HTTPArgument.always_encode">false</boolProp>
        <stringProp name="Argument.value">testuser</stringProp>
        <stringProp name="Argument.metadata">=</stringProp>
      </elementProp>
      <elementProp name="password" elementType="HTTPArgument">
```

```
            <boolProp name="HTTPArgument.always_encode">false</boolProp>
            <stringProp name="Argument.value">testpassword</stringProp>
            <stringProp name="Argument.metadata">=</stringProp>
        </elementProp>
      </collectionProp>
    </elementProp>
    <stringProp name="HTTPSampler.domain">api.example.com</stringProp>
    <stringProp name="HTTPSampler.path">/login</stringProp>
    <stringProp name="HTTPSampler.method">POST</stringProp>
    <boolProp name="HTTPSampler.follow_redirects">true</boolProp>
    <boolProp name="HTTPSampler.auto_redirects">false</boolProp>
    <boolProp name="HTTPSampler.use_keepalive">true</boolProp>
    <boolProp name="HTTPSampler.DO_MULTIPART_POST">false</boolProp>
    <stringProp name="HTTPSampler.embedded_url_re"></stringProp>
</HTTPSamplerProxy>
```

　　后续我们将通过飞机订票系统的案例详细展示如何使用 ChatGPT 生成接口测试用例，并将其转化为测试脚本，具体内容不在此赘述。

5.3.3　ChatGPT 与 Python Requests 库的协作

　　Python 的 Requests 库是一个流行的 HTTP 库，可用于发送 HTTP 请求和执行接口测试。ChatGPT 可以与 Python 的 Requests 库协作，以完成接口测试用例的生成及接口测试的执行。

　　以下是由 ChatGPT 生成的基于 Requests 库实现接口测试的示例脚本。

ChatGPT 生成的基于 Requests 库实现接口测试的示例脚本

```python
import requests
# ChatGPT 生成的测试数据
test_data = {
  "username": "testuser",
  "password": "testpassword"
}
# 接口地址
url = "https://api.example.com/login"

# 发送 POST 请求
response = requests.post(url, json=test_data)
# 验证响应
expected_response = {
  "statusCode": 200,
```

```
    "body": {"success": True}
  }
  if response.status_code == expected_response["statusCode"] and response.json() ==
expected_response["body"]:
      print("Test case passed")
  else:
      print("Test case failed")
```

5.4 接口测试和性能测试案例环境的搭建与启动

本节将详细讲解如何搭建与启动一个飞机订票系统，这个系统将作为后续接口测试和性能测试的案例。

5.4.1 文件的下载

可以关注"AI智享空间"公众号，回复"案例环境"获取一个下载链接。通过该下载链接下载 WebTours.rar 文件，解压后可以看到图 5-2 所示的内容。

5.4.2 案例系统的环境搭建

双击 strawberry-perl-5.10.1.0.msi 文件，将出现图 5-3 所示的界面。

图 5-2　WebTours.rar 文件解压后的内容

勾选"I accept the terms in the License Agreement"复选框，单击"Install"按钮。将出现图 5-4 所示的界面，单击"Finish"按钮，就完成了 Perl 的安装。

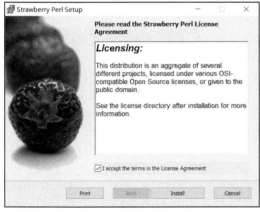

图 5-3　Perl 安装界面—许可协议

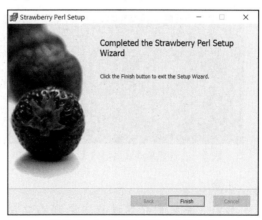

图 5-4　Perl 安装界面—安装完成

5.4.3　系统的启动

进入 WebTours 文件夹，找到 StartServer.bat 文件并双击，即可启动系统，如图 5-5 所示。

> d > AIBOOK > exec > WebTours >			
名称	修改日期	类型	大小
📁 bin	2018-11-26 16:26	文件夹	
📁 cgi-bin	2018-11-26 16:26	文件夹	
📁 conf	2018-11-26 16:26	文件夹	
📁 error	2018-11-26 16:26	文件夹	
📁 htdocs	2018-11-26 16:26	文件夹	
📁 icons	2018-11-26 16:26	文件夹	
📁 logs	2018-11-26 16:26	文件夹	
📁 manual	2018-11-26 16:26	文件夹	
📁 modules	2018-11-26 16:26	文件夹	
📁 templates	2018-11-26 16:26	文件夹	
📄 ABOUT_APACHE.txt	2004-11-21 18:50	文本文档	15 KB
📄 CHANGES.txt	2011-09-09 14:31	文本文档	119 KB
📄 GetLRPath.exe	2016-04-21 3:26	应用程序	18 KB
📄 INSTALL.txt	2008-09-18 19:16	文本文档	5 KB
📄 LICENSE.txt	2011-09-09 17:12	文本文档	36 KB
📄 mercuryproducts.dll	2016-04-21 3:26	应用程序扩展	310 KB
📄 NOTICE.txt	2011-09-09 17:12	文本文档	2 KB
📄 README	2012-01-12 21:22	文件	0 KB
📄 README.txt	2007-01-10 5:50	文本文档	6 KB
📄 README-win32.txt	2008-10-15 14:22	文本文档	2 KB
📄 StartServer.bat	2014-03-10 22:32	Windows 批处理...	1 KB

图 5-5　双击 StartServer.bat 文件

执行 StartServer.bat 文件后，将出现图 5-6 所示的命令提示符窗口，按 Ctrl+C 组合键可关闭该窗口，终止系统的运行。

系统启动后，在浏览器的地址栏中输入"http://IP 地址:端口号/webtours"后按 Enter 键来访问系统，默认端口号为 1080。因为笔者将系统部署在本机，所以其访问地址为"http://127.0.0.1:1080/webtours"。系统界面如图 5-7 所示。

图 5-6　系统启动后出现的命令提示符窗口

图 5-7　系统界面

注意

如果在系统的搭建过程中遇到端口号冲突的问题，则需要编辑位于 WebTours\conf 子目录下的 httpd.conf 文件，将端口号修改为一个不会发生冲突的值，如图 5-8 所示。

Sans>

图 5-8　httpd.conf 文件中的端口配置信息

5.5　ChatGPT 生成接口文档的方法与实践

接口文档对于系统开发和测试过程都起着极其重要的支撑作用。在本节，我们将一起完成 ChatGPT 自动生成飞机订票系统的用户接口文档。

5.5.1　接口文档的重要性

接口文档在系统开发中不仅起着桥梁的作用，而且是确保项目成功的基石。它详细地描述了系统各模块或组件间的交互协议和数据格式，为系统架构的设计与实现奠定了基础。

高质量的接口文档带来的益处是多方面的。首先，它促进了系统内部组件的解耦，增强了模块的独立性与可重用性。这一点在构建复杂的分布式系统时尤为重要，因为它为不同的开发团队，尤其是前端和后端团队提供了一套共同的规范，确保了其对接口的理解的一致性。这样，各个团队可以在相互独立工作的同时，保证最终集成的顺畅进行。

其次，接口文档对测试工作至关重要。测试人员依据文档中的定义来编写测试用例，检验接口的输入和输出是否符合预期，从而确保接口测试的准确性。全面的接口文档有助于测试人员覆盖接口测试内容，降低漏测风险。

然后，接口文档还可以促进团队之间的有效沟通和协作。通过一个共享的、明确的接口文档，研发团队、测试团队、产品团队等项目团队可以在相同的理解基础上进行交流，显著减少因口头传达而产生的误解，加速项目成员对系统机制的理解。

最后，随着技术的进步和开发实践的演化，接口文档的编写和维护也越来越倾向于自动化。利用如 ChatGPT 这样的先进工具，能够自动生成接口文档，这不仅提高了接口文档的生成效率，还保证了接口文档内容的即时更新和准确性。自动生成的接口文档能够及时更新代码，确保接口文档与实际接口的一致性，进一步提升了开发和测试工作的效率。

5.5.2　ChatGPT 生成接口文档的方法

通常情况下，从事系统研发的企业都会有一份系统接口文档，供研发团队、测试团队参考，但仍有一些企业没有规范的系统接口文档，这为软件系统的开发、测试以及后续维护带来了不小的困难。此时，编写一份规范的接口文档势在必行。通过简单的操作，

ChatGPT 能够快速生成详尽的接口文档，这一过程涉及以下几个关键步骤。

首先，为了使 ChatGPT 能够生成高质量的接口文档，必须提供清晰的关键信息，包括但不限于接口的名称、参数的清单和描述、请求和响应的示例等。这些关键信息为 ChatGPT 提供了明确的生成任务和内容范围，确保了生成的接口文档的准确性和实用性。

其次，基于提供的关键信息，ChatGPT 开始生成包含接口概述、参数详情、请求和响应示例在内的接口文档初稿。这一步不仅能快速生成接口文档初稿，而且还能保证接口文档初稿的结构化和一致性，使得接口文档初稿易于理解和使用。

然后，在生成接口文档初稿后，用户通常需要与 ChatGPT 进行多轮对话，对接口文档初稿的内容进行细化和修正。这一步允许用户根据实际需求提供更多细节信息，如参数的具体数据类型、有效取值范围、特定场景下的输入示例等。这种交互式的修改过程确保了最终接口文档的准确性和完整性。

在软件开发和测试的实践中，接口文档的准确性和可读性对于确保项目的顺利完成至关重要。使用 ChatGPT 这样的工具自动生成文档，不仅能为团队节省宝贵的时间和资源，还能促进团队成员之间的有效沟通，加速开发和测试。

5.5.3　ChatGPT 生成接口文档实践案例

生成接口文档的方法有很多，如研发人员手动编写或通过 Swagger、Postman、Apiary、ChatGPT 自动生成。在此仅针对利用 ChatGPT 生成接口文档的方法进行介绍，其他方法不赘述。

以飞机订票系统的用户注册功能为例，其用户注册的界面如图 5-9 所示。

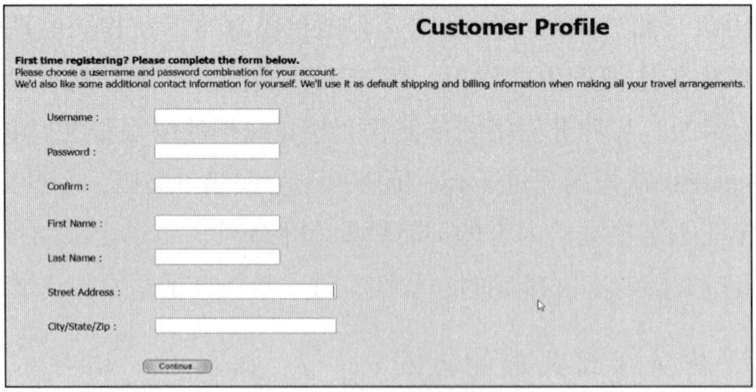

图 5-9　用户注册的界面

（1）提供关键信息

在本案例中，笔者提供的接口关键信息如下所示。

接口名称：用户注册接口。

接口描述：新用户注册接口，注册内容包括用户名、姓名、地址、邮编等。

请求地址：http://127.0.0.1:1080/cgi-bin/login.pl。

请求方式：POST。

请求体参数：

```
username          必填    用户名
password          必填    密码
passwordConfirm   必填    确认密码
firstName         选填    名字
lastName          选填    姓氏
address1          选填    街道地址
address2          选填    城市邮编
register.x        选填    注册 x 坐标
register.y        选填    注册 y 坐标
响应示例：HTML 格式页面，注册成功 显示 Thank you, <b>{username}</b>
```

（2）ChatGPT 生成接口文档初稿

把上述关键信息输入完成以后，就可以让 ChatGPT 生成用户注册接口文档初稿，如图 5-10 所示。

图 5-10 ChatGPT 生成的用户注册接口文档初稿

ChatGPT 给出两个方案供我们选择，即 Response 1 和 Response 2，分别如图 5-11 和图 5-12 所示。

图 5-11　ChatGPT 生成的 Response 1 接口文档（部分）

以下内容为 ChatGPT 生成的 Response 1 接口文档。

ChatGPT 生成的 Response 1 接口文档

以下是飞机订票系统的用户注册接口文档：

用户注册接口

接口描述：新用户注册接口，允许用户提供以下信息进行注册：用户名、密码、确认密码、名字、姓氏、街道地址、城市邮编。

请求地址：http://127.0.0.1:1080/cgi-bin/login.pl

请求方式：POST

请求体参数：

参数名	是否必填	描述
username	必填	用户名
password	必填	密码
passwordConfirm	必填	确认密码
firstName	选填	名字
lastName	选填	姓氏
address1	选填	街道地址
address2	选填	城市邮编
register.x	选填	注册 x 坐标
register.y	选填	注册 y 坐标

请求示例：

```
POST http://127.0.0.1:1080/cgi-bin/login.pl
Body:
{
  "username": "sample_user",
  "password": "password123",
  "passwordConfirm": "password123",
  "firstName": "John",
  "lastName": "Doe",
  "address1": "123 Main St",
  "address2": "City, Zip Code",
  "register.x": "100",
  "register.y": "200"
}
```

响应示例：
如果注册成功，服务器将返回一个 HTML 格式的页面，显示以下内容：

```
Thank you, <b>sample_user</b>
```

如果注册失败，服务器应该返回相应的错误信息，例如用户名已被占用或密码不匹配等信息。

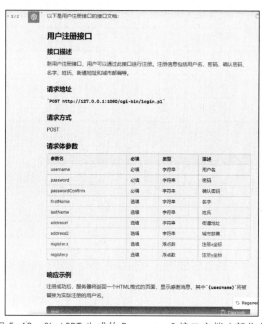

图 5-12　ChatGPT 生成的 Response 2 接口文档（部分）

以下内容为 ChatGPT 生成的 Response 2 接口文档。

ChatGPT 生成的 Response 2 接口文档

以下是用户注册接口的接口文档：

用户注册接口

接口描述

新用户注册接口，用户可以通过此接口进行注册。注册信息包括用户名、密码、确认密码、名字、姓氏、街道地址和城市邮编等。

请求地址

```
POST http://127.0.0.1:1080/cgi-bin/login.pl
```

请求方式

POST

请求体参数

参数名	必填	类型	描述
username	必填	字符串	用户名
password	必填	字符串	密码
passwordConfirm	必填	字符串	确认密码
firstName	选填	字符串	名字
lastName	选填	字符串	姓氏
address1	选填	字符串	街道地址
address2	选填	字符串	城市邮编
register.x	选填	浮点数	注册 x 坐标
register.y	选填	浮点数	注册 y 坐标

响应示例

注册成功后，服务器将返回一个 HTML 格式的页面，显示感谢消息，其中'{username}'将被替换为实际注册的用户名。

```
Thank you, <b>{username}</b>
```

错误响应示例

如果注册过程中发生错误，服务器可能返回相应的错误信息，如用户名已存在、密码不匹配等。

```
Registration failed. Please check your input and try again.
```

这是用户注册接口的接口文档，您可以使用这些信息来设计和实现相应的功能。希望这对您有所帮助！

不难发现，两个方案都出色地完成了接口文档的生成，但笔者更喜欢 Response 2 的表达，因为其描述更加全面。

还可以让 ChatGPT 生成符合 OpenAPI 3.0 规范的接口文档，以便于项目相关成员阅读，如图 5-13 所示。

图 5-13　ChatGPT 生成的符合 OpenAPI 3.0 规范的接口文档（部分）

为什么要生成符合 OpenAPI 3.0 规范的接口文档呢？下面简单介绍一下 OpenAPI 3.0。OpenAPI 3.0（又称为 OpenAPI Specification 3.0 或 OAS 3.0）是一种规范，专门用于描述 RESTful API（Application Program Interface，应用程序接口）。它是 OpenAPI 2.0（之前称为 Swagger）的升级版。OpenAPI 3.0 的目标是提供更丰富的 API 文档和规范，以便开发人员更好地理解和使用 API。这一规范采用 JSON（JavaScript Object Notation，JavaScript 对象简谱）或 YAML（YAML Ain't a Markup Language，YAML 不是标记语言）格式，因此易于阅读和编写。开发人员可以利用各种工具生成 API 文档，以更轻松地构建和维护 API 文档。这有助于提高 API 的可互操作性，促进不同团队之间的合作。

ChatGPT 生成的符合 OpenAPI 3.0 规范的接口文档如下所示。

ChatGPT 生成的符合 OpenAPI 3.0 规范的接口文档

以下是用户注册接口的 OpenAPI 3.0.0 格式文档：

```
openapi: 3.0.0
```

```
info:
  title: 飞机订票系统
  description: 飞机订票系统用户注册接口文档
  version: 1.0.0
paths:
  /cgi-bin/login.pl:
    post:
      summary: 新用户注册接口
      description: 新用户注册接口，用户可以通过此接口进行注册。注册信息包括用户名、密码、确认密码、
        名字、姓氏、街道地址和城市邮编等。
      requestBody:
        required: true
        content:
          application/x-www-form-urlencoded:
            schema:
              type: object
              properties:
                username:
                  type: string
                  description: 用户名
                password:
                  type: string
                  description: 密码
                passwordConfirm:
                  type: string
                  description: 确认密码
                firstName:
                  type: string
                  description: 名字
                lastName:
                  type: string
                  description: 姓氏
                address1:
                  type: string
                  description: 街道地址
                address2:
                  type: string
                  description: 城市邮编
                register.x:
                  type: number
                  description: 注册 x 坐标
                register.y:
                  type: number
```

```
                    description: 注册 y 坐标
        responses:
          '200':
            description: 注册成功
            content:
              text/html:
                schema:
                  type: string
                  example: 'Thank you, <b>{username}</b>'
          '400':
            description: 注册失败
            content:
              text/html:
                schema:
                  type: string
                  example: 'Registration failed. Please check your input and try again'
```

这是 OpenAPI 3.0.0 格式的用户注册接口文档，您可以将其用于 API 文档工具或生成可视化文档以方便阅读和理解。希望这对您有所帮助！

ChatGPT 很快就生成了符合 OpenAPI 3.0 规范的关于飞机订票系统的用户注册接口文档，它还告诉我们该如何使用这段 YAML 格式的代码，是不是非常贴心？将这段代码复制到 Swagger Editor 中，可以正常显示，如图 5-14 所示。

图 5-14 Swagger Editor 中显示的用户注册接口文档

可以按照前面笔者提供的方法继续生成其他接口文档，这里不赘述。

无论使用哪种编程语言和开发框架，生成符合 Swagger 或 OpenAPI 3.0 规范的接口文档的关键都在于选择合适的工具和注解来描述 API。

接口文档的生成过程并不是最重要的，最重要的是确保生成的接口文档内容准确无误、简明清晰，能够让项目相关人员容易理解。在实际工作中，研发人员有时可能会修改 API 的代码，这可能导致接口参数、返回值等内容发生变化。在这种情况下，研发人员应该及时更新相关接口文档，以确保其准确性。

一些企业可能存在没有接口文档的情况，这会给测试人员的接口测试工作带来困难。测试人员不仅需要分析接口的输入和输出，还需要负责编写接口文档，这容易导致漏测情况的出现。因此，笔者建议接口文档的编写和维护工作由研发人员来负责，特别是在有了 ChatGPT 的辅助之后。有一些企业还开发了一些工具或平台，通过调用 OpenAI 提供的相关 API 来自动生成接口文档并发布，这极大地提高了研发及测试的效率。

（3）进行多轮对话细化和修正

事实上，我们在使用 ChatGPT 生成接口文档时可能不会"一气呵成"，有时可能需要同 ChatGPT 进行多轮对话，才能生成最终的接口文档。在操作时我们可以根据实际情况来调整 ChatGPT 的提示词，提供更多的细节信息，例如参数的数据类型、取值范围、输入示例等，从而获得满意的接口文档。

5.6　ChatGPT 与接口测试工具协作的最佳实践

本节将通过飞机订票系统的用户注册接口的测试案例，介绍 ChatGPT 如何与 Postman、JMeter、Python 的 Requests 库等主流接口测试工具协作，自动生成接口测试用例，从而提高测试效率。

5.6.1　ChatGPT 与 Postman 协作完成接口测试

下面笔者通过将 ChatGPT 与 Postman 协作完成飞机订票系统的用户注册接口的测试工作，具体操作步骤如下。

（1）收集接口的相关文档和信息

获取 5.5.3 小节由 ChatGPT 生成的用户注册接口的接口文档，如下所示。

ChatGPT 生成的用户注册接口的接口文档
以下是用户注册接口的接口文档：
用户注册接口
接口描述
新用户注册接口，用户可以通过此接口进行注册。注册信息包括用户名、密码、确认密码、

名字、姓氏、街道地址和城市邮编等。

请求地址

```
POST http://127.0.0.1:1080/cgi-bin/login.pl
```

请求方式

```
POST
```

请求体参数

参数名	必填	类型	描述
username	必填	字符串	用户名
password	必填	字符串	密码
passwordConfirm	必填	字符串	确认密码
firstName	选填	字符串	名字
lastName	选填	字符串	姓氏
address1	选填	字符串	街道地址
address2	选填	字符串	城市邮编
register.x	选填	浮点数	注册 x 坐标
register.y	选填	浮点数	注册 y 坐标

响应示例

注册成功后，服务器将返回一个 HTML 格式的页面，显示感谢消息，其中{username}将被替换为实际注册的用户名。

```
Thank you, <b>{username}</b>
```

错误响应示例

如果注册过程中发生错误，服务器可能返回相应的错误信息，如用户名已存在、密码不匹配等。

```
Registration failed. Please check your input and try again.
```

这是用户注册接口的接口文档，您可以使用这些信息来设计和实现相应的功能。希望这对您有所帮助！

（2）输入接口的相关文档和信息

在 ChatGPT 中输入已收集到的接口的相关文档和信息，并提出生成接口测试用例的需求。如笔者希望测试用例覆盖正常注册和密码不匹配两种情况并输出 Postman 测试用例脚本。因此，笔者输入图 5-15 所示的提示词。

需要强调以下两点。

- 请务必明确指出输出 Postman 测试脚本，并且确保其符合 Collection v2.1 的格式要求。如果不符合这些要求，生成的 JSON 格式的脚本可能无法成功导入。

- 当编写"要求"部分的内容时，可以一次或多次提及在创建测试用例时需要考虑的用例设计方法或具体要求等。

（3）生成接口测试用例

ChatGPT 很快输出了符合要求的初始接口测试用例，也就是符合要求的 Collection v2.1 格式的 Postman 测试用例脚本，如图 5-16 所示。

图 5-15　输入的提示词

图 5-16　ChatGPT 生成的 Postman 测试用例脚本（部分）

ChatGPT 生成的 Postman 测试用例脚本如下所示。

ChatGPT 生成的 Postman 测试用例脚本

以下是符合 Collection v2.1 格式要求的 Postman 测试用例脚本，覆盖了正常注册和密码不匹配两种情况的测试：

```
{
  "info": {
    "_postman_id": "09e63d0d-9a62-4c3b-8a2d-76f352a12312",
    "name": "用户注册接口测试",
    "description": "测试用户注册接口的正常和异常情况",
```

```
      "schema": "https://schema.getpostman***/json/collection/v2.1.0/collection.json"
},
"item": [
  {
    "name": "正常注册",
    "request": {
      "method": "POST",
      "header": [],
      "body": {
        "mode": "urlencoded",
        "urlencoded": [
          {
            "key": "username",
            "value": "testuser",
            "type": "text"
          },
          {
            "key": "password",
            "value": "testpassword",
            "type": "text"
          },
          {
            "key": "passwordConfirm",
            "value": "testpassword",
            "type": "text"
          },
          {
            "key": "firstName",
            "value": "John",
            "type": "text"
          },
          {
            "key": "lastName",
            "value": "Doe",
            "type": "text"
          },
          {
            "key": "address1",
            "value": "123 Main St",
            "type": "text"
          },
          {
            "key": "address2",
```

```json
        "value": "98765",
        "type": "text"
      },
      {
        "key": "register.x",
        "value": "1.23",
        "type": "text"
      },
      {
        "key": "register.y",
        "value": "4.56",
        "type": "text"
      }
    ]
  },
  "url": {
    "raw": "http://127.0.0.1:1080/cgi-bin/login.pl",
    "protocol": "http",
    "host": [
      "127",
      "0",
      "0",
      "1"
    ],
    "port": "1080",
    "path": [
      "cgi-bin",
      "login.pl"
    ]
  }
},
"response": []
},
{
  "name": "密码不匹配",
  "request": {
    "method": "POST",
    "header": [],
    "body": {
      "mode": "urlencoded",
      "urlencoded": [
        {
          "key": "username",
```

```
                    "value": "testuser",
                    "type": "text"
                },
                {
                    "key": "password",
                    "value": "testpassword",
                    "type": "text"
                },
                {
                    "key": "passwordConfirm",
                    "value": "mismatchedpassword",
                    "type": "text"
                }
            ]
        },
        "url": {
            "raw": "http://127.0.0.1:1080/cgi-bin/login.pl",
            "protocol": "http",
            "host": [
                "127",
                "0",
                "0",
                "1"
            ],
            "port": "1080",
            "path": [
                "cgi-bin",
                "login.pl"
            ]
        }
    },
    "response": []
    }
  ]
}
```

您可以将此 Postman 测试用例脚本导入到 Postman 应用程序中，然后执行这些测试用例以验证用户注册接口的正常和异常情况。希望这对您有所帮助！

从 ChatGPT 生成的 Postman 测试用例脚本中，我们可以看到其覆盖了正常注册和密码不匹配这两种情况。这符合笔者的预期，所以复制生成的代码，并将其存储到 d:\AIBOOK\S_PM_WebTours.json 文件中。

（4）接口测试用例评审

通常情况下，初始接口测试用例需要由测试团队进行内部评审，关于评审过程的内容在此不赘述。对已生成的 Postman 测试用例脚本进行评审，鉴于笔者只想考察正常注册和密码不匹配这两种情况下接口是否可以正常运行，而生成的 Postman 测试用例脚本完全满足需求，因此不需要扩展更多的内容。在实际工作中，需酌情处理，先评审 ChatGPT 生成的 Postman 测试用例脚本是否达到了预期目标，而后进行处理。

S_PM_WebTours.json 文件的内容如下。

S_PM_WebTours.json 文件的内容

```json
{
  "info": {
    "_postman_id": "09e63d0d-9a62-4c3b-8a2d-76f352a12312",
    "name": "用户注册接口测试",
    "description": "测试用户注册接口的正常和异常情况",
    "schema": "https://schema.getpostman***/json/collection/v2.1.0/collection.json"
  },
  "item": [
    {
      "name": "正常注册",
      "request": {
        "method": "POST",
        "header": [],
        "body": {
          "mode": "urlencoded",
          "urlencoded": [
            {
              "key": "username",
              "value": "testuser",
              "type": "text"
            },
            {
              "key": "password",
              "value": "testpassword",
              "type": "text"
            },
            {
              "key": "passwordConfirm",
              "value": "testpassword",
              "type": "text"
            },
```

```
      {
        "key": "firstName",
        "value": "John",
        "type": "text"
      },
      {
        "key": "lastName",
        "value": "Doe",
        "type": "text"
      },
      {
        "key": "address1",
        "value": "123 Main St",
        "type": "text"
      },
      {
        "key": "address2",
        "value": "98765",
        "type": "text"
      },
      {
        "key": "register.x",
        "value": "1.23",
        "type": "text"
      },
      {
        "key": "register.y",
        "value": "4.56",
        "type": "text"
      }
    ]
  },
  "url": {
    "raw": "http://127.0.0.1:1080/cgi-bin/login.pl",
    "protocol": "http",
    "host": [
      "127",
      "0",
      "0",
      "1"
    ],
    "port": "1080",
    "path": [
```

```
        "cgi-bin",
        "login.pl"
      ]
    }
  },
  "response": []
},
{
  "name": "密码不匹配",
  "request": {
    "method": "POST",
    "header": [],
    "body": {
      "mode": "urlencoded",
      "urlencoded": [
        {
          "key": "username",
          "value": "testuser",
          "type": "text"
        },
        {
          "key": "password",
          "value": "testpassword",
          "type": "text"
        },
        {
          "key": "passwordConfirm",
          "value": "mismatchedpassword",
          "type": "text"
        }
      ]
    },
    "url": {
      "raw": "http://127.0.0.1:1080/cgi-bin/login.pl",
      "protocol": "http",
      "host": [
        "127",
        "0",
        "0",
        "1"
      ],
      "port": "1080",
      "path": [
```

```
        "cgi-bin",
        "login.pl"
      ]
    }
  },
  "response": []
  }
 ]
}
```

（5）接口测试用例迭代与完善

如果想要完善接口测试用例，可以依据笔者前面介绍的方法，让 ChatGPT 继续进行完善，如生成测试关键字过长、特殊字符等接口测试用例。限于篇幅，这里不考虑这些内容。S_PM_WebTours.json 文件就是最终的 Postman 测试用例脚本。

接下来笔者想验证由 ChatGPT 生成的 Postman 测试用例脚本是否可以正确执行。

图 5-17 单击"Import"按钮

1）打开 Postman，单击"Import"按钮，如图 5-17 所示。

在弹出的对话框中单击"files"链接，在弹出的"打开"对话框中选中 S_PM_WebTours.json 文件，单击"打开"按钮，如图 5-18 所示。

图 5-18 打开 S_PM_WebTours.json 文件

在"My Workspace"区域会自动加载一个"用户注册接口测试"用例集，并且在该用例集下有两个接口测试用例，如图 5-19 所示。

图 5-19　"用户注册接口测试"用例集

2）在执行 Postman 测试用例脚本之前先启动飞机订票系统，如图 5-20 所示。

图 5-20　启动飞机订票系统

3）选中正常注册接口测试用例脚本，单击"Send"按钮发送接口请求，打开"Preview"选项卡，可以看到"Thank you,testuser…"文本内容，这表明成功发送接口请求，并且成功注册了 testuser 用户，如图 5-21 所示。

图 5-21　执行正常注册接口测试用例

当然，还可以执行整个用例集。如图 5-22 所示，单击"用户注册接口测试"文本后

的 ⋯，从弹出的菜单中选择"Run collection"命令，在打开的界面中单击"Run 用户注册接口测试"按钮。

图 5-22 执行整个用例集

执行结果如图 5-23 所示。

图 5-23 执行结果

如果读者对 Postman 比较熟悉，一定会发现接口测试用例还存在可以优化的地方，例如对响应结果的验证。在接口测试工作中，仅仅发送请求而不对响应结果进行验证，是不够严谨的。因此，我们可以引导 ChatGPT 加入响应状态码断言、响应文本断言等。这里笔者输入相应提示词让 ChatGPT 在 Postman 测试用例脚本中加入使用 pm.test 的断言语句，如图 5-24 所示。

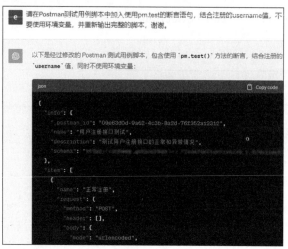

图 5-24　加入使用 pm.test 的断言语句的 Postman 测试用例脚本（部分）

加入使用 pm.test 的断言语句的 Postman 测试用例脚本如下所示，从中可以看到已经加入了响应状态码和响应文本的断言语句，即黑体字部分的内容。

加入使用 pm.test 的断言语句的 Postman 测试用例脚本

以下是经过修改的 Postman 测试用例脚本，包含使用**'pm.test()'**方法的断言，结合注册的**'username'**值，同时不使用环境变量：

```json
{
  "info": {
    "_postman_id": "09e63d0d-9a62-4c3b-8a2d-76f352a12312",
    "name": "用户注册接口测试",
    "description": "测试用户注册接口的正常和异常情况",
    "schema": "https://schema.getpostman***/json/collection/v2.1.0/collection.json"
  },
  "item": [
    {
      "name": "正常注册",
      "request": {
        "method": "POST",
        "header": [],
        "body": {
          "mode": "urlencoded",
          "urlencoded": [
            {
              "key": "username",
              "value": "testuser",
```

```
      "type": "text"
    },
    {
      "key": "password",
      "value": "testpassword",
      "type": "text"
    },
    {
      "key": "passwordConfirm",
      "value": "testpassword",
      "type": "text"
    },
    {
      "key": "firstName",
      "value": "John",
      "type": "text"
    },
    {
      "key": "lastName",
      "value": "Doe",
      "type": "text"
    },
    {
      "key": "address1",
      "value": "123 Main St",
      "type": "text"
    },
    {
      "key": "address2",
      "value": "98765",
      "type": "text"
    },
    {
      "key": "register.x",
      "value": "1.23",
      "type": "text"
    },
    {
      "key": "register.y",
      "value": "4.56",
      "type": "text"
    }
  ]
```

```
        },
      "url": {
        "raw": "http://127.0.0.1:1080/cgi-bin/login.pl",
        "protocol": "http",
        "host": [
          "127",
          "0",
          "0",
          "1"
        ],
        "port": "1080",
        "path": [
          "cgi-bin",
          "login.pl"
        ]
      }
    },
    "response": [],
    "event": [
      {
        "listen": "test",
        "script": {
          "exec": [
            "pm.test(\"Status code is 200\", function () {",
            "    pm.response.to.have.status(200);",
            "});",
            "pm.test(\"注册成功消息包含用户名\", function () {",
            "    pm.expect(pm.response.text()).to.include(\"Thank you, <b>testuser</b>\");",
            "});"
          ],
          "type": "text/javascript"
        }
      }
    ]
  },
  {
    "name": "密码不匹配",
    "request": {
      "method": "POST",
      "header": [],
      "body": {
        "mode": "urlencoded",
```

```json
    "urlencoded": [
      {
        "key": "username",
        "value": "testuser",
        "type": "text"
      },
      {
        "key": "password",
        "value": "testpassword",
        "type": "text"
      },
      {
        "key": "passwordConfirm",
        "value": "mismatchedpassword",
        "type": "text"
      }
    ]
  },
  "url": {
    "raw": "http://127.0.0.1:1080/cgi-bin/login.pl",
    "protocol": "http",
    "host": [
      "127",
      "0",
      "0",
      "1"
    ],
    "port": "1080",
    "path": [
      "cgi-bin",
      "login.pl"
    ]
  }
},
"response": [],
"event": [
  {
    "listen": "test",
    "script": {
      "exec": [
        "pm.test(\"Status code is 400\", function () {",
        "    pm.response.to.have.status(400);",
        "});",
```

```
            "pm.test(\"注册失败消息包含错误信息\", function () {",
            "  pm.expect(pm.response.text()).to.include(\"Registration failed.
           Please check your input and try again\");",
            "});"
          ],
          "type": "text/javascript"
        }
      }
    ]
  }
 ]
}
```

这个脚本包括了使用 pm.test() 方法的断言，以验证正常注册和密码不匹配两种情况下的响应消息。希望这对您有所帮助！

至此，我们一起验证了 ChatGPT 生成的 Postman 测试用例脚本完全可以正常运行。同时，利用 ChatGPT 还可以在 Postman 测试用例脚本中加入断言语句等，以不断完善接口测试用例脚本，让测试结果的展现更一目了然。

5.6.2　ChatGPT 与 JMeter 协作完成接口测试

下面笔者利用 ChatGPT 与 JMeter 的协作来完成飞机订票系统的用户注册接口的测试工作，具体操作步骤如下。

（1）收集接口的相关文档和信息

关于这部分的内容，在 5.6.1 小节已经有非常详细的介绍，故不赘述。

（2）输入接口的相关文档和信息

在 ChatGPT 中输入已收集到的接口的相关文档和信息，并提出生成接口测试用例的需求。这里笔者希望测试用例覆盖正常功能并加入 View Results Tree 监听器，直接输出 JMeter 5.4.1 的 JMX 格式的测试脚本，输入的提示词如图 5-25 所示。

图 5-25　输入的提示词

（3）生成接口测试用例

ChatGPT 输出的 JMX 格式的 JMeter 测试脚本相关内容，如图 5-26 所示。

图 5-26　ChatGPT 生成的 JMX 格式的 JMeter 测试脚本（部分）

ChatGPT 生成的 JMX 格式的 JMeter 测试脚本如下所示。

ChatGPT 生成的 JMX 格式的 JMeter 测试脚本

以下是一个使用 JMeter 5.4.1 版本的 JMX 格式的测试脚本示例，用于测试用户注册接口。你需要创建一个新的测试计划，然后将以下代码粘贴到该计划中。确保你已经添加了"View Results Tree"监听器来查看结果。

```xml
<?xml version="1.0" encoding="UTF-8"?>
<jmeterTestPlan version="1.2" properties="5.0" jmeter="5.4.1">
  <hashTree>
    <TestPlan guiclass="TestPlanGui" testclass="TestPlan" testname="Test Plan"
    enabled="true">
      <stringProp name="TestPlan.comments"></stringProp>
      <boolProp name="TestPlan.functional_mode">false</boolProp>
      <boolProp name="TestPlan.tearDown_on_shutdown">true</boolProp>
      <boolProp name="TestPlan.serialize_threadgroups">false</boolProp>
      <elementProp name="TestPlan.user_define_classpath" elementType="Arguments" guiclass=
"ArgumentsPanel" testclass="Arguments" testname="User Defined Classpath" enabled="true">
        <collectionProp name="Arguments.arguments"/>
      </elementProp>
      <stringProp name="TestPlan.user_define_classpath_cookbook"></stringProp>
```

```
        </TestPlan>
      <hashTree>
        <ThreadGroup guiclass="ThreadGroupGui" testclass="ThreadGroup" testname="Thread
        Group" enabled="true">
          <stringProp name="ThreadGroup.on_sample_error">continue</stringProp>
          <elementProp name="ThreadGroup.main_controller" elementType="LoopController"
guiclass="LoopControllerGui" testclass="LoopController" testname="Loop Controller" enabled="true">
            <boolProp name="LoopController.continue_forever">false</boolProp>
            <intProp name="LoopController.loops">1</intProp>
          </elementProp>
          <stringProp name="ThreadGroup.num_threads">1</stringProp>
          <stringProp name="ThreadGroup.ramp_time">1</stringProp>
          <boolProp name="ThreadGroup.scheduler">false</boolProp>
          <stringProp name="ThreadGroup.duration"></stringProp>
          <stringProp name="ThreadGroup.delay"></stringProp>
        </ThreadGroup>
        <hashTree>
        <HTTPSamplerProxy guiclass="HttpTestSampleGui" testclass="HTTPSamplerProxy"
        testname="User Registration" enabled="true">
          <elementProp name="HTTPsampler.Arguments" elementType="Arguments" guiclass=
"HTTPArgumentsPanel" testclass="Arguments" testname="User Registration" enabled="true">
            <collectionProp name="Arguments.arguments">
              <elementProp name="username" elementType="HTTPArgument">
                <boolProp name="HTTPArgument.always_encode">false</boolProp>
                <stringProp name="Argument.name">username</stringProp>
                <stringProp name="Argument.value">[your_username]</stringProp>
                <stringProp name="Argument.metadata">=</stringProp>
              </elementProp>
              <elementProp name="password" elementType="HTTPArgument">
                <boolProp name="HTTPArgument.always_encode">false</boolProp>
                <stringProp name="Argument.name">password</stringProp>
                <stringProp name="Argument.value">[your_password]</stringProp>
                <stringProp name="Argument.metadata">=</stringProp>
              </elementProp>
              <elementProp name="passwordConfirm"elementType="HTTPArgument">
                <boolProp name="HTTPArgument.always_encode">false</boolProp>
                <stringProp name="Argument.name">passwordConfirm</stringProp>
                <stringProp name="Argument.value">[your_password]</stringProp>
                <stringProp name="Argument.metadata">=</stringProp>
              </elementProp>
              <elementProp name="firstName" elementType="HTTPArgument">
                <boolProp name="HTTPArgument.always_encode">false</boolProp>
                <stringProp name="Argument.name">firstName</stringProp>
```

```xml
        <stringProp name="Argument.value">[your_first_name]</stringProp>
        <stringProp name="Argument.metadata">=</stringProp>
      </elementProp>
      <elementProp name="lastName" elementType="HTTPArgument">
        <boolProp name="HTTPArgument.always_encode">false</boolProp>
        <stringProp name="Argument.name">lastName</stringProp>
        <stringProp name="Argument.value">[your_last_name]</stringProp>
        <stringProp name="Argument.metadata">=</stringProp>
      </elementProp>
      <elementProp name="address1" elementType="HTTPArgument">
        <boolProp name="HTTPArgument.always_encode">false</boolProp>
        <stringProp name="Argument.name">address1</stringProp>
        <stringProp name="Argument.value">[your_address]</stringProp>
        <stringProp name="Argument.metadata">=</stringProp>
      </elementProp>
      <elementProp name="address2" elementType="HTTPArgument">
        <boolProp name="HTTPArgument.always_encode">false</boolProp>
        <stringProp name="Argument.name">address2</stringProp>
        <stringProp name="Argument.value">[your_city_zip]</stringProp>
        <stringProp name="Argument.metadata">=</stringProp>
      </elementProp>
      <elementProp name="register.x" elementType="HTTPArgument">
        <boolProp name="HTTPArgument.always_encode">false</boolProp>
        <stringProp name="Argument.name">register.x</stringProp>
        <stringProp name="Argument.value">0.0</stringProp>
        <stringProp name="Argument.metadata">=</stringProp>
      </elementProp>
      <elementProp name="register.y" elementType="HTTPArgument">
        <boolProp name="HTTPArgument.always_encode">false</boolProp>
        <stringProp name="Argument.name">register.y</stringProp>
        <stringProp name="Argument.value">0.0</stringProp>
        <stringProp name="Argument.metadata">=</stringProp>
      </elementProp>
    </collectionProp>
  </elementProp>
  <stringProp name="HTTPSampler.domain">127.0.0.1</stringProp>
  <stringProp name="HTTPSampler.port">1080</stringProp>
  <stringProp name="HTTPSampler.protocol">http</stringProp>
  <stringProp name="HTTPSampler.contentEncoding"></stringProp>
  <stringProp name="HTTPSampler.path">/cgi-bin/login.pl</stringProp>
  <stringProp name="HTTPSampler.method">POST</stringProp>
  <boolProp name="HTTPSampler.follow_redirects">true</boolProp>
  <boolProp name="HTTPSampler.auto_redirects">false</boolProp>
```

```
        <boolProp name="HTTPSampler.use_keepalive">true</boolProp>
        <boolProp name="HTTPSampler.DO_MULTIPART_POST">false</boolProp>
        <stringProp name="HTTPSampler.embedded_url_re"></stringProp>
        <stringProp name="HTTPSampler.connect_timeout"></stringProp>
        <stringProp name="HTTPSampler.response_timeout"></stringProp>
      </HTTPSamplerProxy>
      <hashTree>
        <ResultCollector guiclass="ViewResultsFullVisualizer" testclass=
        "ResultCollector" testname="View Results Tree" enabled="true">
          <boolProp name="ResultCollector.error_logging">false</boolProp>
          <objProp name="ResultCollector.scope">all</objProp>
          <stringProp name="filename"></stringProp>
        </ResultCollector>
      </hashTree>
      </hashTree>
    </hashTree>
  </hashTree>
</jmeterTestPlan>
```

请替换以下参数：

[your_username]：你的用户名
[your_password]：你的密码
[your_first_name]：你的名字
[your_last_name]：你的姓氏
[your_address]：你的街道地址
[your_city_zip]：你的城市邮编

保存文件后，你可以在 JMeter 中加载这个测试计划，运行它以测试用户注册接口。

（4）接口测试用例评审

从 ChatGPT 生成的 JMX 格式的 JMeter 测试用例脚本中，我们可以看到只有一个正常发送用户注册请求的测试用例。如果希望像之前生成 Postman 测试用例一样也包含正常注册和密码不匹配两种情况，可以通过两种方法来实现。

方法 1：让 ChatGPT 分析 Postman 测试用例脚本，将其测试用例转换为 JMX 格式的 JMeter 测试用例脚本文件。

方法 2：通过在 ChatGPT 中输入相关提示词，明确让其添加其他情况的测试用例，再形成 JMX 格式的 JMeter 测试用例脚本文件。

具体操作过程笔者不赘述，请读者自行尝试。

另外，我们还可以看到在 ChatGPT 的输出内容的下方明确提示让我们替换相关参数，如下所示。

请替换以下参数：

```
[your_username]：你的用户名
[your_password]：你的密码
[your_first_name]：你的名字
[your_last_name]：你的姓氏
[your_address]：你的街道地址
[your_city_zip]：你的城市邮编
```

保存文件后，你可以在 JMeter 中加载这个测试计划，运行它以测试用户注册接口。

这里笔者将这些参数进行了替换，形成新的 JMX 格式的 JMeter 测试脚本，并保存到 D:\AIBOOK\S_JM_Webtours.jmx 文件中。

（5）接口测试用例迭代与完善

可以依据需要补充接口测试用例。限于篇幅，笔者不赘述。

最终的 S_JM_Webtours.jmx 文件的内容如下所示。

最终的 S_JM_Webtours.jmx 文件的内容

```xml
<?xml version="1.0" encoding="UTF-8"?>
<jmeterTestPlan version="1.2" properties="5.0" jmeter="5.4.1">
  <hashTree>
    <TestPlan guiclass="TestPlanGui" testclass="TestPlan" testname="Test
    Plan" enabled="true">
      <stringProp name="TestPlan.comments"></stringProp>
      <boolProp name="TestPlan.functional_mode">false</boolProp>
      <boolProp name="TestPlan.tearDown_on_shutdown">true</boolProp>
      <boolProp name="TestPlan.serialize_threadgroups">false</boolProp>
      <elementProp name="TestPlan.user_define_classpath" elementType="Arguments" guiclass=
"ArgumentsPanel" testclass="Arguments" testname="User Defined Classpath" enabled="true">
        <collectionProp name="Arguments.arguments"/>
      </elementProp>
      <stringProp name="TestPlan.user_define_classpath_cookbook"></stringProp>
    </TestPlan>
    <hashTree>
    <ThreadGroup guiclass="ThreadGroupGui" testclass="ThreadGroup"
    testname="Thread Group" enabled="true">
      <stringProp name="ThreadGroup.on_sample_error">continue</stringProp>
      <elementPropname="ThreadGroup.main_controller"elementType="LoopCon troller"
guiclass="LoopControllerGui"
  testclass="LoopController" testname="Loop Controller" enabled="true">
```

129

```
            <boolProp name="LoopController.continue_forever">false</boolProp>
            <intProp name="LoopController.loops">1</intProp>
        </elementProp>
        <stringProp name="ThreadGroup.num_threads">1</stringProp>
        <stringProp name="ThreadGroup.ramp_time">1</stringProp>
        <boolProp name="ThreadGroup.scheduler">false</boolProp>
        <stringProp name="ThreadGroup.duration"></stringProp>
        <stringProp name="ThreadGroup.delay"></stringProp>
    </ThreadGroup>
    <hashTree>
        <HTTPSamplerProxy guiclass="HttpTestSampleGui" testclass="HTTPSamplerProxy"
        testname="User Registration" enabled="true">
            <elementProp name="HTTPsampler.Arguments" elementType="Arguments" guiclass=
"HTTPArgumentsPanel" testclass="Arguments" testname="User Registration" enabled="true">
                <collectionProp name="Arguments.arguments">
                    <elementProp name="username" elementType="HTTPArgument">
                        <boolProp name="HTTPArgument.always_encode">false</boolProp>
                        <stringProp name="Argument.name">username</stringProp>
                        <stringProp name="Argument.value">tony2yy</stringProp>
                        <stringProp name="Argument.metadata">=</stringProp>
                    </elementProp>
                    <elementProp name="password" elementType="HTTPArgument">
                        <boolProp name="HTTPArgument.always_encode">false</boolProp>
                        <stringProp name="Argument.name">password</stringProp>
                        <stringProp name="Argument.value">123456</stringProp>
                        <stringProp name="Argument.metadata">=</stringProp>
                    </elementProp>
                    <elementProp name="passwordConfirm" elementType="HTTPArgument">
                        <boolProp name="HTTPArgument.always_encode">false</boolProp>
                        <stringProp name="Argument.name">passwordConfirm</stringProp>
                        <stringProp name="Argument.value">123456</stringProp>
                        <stringProp name="Argument.metadata">=</stringProp>
                    </elementProp>
                    <elementProp name="firstName" elementType="HTTPArgument">
                        <boolProp name="HTTPArgument.always_encode">false</boolProp>
                        <stringProp name="Argument.name">firstName</stringProp>
                        <stringProp name="Argument.value">yong</stringProp>
                        <stringProp name="Argument.metadata">=</stringProp>
                    </elementProp>
                    <elementProp name="lastName" elementType="HTTPArgument">
                        <boolProp name="HTTPArgument.always_encode">false</boolProp>
                        <stringProp name="Argument.name">lastName</stringProp>
                        <stringProp name="Argument.value">yu</stringProp>
```

```xml
        <stringProp name="Argument.metadata">=</stringProp>
      </elementProp>
      <elementProp name="address1" elementType="HTTPArgument">
        <boolProp name="HTTPArgument.always_encode">false</boolProp>
        <stringProp name="Argument.name">address1</stringProp>
        <stringProp name="Argument.value">Peking</stringProp>
        <stringProp name="Argument.metadata">=</stringProp>
      </elementProp>
      <elementProp name="address2" elementType="HTTPArgument">
        <boolProp name="HTTPArgument.always_encode">false</boolProp>
        <stringProp name="Argument.name">address2</stringProp>
        <stringProp name="Argument.value">100000</stringProp>
        <stringProp name="Argument.metadata">=</stringProp>
      </elementProp>
      <elementProp name="register.x" elementType="HTTPArgument">
        <boolProp name="HTTPArgument.always_encode">false</boolProp>
        <stringProp name="Argument.name">register.x</stringProp>
        <stringProp name="Argument.value">0.0</stringProp>
        <stringProp name="Argument.metadata">=</stringProp>
      </elementProp>
      <elementProp name="register.y" elementType="HTTPArgument">
        <boolProp name="HTTPArgument.always_encode">false</boolProp>
        <stringProp name="Argument.name">register.y</stringProp>
        <stringProp name="Argument.value">0.0</stringProp>
        <stringProp name="Argument.metadata">=</stringProp>
      </elementProp>
    </collectionProp>
  </elementProp>
  <stringProp name="HTTPSampler.domain">127.0.0.1</stringProp>
  <stringProp name="HTTPSampler.port">1080</stringProp>
  <stringProp name="HTTPSampler.protocol">http</stringProp>
  <stringProp name="HTTPSampler.contentEncoding"></stringProp>
  <stringProp name="HTTPSampler.path">/cgi-bin/login.pl</stringProp>
  <stringProp name="HTTPSampler.method">POST</stringProp>
  <boolProp name="HTTPSampler.follow_redirects">true</boolProp>
  <boolProp name="HTTPSampler.auto_redirects">false</boolProp>
  <boolProp name="HTTPSampler.use_keepalive">true</boolProp>
  <boolProp name="HTTPSampler.DO_MULTIPART_POST">false</boolProp>
  <stringProp name="HTTPSampler.embedded_url_re"></stringProp>
  <stringProp name="HTTPSampler.connect_timeout"></stringProp>
  <stringProp name="HTTPSampler.response_timeout"></stringProp>
</HTTPSamplerProxy>
<hashTree>
```

```
    <ResultCollector guiclass="ViewResultsFullVisualizer" testclass=
    "ResultCollector" testname="View Results Tree" enabled="true">
      <boolProp name="ResultCollector.error_logging">false</boolProp>
      <objProp name="ResultCollector.scope">all</objProp>
      <stringProp name="filename"></stringProp>
    </ResultCollector>
      </hashTree>
    </hashTree>
    </hashTree>
  </hashTree>
</jmeterTestPlan>
```

接下来笔者想验证由 ChatGPT 生成的 JMeter JMX 格式的测试用例脚本是否可以正确执行。

1）用 JMeter 打开 S_JM_Webtours.jmx 文件，可以看到在 "Thread Group"（线程组）下有一个名称为 "User Registration" 的 HTTP 请求，并且有一个 "View Results Tree" 监听器，如图 5-27 所示。

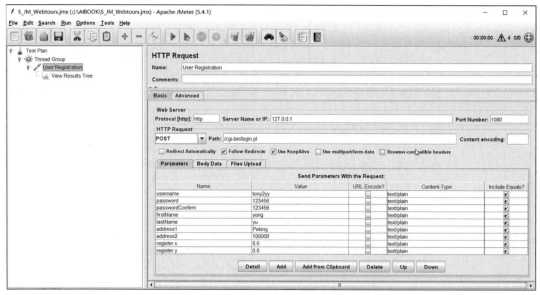

图 5-27　S_JM_Webtours.jmx 的相关信息

2）启动飞机订票系统。

3）运行 S_JM_Webtours.jmx，选择 "View Results Tree" 监听器可以看到响应信息中显示 "Thank you tony2yy" 文本，如图 5-28 所示。

图 5-28　JMeter 测试用例脚本的执行结果

还是有些不完美，因为在这个线程组中没有断言。可以继续同 ChatGPT 进行对话，让其教我们如何添加断言。笔者输入"你好，我想在 JMeter 中添加断言，请问该如何操作，谢谢。"，ChatGPT 输出的关于在 JMeter 中添加断言的内容如图 5-29 所示。

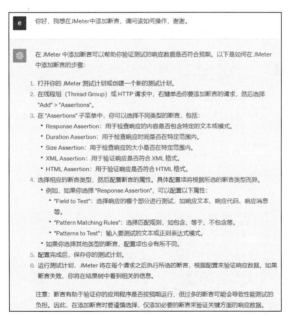

图 5-29　ChatGPT 输出的关于在 JMeter 中添加断言的内容

从图 5-29 可以看到 ChatGPT 给出了详细的操作步骤，初学者按照这些操作步骤，完全可以掌握添加断言的方法。由此可见 ChatGPT 功能强大，不仅能输出测试用例、写测试脚本，还能辅助我们学习测试工具的使用，解答各种问题。

要更好地丰富、完善 JMeter 的测试用例，还有很多其他方面需要考虑，如添加更多的 View Results Tree 监听器、进行数据的参数化等。

5.6.3　ChatGPT 与 Python 的 Requests 库协作完成接口测试

Python 作为一门简单易学而功能强大的编程语言，在 AI、大数据、Web 应用开发等领域都有着广泛的应用。越来越多的人选择 Python 作为主要的开发语言。使用 Python 可以快速地对数据进行处理和建模，构建各种应用系统。同时，Python 丰富的生态也为各种应用提供了强大的支持。

在测试工作中，有很多企业使用 Python 的 Requests 库来进行接口测试。那么如何使用 ChatGPT 帮我们生成基于 Python 语言的接口测试用例脚本呢？

下面笔者通过将 ChatGPT 与基于 Python 语言的 Requests 库协作来完成飞机订票系统的用户注册接口的测试工作。

（1）收集接口的相关文档和信息

关于这部分的内容，在 5.6.1 小节已经有非常详细的介绍，故不赘述。

（2）输入接口的相关文档和信息

笔者希望使用 unittest 测试框架来生成脚本代码，输入的提示词如图 5-30 所示。

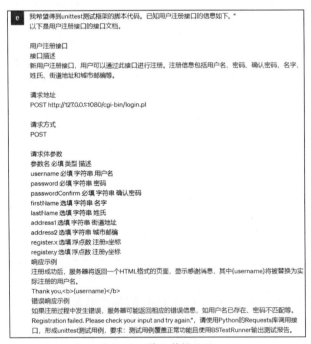

图 5-30　输入的提示词

（3）生成接口测试用例

ChatGPT 生成的使用 unittest 测试框架的测试用例脚本如图 5-31 所示。

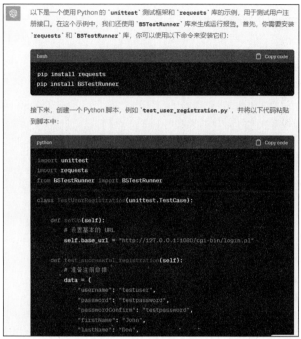

图 5-31 ChatGPT 生成的使用 unittest 测试框架的测试用例脚本（部分）

ChatGPT 生成的使用 unittest 测试框架的测试用例脚本，如下所示。

ChatGPT 生成的使用 unittest 测试框架的测试用例脚本

以下是一个使用 Python 的 'unittest' 测试框架和 'requests' 库的示例，用于测试用户注册接口。在这个示例中，我们还使用 'BSTestRunner' 库来生成运行报告。首先，你需要安装 'requests' 和 'BSTestRunner' 库，你可以使用以下命令来安装它们：

```
pip install requests
pip install BSTestRunner
```

接下来，创建一个 Python 脚本，例如 **'test_user_registration.py'**，并将以下代码粘贴到脚本中：

```python
import unittest
import requests
from BSTestRunner import BSTestRunner
class TestUserRegistration(unittest.TestCase):
    def setUp(self):
        # 设置基本的 URL
```

```python
        self.base_url = "http://127.0.0.1:1080/cgi-bin/login.pl"
    def test_successful_registration(self):
        # 准备注册数据
        data = {
            "username": "testuser",
            "password": "testpassword",
            "passwordConfirm": "testpassword",
            "firstName": "John",
            "lastName": "Doe",
            "address1": "123 Main St",
            "address2": "City, 12345",
            "register.x": 0.0,
            "register.y": 0.0
        }
        # 发送 POST 请求
        response = requests.post(self.base_url, data=data)
        # 验证响应
        self.assertEqual(response.status_code, 200)
        self.assertIn("Thank you, <b>testuser</b>", response.text)
    def test_failed_registration(self):
        # 准备错误的注册数据
        data = {
            "username": "testuser",
            "password": "testpassword",
            "passwordConfirm": "wrongpassword",
            "firstName": "John",
            "lastName": "Doe",
            "address1": "123 Main St",
            "address2": "City, 12345",
            "register.x": 0.0,
            "register.y": 0.0
        }
        # 发送 POST 请求
        response = requests.post(self.base_url, data=data)
        # 验证响应
        self.assertEqual(response.status_code, 200)
        self.assertIn("Registration failed. Please check your input and "
"try again.", response.text)
if __name__ == "__main__":
    # 指定测试报告的路径和文件名
    report_path = "./test_reports/"
    report_name = "user_registration_report.html"
    # 创建测试套件
```

```
    suite = unittest.TestLoader().loadTestsFromTestCase(TestUserRegistration)
    # 运行测试并生成报告
    with open(report_path + report_name, "wb") as report_file:
        runner = BSTestRunner(
            stream=report_file,
            title="User Registration Test Report",
            description="Test report for user registration functionality"
        )
        runner.run(suite)
```

　　这个示例包含了两个测试用例，一个测试正常用户注册，另一个测试注册失败的情况。测试报告将被生成在指定的路径下，你可以打开报告文件来查看测试结果。

　　确保替换 self.base_url 和测试数据中的用户名、密码等字段为实际的接口信息。这个示例涵盖了如何使用 unittest 框架和 requests 库创建测试用例，以及如何生成测试报告。

　　（4）接口测试用例评审

　　从 ChatGPT 生成的测试用例脚本中可以看到，ChatGPT 不仅生成了基于 unittest 测试框架的测试用例，还按照笔者输入的提示词给出了用于生成测试报告的代码。

　　但是，还存在问题。Postman 已经使用 testuser 注册过账户，如果再注册同样的账户将失败，所以必须要替换账户信息。在注册账户时，两次输入的密码不一致，若进行提交，系统会给出什么信息，我们不确定，这里需要进一步明确。可以手动操作或者启用浏览器的开发者工具查看具体的请求和响应信息。事实上，在软件开发过程中存在 API 会发生变化或者在测试执行阶段发现 API 被遗漏的情况，所以需要持续维护接口文档和接口测试用例脚本。如图 5-32 所示，两次输入的密码不一致，若进行提交，系统会给出 "Your password is invalid. Please re-enter it and it's confirmation." 的文本提示信息。因此脚本中断言部分应该被替换为这段文本。

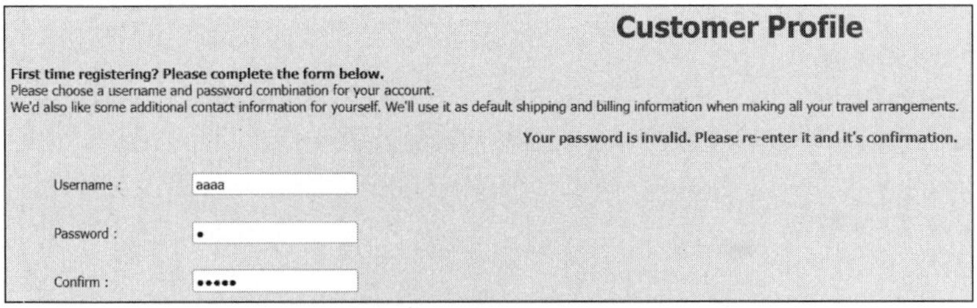

图 5-32　两次密码输入不一致时的文本提示信息

　　可不可以让 ChatGPT 给出运行脚本的操作步骤呢？事实证明，完全可以，ChatGPT 生成的 Python 脚本运行的操作步骤如图 5-33 所示。

图 5-33　ChatGPT 生成的 Python 脚本运行的操作步骤

（5）接口测试用例迭代与完善

可以依据需要补充接口测试用例。限于篇幅，笔者不赘述。

将重复参数进行替换并将测试用例脚本保存到 test_user_registration.py 文件中，test_user_registration.py 文件的内容如下所示。

test_user_registration.py 文件的内容

```python
import unittest
import requests
from BSTestRunner import BSTestRunner
class TestUserRegistration(unittest.TestCase):
    def setUp(self):
        # 设置基本的 URL
        self.base_url = "http://127.0.0.1:1080/cgi-bin/login.pl"
    def test_successful_registration(self):
        # 准备注册数据
        data = {
            "username": "yuuyu",
            "password": "123456",
            "passwordConfirm": "123456",
            "firstName": "John",
            "lastName": "Doe",
```

```
            "address1": "Peking",
            "address2": "City, 100000",
            "register.x": 0.0,
            "register.y": 0.0
        }
        # 发送 POST 请求
        response = requests.post(self.base_url, data=data)
        # 验证响应
        self.assertEqual(response.status_code, 200)
        self.assertIn("Thank you, <b>yuuyu</b>", response.text)
    def test_failed_registration(self):
        # 准备错误的注册数据
        data = {
            "username": "yuuyu1",
            "password": "testpassword",
            "passwordConfirm": "wrongpassword",
            "firstName": "John",
            "lastName": "Doe",
            "address1": "123 Main St",
            "address2": "City, 12345",
            "register.x": 0.0,
            "register.y": 0.0
        }
        # 发送 POST 请求
        response = requests.post(self.base_url, data=data)
        # 验证响应
        self.assertEqual(response.status_code, 200)
        self.assertIn("Your password is invalid. Please re-enter it and it's
        confirmation.", response.text)
if __name__ == "__main__":
    # 指定测试报告的路径和文件名
    report_path = "./test_reports/"
    report_name = "user_registration_report.html"
    # 创建测试套件
    suite = unittest.TestLoader().loadTestsFromTestCase(TestUserRegistration)
    # 运行测试并生成报告
    with open(report_path + report_name, "wb") as report_file:
        runner = BSTestRunner(
            stream=report_file,
            title="User Registration Test Report",
            description="Test report for user registration functionality"
        )
        runner.run(suite)
```

接下来，按照图 5-31 所示的命令，安装 Requests 和 BSTestRunner 库。在实际执行命令的过程中，我们会发现在执行 "pip install BSTestRunner" 命令时会报错，如图 5-34 所示。

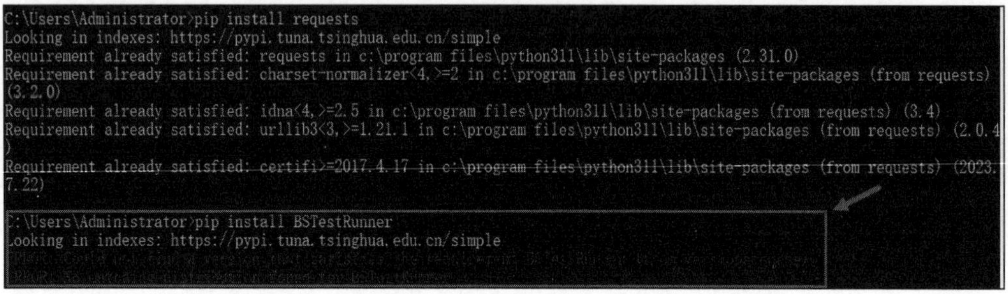

图 5-34　执行 "pip install BSTestRunner" 命令时报错

很多用户反馈 ChatGPT 会 "胡说八道"。事实上，ChatGPT 无法通过 pip 命令来安装 BSTestRunner 库。但是，可以通过下载模块文件并将其复制到 Python 安装目录的 Lib 子目录的方法来解决运行时找不到 BSTestRunner 库函数的问题。读者可以在笔者提供的资源文件中找到 BSTestRunner.py 文件。

在这里不得不谈谈为什么 ChatGPT 会 "胡说八道"，这是因为 ChatGPT 幻想。

ChatGPT 幻想体现在以下几个方面。

1）过分相信 ChatGPT 的输出结果准确可靠。事实上，ChatGPT 是一个概率模型，它的回答可能包含错误、偏见或无意义的内容。

2）人们通常认为 ChatGPT 能够真正理解语言，具有意识和智慧。事实上，ChatGPT 仅仅用于对大规模训练数据进行统计模拟，本质上无法理解语义。ChatGPT 所依赖的数据有正确的数据，也有错误的数据。

3）依赖 ChatGPT 做复杂推理或创造性工作。事实上，ChatGPT 更适合完成一些基础性问答、文本生成等有限领域的工作。

4）错误地将 ChatGPT 视为专家。事实上，ChatGPT 的知识存在时效性，且无法对回答质量进行保证。

5）误以为 ChatGPT 可以完全替代人类。事实上，ChatGPT 仍有很多局限性，还需要人类对其进行监督和指导。

总之，ChatGPT 幻想来源于人们对 ChatGPT 的误解和非理性的期待。对待 ChatGPT 的正确态度应该是充分认识其局限性，清楚它只是辅助工具而非万能解决方案，以避免对其过度依赖。

为了正常输出接口测试报告，必须在测试用例脚本的同级目录下，创建一个名称为"test_reports"的子目录，如图 5-35 所示。

图 5-35 test_reports 子目录

可以通过命令提示符窗口或者 PyCharm 执行 test_user_registration.py 测试用例脚本。测试用例脚本执行完成后，在 test_reports 目录下，将会生成一个名称为"user_registration_report.html"的文件，它就是脚本执行后生成的测试报告文件，如图 5-36 所示。

图 5-36 user_registration_report.html 文件

5.6.4 ChatGPT 与其他测试框架协作完成接口测试

除了前面提到的 3 个接口测试工具，目前还有多个工具和测试框架可以与 ChatGPT 协作完成接口测试。下面将主要介绍两个目前应用比较广泛的测试框架，即 HttpRunner 和 Seldom，其中将重点展示它们与 ChatGPT 协作在自动生成接口测试用例脚本方面的出色能力。

HttpRunner 是一个开源的、用于接口自动化测试的 Python 测试框架。它基于 Python 和 YAML 语法，旨在提供简单、灵活、强大的接口测试解决方案。

以下是 HttpRunner 的主要特点。

1）支持数据驱动：HttpRunner 使用 YAML 文件编写测试用例，将测试数据和测试逻辑分离，从而实现数据驱动。

2）支持模块化设计：HttpRunner 支持将测试用例进行模块化设计，使测试脚本更易于维护和重用。

3）支持 HTTP/HTTPS（Hypertext Transfer Protocol Secure，超文本传输安全协议）：HttpRunner 适用于 RESTful 接口和 Web 接口的测试，支持 GET、POST、PUT、DELETE 等 HTTP 请求方法。

4）丰富的验证机制：HttpRunner 提供了丰富的验证机制，支持通过断言、正则表达式、JSONPath 等多种方式对接口响应进行验证。

5）测试配置化：HttpRunner 可以在配置文件中设置全局变量，灵活管理测试环境、全局变量等信息。

6）多环境测试支持：HttpRunner 可以轻松切换至不同的测试环境，提高测试的灵活性。

7）报告生成：HttpRunner 可自动生成详细的测试报告，方便分析测试结果。

8）自动化运行：HttpRunner 支持命令行运行测试，适用于 CI 和 CD。

ChatGPT 可以和 HttpRunner 测试框架协同工作。下面将演示如何让 ChatGPT 生成基于 HttpRunner 测试框架的脚本并提供其执行步骤。如图 5-37 所示，笔者要求 ChatGPT 输出用户注册接口的 HttpRunner 脚本等相关内容。

ChatGPT 输出的用户注册接口的 HttpRunner 脚本等相关内容如图 5-38 所示。

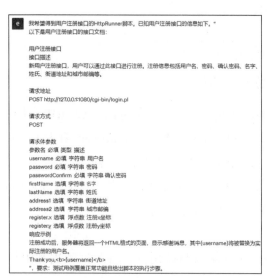

图 5-37　要求 ChatGPT 输出用户注册接口的
HttpRunner 脚本等相关内容的提示词

图 5-38　ChatGPT 输出的用户注册接口的 HttpRunner
脚本等相关内容（部分）

ChatGPT 输出的完整的用户注册接口的 HttpRunner 脚本等相关内容，如下所示。

ChatGPT 输出的完整的用户注册接口的 HttpRunner 脚本等相关内容

好的，以下是一个使用 HttpRunner 的测试脚本示例，用于测试用户注册接口。首先，确保已经安装了 HttpRunner。你可以使用以下命令来安装：

```
pip install httprunner
```

然后，创建一个新的 Yaml 格式的测试脚本文件，例如'**test_user_registration.yaml**'，并将以下代码粘贴到文件中：

```
config:
  name: User Registration Test

testcases:
- testcase: User Registration
  request:
    url: http://127.0.0.1:1080/cgi-bin/login.pl
    method: POST
    headers:
      Content-Type: application/x-www-form-urlencoded
    data:
      username: testuser
      password: testpassword
      passwordConfirm: testpassword
      firstName: John
      lastName: Doe
      address1: 123 Main St
      address2: City, 12345
      register.x: 0.0
      register.y: 0.0
  validate:
    - eq: ["status_code", 200]
    - contains: ["content.text", "Thank you, <b>testuser</b>"]
```

这个测试脚本包含一个测试用例，用于测试用户注册接口。请求部分包括了接口的 URL、请求方法、请求头和请求体参数。验证部分包括了对响应状态码和响应内容的验证。

接下来，你可以在命令行终端中执行以下命令运行测试脚本：

```
hrun test_user_registration.yaml
```

这将执行测试脚本，并在终端中显示测试结果。如果测试通过，你将看到一条成功的消息，否则，将显示失败的详细信息。

这就是使用 HttpRunner 编写和执行测试脚本的简要步骤。确保替换测试脚本中的 URL 和数据为实际的接口信息。希望这对你有帮助！如果有任何问题，请随时问我。

Seldom 是一个基于 unittest 和 Python 的 Web 自动化测试框架，它的特点是简单、易用、灵活。它不仅可以完成基于 Web UI 和 App 的自动化测试，还可以运用到接口测试工作当中。

以下是 Seldom 测试框架的一些主要特点。

1）基于 unittest：Seldom 继承了 unittest 的结构，使得测试脚本更加标准、可维护性更强。

2）简单易用：Seldom 的 API 设计简单，易于学习和使用，适合初学者和有经验的测试人员。

3）支持 Web 自动化测试：Seldom 主要用于实现 Web 页面的自动化测试，支持常见的浏览器，如 Chrome、Firefox 等。

4）支持数据驱动：Seldom 支持使用 Excel 文件、CSV 文件等作为数据源，实现数据驱动的测试。

5）灵活支持断言：Seldom 使用断言机制，支持多种断言方法，如 assertEqual、assertIn 等。

6）可生成测试报告：Seldom 可生成详细的测试报告，其中包括测试用例执行结果、运行时间等信息。

ChatGPT 可以和 Seldom 测试框架协同工作。下面将演示如何让 ChatGPT 生成基于 Seldom 测试框架的脚本并提供其执行步骤。如图 5-39 所示为要求 ChatGPT 输出用户注册接口的 Seldom 脚本等相关内容的提示词。

ChatGPT 输出的用户注册接口的 Seldom 脚本等相关内容如图 5-40 所示。

图 5-39　要求 ChatGPT 输出用户注册接口的 Seldom 脚本等相关内容的提示词

图 5-40　ChatGPT 输出的用户注册接口的 Seldom 脚本等相关内容（部分）

ChatGPT 输出的完整的用户注册接口的 Seldom 脚本等相关内容如下所示。

ChatGPT 输出的完整的用户注册接口的 Seldom 脚本等相关内容

当然，以下是一个使用'**seldom**'编写的测试脚本示例，用于测试用户注册接口。首先，确保已经安装了'**seldom**'。你可以使用以下命令来安装：

```
pip install seldom
```

然后，创建一个新的 Python 脚本文件，例如'**test_user_registration.py**'，并将以下代码粘贴到文件中：

```python
import seldom


class UserRegistrationTest(seldom.TestCase):
    def test_successful_registration(self):
        """
        Test user registration with valid data.
        """
        url = "http://127.0.0.1:1080/cgi-bin/login.pl"
        data = {
            "username": "testuser",
            "password": "testpassword",
            "passwordConfirm": "testpassword",
            "firstName": "John",
            "lastName": "Doe",
            "address1": "123 Main St",
            "address2": "City, 12345",
            "register.x": 0.0,
            "register.y": 0.0
        }
        self.post(url, data)
        self.assertStatusCode(200)
        self.assertText("Thank you, <b>testuser</b>")

    def test_failed_registration(self):
        """
        Test user registration with invalid data.
        """
        url = "http://127.0.0.1:1080/cgi-bin/login.pl"
        data = {
            "username": "testuser",
            "password": "testpassword",
            "passwordConfirm": "wrongpassword",
            "firstName": "John",
            "lastName": "Doe",
            "address1": "123 Main St",
```

```
            "address2": "City, 12345",
            "register.x": 0.0,
            "register.y": 0.0
        }
        self.post(url, data)
        self.assertStatusCode(200)
        self.assertText("Registration failed. Please check your input and try again.")


if __name__ == "__main__":
    seldom.main()
```

　　这个测试脚本包含了两个测试用例，一个测试正常用户注册，另一个测试注册失败的情况。在每个测试用例中，我们使用 self.post() 发送 POST 请求，然后使用 self.assertStatusCode() 和 self.assertText() 来验证响应的状态码和文本。

　　接下来，你可以在命令行终端中执行以下命令运行测试脚本：

```
python test_user_registration.py
```

　　这将执行测试脚本，并在终端中显示测试结果。如果测试通过，你将看到一条成功的消息，否则，将显示失败的详细信息。

　　这就是使用 seldom 编写和执行测试脚本的简要步骤。确保替换测试脚本中的 URL 和数据为实际的接口信息。希望这对你有帮助！如果有任何问题，请随时问我。

　　总而言之，ChatGPT 在接口测试自动化方面具有巨大的潜力，使测试团队能够更高效地完成测试工作，节省时间等资源。其在测试用例、代码生成等方面的能力是接口测试自动化领域的一项重要创新，为测试提供了更多的可能，让测试人员可以更好地完成测试工作，为软件质量"保驾护航"。

第 6 章　ChatGPT 生成测试数据

测试数据生成的问题

软件测试是软件开发过程的关键环节，在此环节需要花费大量时间和精力来设计和准备测试用例、测试数据等。而随着软件系统的复杂性增强，传统手动设计方法显然已经无法满足现代软件测试的需求。传统测试数据生成方法的问题主要体现在手动设计费时费力和无法保证测试数据的完整性、有效性上。为了解决上述问题，我们迫切需要一种全新的测试数据生成方法。ChatGPT 作为一种基于大规模预训练语言模型的自然语言生成技术，具有生成连贯、丰富且语义准确的文本内容的强大能力。将其应用于软件测试数据的自动生成，可以高效地产出大量高质量的测试数据，从而彻底解决传统测试数据生成方法的问题。

6.1.1　ChatGPT 生成测试数据的优势

ChatGPT 生成测试数据的优势表现在以下几个方面。

1）提高测试数据的完整性和有效性：ChatGPT 能够根据给定的场景描述、业务规则等生成符合测试用例的数据，从而避免手动准备测试数据可能产生的遗漏或错误。

2）极大缩短测试数据的准备时间：通过 ChatGPT 自动批量生成测试数据，我们能够在短时间内取得海量测试数据，从而显著提升测试效率。

3）减少测试数据偏差：由 ChatGPT 生成的测试数据更加全面、准确，可覆盖各种场景和边界情况，避免人为偏差的产生。

4）动态生成测试数据：通过对 ChatGPT 生成测试数据的规则的持续微调，我们能够动态获取符合新的测试需求的测试数据。

5）支持多语言测试数据：ChatGPT 的多语言处理能力使我们可以同时获得不同语

言版本的测试数据,从而更好地满足多语言软件的测试需求。

6)降低测试数据管理成本:ChatGPT 生成的大量测试数据可以直接导入配置管理或测试管理平台,省去了烦琐的人工整理过程,从而降低了测试数据管理的成本。

6.1.2　ChatGPT 生成测试数据的注意事项

为了充分发挥 ChatGPT 生成测试数据的优势,需要注意以下事项。

1)确保训练数据的高质量:精确标注真实用户输入数据和业务场景的数据,作为 ChatGPT 训练的基础,是高效生成测试数据的关键。

2)清晰定义生成规则:根据软件业务需求明确定义数据结构、变量的取值范围和验证逻辑等生成规则,以指导 ChatGPT 准确生成测试数据。

3)持续迭代与优化:通过反复验证和标注 ChatGPT 生成的数据样本,并调整参数,可不断提高测试数据的准确性和实用性。

4)结合其他测试技术:将 ChatGPT 生成的测试数据与现有测试框架和自动化工具结合使用,以提升测试的全面性和效率。

5)保障测试数据的安全和合规性:使用技术手段保障测试数据的安全和合规性,特别是在处理含有敏感信息的数据时。

遵循这些注意事项,不仅能够最大化 ChatGPT 在测试数据生成方面的能力,还能确保测试过程的安全和合规性。

6.1.3　ChatGPT 生成测试数据的案例分析

以下是一些利用 ChatGPT 生成测试数据的具体案例。

1. 电子商务商品信息测试数据生成案例

在电子商务平台的测试中,商品信息的准确性和完整性对于提供优质的用户体验至关重要。测试团队面临的挑战是如何快速生成大量逼真、覆盖场景广泛的商品信息测试数据。

应用场景:利用 ChatGPT 生成具有特定卖点的电子商务商品信息的测试数据。

操作步骤如下。

1)定义需求:测试团队确定需要生成具有特定卖点(如具有大容量电池)的手机商品信息。

2)生成指令:测试团队向 ChatGPT 提供明确的指令,例如"生成包含 5000mAh 大容量电池卖点的手机标题和商品描述。"

3）生成数据：ChatGPT 根据提供的指令，迅速生成具有高度相关性和创造性的测试数据，示例如下。

- 标题：5000mAh 大容量电池，续航达 2 天。
- 商品描述：本款手机采用大容量 5000mAh 电池，搭载先进的 AI 省电技术，可实现超长续航；支持 27W 快速充电，仅需 30min 即可充至日常使用所需电量，彻底解决出行电量不足的问题。

结果分析如下。

生成的测试数据不仅语义完整，而且能够精确满足特定测试需求，充分覆盖电池续航、充电效率等关键卖点。这为测试团队提供了一个高效生成电子商务商品信息测试数据的方法，极大地提升了测试的效率和覆盖率。

2．银行业务流程测试数据生成案例

对于测试人员而言,银行业务系统的测试挑战源于其复杂性高和对安全性要求严格。该系统涉及众多业务流程，如个人开户、贷款审批、转账等，每个流程都需要精确、全面的测试数据以确保该系统的稳定性和安全性。手动模拟一些复杂的应用场景不仅效率低下，而且容易遗漏关键测试场景。在这种背景下，利用 ChatGPT 自动生成测试数据成为一种有效的解决方案。

应用场景：银行个人开户业务流程测试。

业务流程描述如下。

个人开户是银行业务流程中的基础业务流程，涉及用户输入、系统校验、用户选择、系统推荐、用户决定、系统提交和系统反馈等多个步骤。以下是对这一流程的描述及 ChatGPT 在其中的应用。

1）用户输入：用户需要提供基本信息，包括姓名、身份证号和联系电话。

2）系统校验：系统需要验证输入的身份证号的唯一性和联系电话的格式的正确性。

3）用户选择：用户需选择开户的地点、银行及账户类型。

4）系统推荐：系统根据用户的选择推荐相关的账户产品。

5）用户决定：用户从推荐的账户产品中选择一个账户产品进行开户。

6）系统提交：系统提交用户的开户信息进行处理。

7）系统反馈：系统将返回开户成功或失败的结果。

通过向 ChatGPT 提供上述业务流程的详细描述，ChatGPT 可以生成如下一系列模拟的测试数据集。

1）输入测试数据：生成不同的姓名、身份证号和联系电话，以确保数据的多样性。

2）中间测试数据：生成系统校验的各种结果（如通过或不通过），以测试系统的校验逻辑是否准确。

3）用户选择测试数据：模拟不同的开户地点、银行和账户类型的组合，以验证系统能否正确处理多样化的用户选择。

4）输出测试数据：模拟账户开户的最终结果（成功或失败），以检验系统在不同条件下的响应和稳定性。

结果分析如下。

通过这种方法，测试团队可以快速获得大量符合逻辑的测试数据，有效地覆盖个人开户业务流程的各个环节。这不仅提高了测试的效率，还显著增强了测试的全面性和准确性。

通过 ChatGPT 自动生成测试数据，测试团队可以轻松应对复杂的银行业务流程，从而确保软件系统的功能和稳定性得到充分验证。这种方法不仅适用于个人开户等基础业务流程，还可以扩展到更多复杂的银行业务流程，为软件测试行业提供了一种全新的解决方案。

3. 多语言测试数据生成案例

有的软件产品需要针对多个国家或地区进行优化，以确保能够在不同的语言和文化背景下正常运行。这对测试人员提出了一个挑战：如何高效且准确地生成满足各种国际化（Internationalization）和本地化（Localization）需求的测试数据。ChatGPT 的多语言生成能力为应对这一挑战提供了一个强有力的工具。

软件的国际化意味着它能够支持多种语言的界面和输入，其功能不仅限于文本的翻译，还包括支持各种字符集。国际化的测试需要验证软件能否在不同语言设置下正常显示和处理文本。

软件的本地化需要软件能够适应特定国家或地区的文化习惯和法律法规，包括日期和时间格式、货币单位、地址格式等。本地化测试用于确保软件能够为特定国家或地区的用户提供自然、无缝的使用体验。

应用场景：利用 ChatGPT 生成多语言测试数据。

操作步骤如下。

1）明确测试目标：确定需要支持的语言和国家或地区列表，以及在每种语言和地区下需要测试的特定功能。

2）生成测试数据：向 ChatGPT 提供具体的指令，以生成特定语言的界面文本、用户输入示例或考虑了地区特性（如日期和时间格式、货币单位）的数据等。

3）验证和调整：使用生成的测试数据进行测试，验证软件的国际化和本地化实现效果是否符合预期。根据测试结果调整生成指令，优化测试数据。

以下是我们在进行各种国际化和本地化测试时需重点测试的内容。

1）界面文本：生成多语言版本的界面文本，如按钮标签、菜单项等的文本，确保所有文本在不同语言下都能正确显示。

2）提示信息：生成多语言版本的提示信息，验证软件能够以用户所用的语言正确反馈。

3）用户输入：模拟不同语言环境下的用户输入，其中包括特殊字符和格式，测试软件的输入处理能力。

4）文化差异：生成考虑了文化差异的数据，如英式英语和美式英语间的拼写差异、欧洲国家的日期格式和美国的日期格式的差异等。

结果分析如下。

ChatGPT的多语言生成能力显著降低了准备国际化和本地化测试数据的复杂性和成本。通过ChatGPT自动生成精确、多样化的测试数据，测试团队可以更有效地验证软件产品在全球市场中的适用性。

4. 性能测试数据生成案例

性能测试是软件测试的一个关键环节，旨在评估软件在各种负载条件，包括处理速度、数据传输速率、网络请求的响应时间等负载条件下的表现。为了确保性能测试的准确性和全面性，测试团队需要生成大量用于模拟真实用户操作的数据。在这一背景下，利用ChatGPT来生成性能测试数据是一种有效的解决方案。

应用场景：在进行性能测试时，我们面临的挑战包括但不限于模拟真实用户操作、大规模用户访问、特定时间的热点访问以及流量峰值等。这些挑战要求测试数据不仅要数量庞大，还要能够反映真实的用户操作模式。

操作步骤如下。

（1）ChatGPT生成性能测试数据。

利用ChatGPT可以生成以下性能测试数据。

- 模拟真实用户操作的性能测试数据：ChatGPT可以根据场景描述，生成符合特定用户操作模式的操作数据，包括用户的单击行为、提交表单、搜索查询等操作的数据。
- 模拟大规模用户访问的性能测试数据：通过生成不同用户的操作数据，可以模拟数千乃至数万用户同时访问软件的场景。

- 模拟热点访问和流量峰值：根据业务的高峰期的特点，ChatGPT 可以特别设计测试数据来模拟节假日、促销活动期间的热点访问和流量峰值。

（2）集成性能测试工具。

将 ChatGPT 生成的测试数据导入性能测试工具，如 JMeter 或 LoadRunner，并进行配置，以模拟多用户并发访问、流量峰值等不同场景的性能测试。通过对收集到的性能测试数据进行深入分析，识别性能瓶颈问题，如服务器响应慢、数据库访问延迟等问题。根据测试结果进行性能优化，包括优化数据库查询能力、增强服务器处理能力、提升代码运行效率等。

结果分析如下。

通过 ChatGPT 生成性能测试数据，测试团队可以有效地提高测试效率和覆盖率。这种方法不仅能够为性能测试提供大量和多样化的测试数据，还能帮助团队更全面地评估系统性能，及时发现并解决性能瓶颈问题。

6.2　ChatGPT 在功能和性能测试数据生成中的应用

本节将通过详细的功能和性能测试具体案例，展示 ChatGPT 在测试数据生成方面的应用。

6.2.1　功能测试数据生成

传统的功能测试数据生成通常依赖手动实现，这不仅对数据生成人员的业务理解能力要求高，而且耗时长，难以满足不断增长的测试需求。相比之下，ChatGPT 凭借其强大的自然语言生成能力和快速测试数据生成的特性，成为功能测试数据生成的理想工具。

ChatGPT 在功能测试数据生成方面的优势体现在以下几个方面。

1）场景多样性：ChatGPT 可以根据丰富的业务规则和场景描述，生成多样化且贴近真实用户行为的测试数据，确保测试覆盖全面。

2）用户行为模拟：ChatGPT 可以模拟用户的各种行为，如单击、输入、导航等，为功能测试提供逼真的测试场景。

3）异常情况模拟：ChatGPT 可以生成多种异常情况下的测试数据，如错误输入、边界条件等情况下的测试数据，确保软件在异常情况下的稳定性和容错性。

4）快速生成：相对于传统手动实现，ChatGPT 能够在极短的时间内生成大量测试数据，提高了测试效率。

下面介绍 ChatGPT 在功能测试数据生成方面的几个案例。

（1）在线购物网站功能测试案例

假设我们需要进行一个在线购物网站的功能测试，测试范围包括用户注册、商品搜索、购物车管理等方面。

使用 ChatGPT，输入"生成模拟 100 个用户注册的测试数据，包括不同用户名、密码强度等信息。"提示词。ChatGPT 很快就给出了包括不同用户名和密码强度的测试数据，如图 6-1 所示，这些数据与现实生活中的真实数据十分类似。

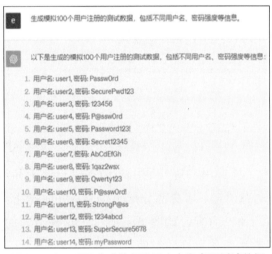

图 6-1　ChatGPT 生成的部分用户名和密码测试数据

输入"生成模拟用户搜索电子商品的测试数据，包含手机、笔记本电脑等不同类型的电子商品。"提示词。ChatGPT 会给出相应测试数据，搜索的电子商品覆盖手机、笔记本电脑等，且品牌、型号也不同，如图 6-2 所示。

图 6-2　ChatGPT 生成的部分模拟用户搜索电子商品的测试数据

（2）社交媒体平台功能测试案例

对一款社交媒体平台进行功能测试，测试范围包括用户发布动态、评论、点赞等功能。在 ChatGPT 中输入"生成模拟用户发布动态的测试数据，包括文字、图片等不同类型的动态。"提示词。ChatGPT 很快就生成了包含文字、图片等动态的相关测试数据，如图 6-3 所示。

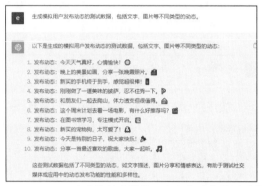

图 6-3　ChatGPT 生成的部分模拟用户发布动态的测试数据

在 ChatGPT 中输入"模拟用户对其他用户动态进行评论和点赞的测试数据。"提示词。ChatGPT 为不同的动态信息、用户都分配了编号，并明确指出了哪些动态应被点赞，哪些应被评论以及具体的评论内容，如图 6-4 所示。这种清晰的表示方式使我们能够一目了然，节省了大量思考和准备数据的时间。

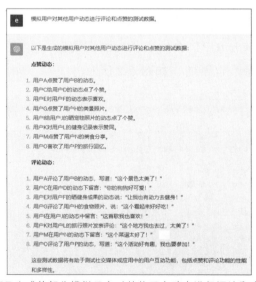

图 6-4　ChatGPT 生成的部分模拟用户对其他用户动态进行评论和点赞的测试数据

综合来看，ChatGPT 在功能测试数据生成中具有显著的优势。首先，它大幅提升了测试效率，因为它能迅速生成大量的测试数据，这采用传统的手动方法是难以实现的。其次，它增强了测试数据的多样性。由于 ChatGPT 能够基于丰富的语境和用户行为生成数据，因此测试用例更加全面，能够覆盖更多的使用场景。最后，这种方法使得功能测试数据更接近用户的真实行为，从而使测试结果更加可靠。这样的接近真实使用场景的测试，对于发现和解决潜在的问题至关重要，因为它能更好地模拟真实世界中用户与软件的交互。

总而言之，ChatGPT 在功能测试数据生成方面的应用，不仅提高了测试效率和覆盖范围，而且使得测试过程的复杂性更加接近真实世界的复杂性，从而有助于更准确地发现和解决问题。

6.2.2　性能测试数据生成

性能测试是关键的测试环节，其目的是确保软件系统在面对不同用户负载时能够保持稳定性和高性能。在进行性能测试时，生成测试数据是一个至关重要的步骤。测试数据需要有效模拟真实用户的行为和各种使用场景，以便准确评估系统在不同条件下的性能表现。

ChatGPT 在性能测试数据生成方面的优势表现在以下几个方面。

1）模拟真实用户行为：ChatGPT 能够根据提供的场景描述生成模拟真实用户行为的测试数据，包括用户的各种请求、页面访问流量和用户交互等。ChatGPT 有助于更加真实地模拟用户在系统中的活动，从而为性能测试提供更加准确和全面的数据。

2）大规模数据生成：在性能测试中，尤其在需要模拟高并发场景时，大规模数据的生成是必不可少的。ChatGPT 可以快速生成大规模的测试数据，满足包括高并发用户数、请求频率等在内的多种性能测试需求。

3）特定场景模拟：ChatGPT 可以根据需要生成特定场景下的测试数据。例如，在模拟高峰期用户访问或异常情况下的请求时，ChatGPT 能够提供相应的数据集，帮助测试系统在这些特殊情况下的性能表现。

4）动态调整生成规则：我们可以根据不同的性能测试需求，如不同业务场景、用户行为等，动态调整 ChatGPT 生成数据的规则。这种灵活性使得性能测试更加贴合实际应用情况，从而提供更准确的性能测试结果。

下面介绍 ChatGPT 在性能测试数据生成方面的几个案例。

性能测试过程中通常涉及大量用户行为的模拟，这会产生大规模数据。为了测试特定业务场景的并发量、每秒事务数（Transaction Per Second，TPS）以及评估系统在不同数据库容量下的性能指标，我们需要准备参数化数据以及构建合适的性能测试数据环境。

在进行性能测试时，制造垫底数据、为数据脱敏、从数据库备份文件中提取测试数据，以及构建大规模数据等都是常见任务。以下是一些基于不同情况的生成性能测试数据的案例，但需要注意的是具体的实施代码和步骤可能会因环境不同而有所差异。

（1）性能测试垫底数据案例

一个应用系统有 100 条和 100 万条不同数据时，尽管执行相同业务操作，其响应时间却可能存在显著差异。通常，随着数据库中基础数据量的增加，应用系统的性能可能会降低。因此，在执行性能测试时，测试人员需要根据应用系统的具体需求，针对不同数据量级的数据进行测试。这就涉及垫底数据的准备问题，对于这一问题，无论是选择基于现有数据备份进行脱敏处理，还是制造一套全新数据，都是可行的方案。垫底数据能够帮助测试人员更加准确地评估系统在处理大量数据时的性能表现，确保测试结果能够真实反映系统在实际运行环境中的性能，更好地理解系统在不同数据量级下的性能变化，为系统的优化提供依据。

假设我们正在测试一个电子商务网站，可以创建一些用户、产品和订单数据。

此时，就可以借助 ChatGPT，让它给出代码或具体的操作步骤。图 6-5 所示为 ChatGPT 生成的用于生成垫底数据的 Python 代码。

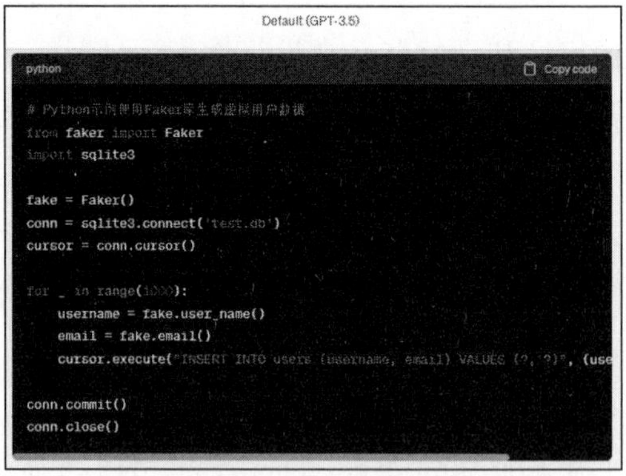

图 6-5　ChatGPT 生成的用于生成垫底数据的 Python 代码（部分）

准备垫底数据的操作步骤如下。

1）建立数据库连接，包括设置数据库名等，若为 MySQL 等数据库，还要对脚本中数据库连接部分做修改，补充数据库用户名、密码、端口等相关内容。

2）构建 SQL 语句，使用数据生成工具（如 Faker）生成相关垫底数据。

3）运行 Python 脚本，将垫底数据直接写入数据库或者导出为 SQL 文件，而后导入被测系统的数据库。后续关于数据库连接和构建 SQL 语句的操作与此类似，不赘述，只简单描述。

使用 Faker 库生成垫底数据的 Python 脚本示例如下所示。

使用 Faker 库生成垫底数据的 Python 脚本示例

```
from faker import Faker
import sqlite3
fake = Faker()
```

```
conn = sqlite3.connect('test.db')
cursor = conn.cursor()
for _ in range(1000):
    username = fake.user_name()
    email = fake.email()
    cursor.execute("INSERT INTO users (username, email) VALUES (?, ?)", (username,
email))
conn.commit()
conn close()
```

（2）测试数据的脱敏案例

数据脱敏是一种处理方法，旨在保护敏感信息，其通过对数据进行部分隐藏或替换来实现。在性能测试中，特别是当涉及生产环境中的数据时，为了确保用户敏感信息的安全，对数据进行脱敏处理尤为重要。同样可以利用 ChatGPT 来完成数据脱敏任务。

假设我们正在测试一个医疗信息系统，需要对患者的个人信息进行脱敏处理，其中包括姓名、住址和联系方式等。在这种情况下，可以使用数据生成工具或编写代码来完成数据脱敏任务。图 6-6 所示为 ChatGPT 生成的用于数据脱敏的 Python 代码。

图 6-6　ChatGPT 生成的用于数据脱敏的 Python 代码

测试数据的脱敏操作步骤如下。

1）识别需要脱敏的字段，例如姓名、住址和联系方式。

2）使用脱敏算法（如替代、散列或模糊化）处理这些字段。

3）更新测试数据库中的数据。

（3）基于数据库备份文件进行修改以获取测试数据案例

如果在之前的测试过程中已经积累了大量数据，并且有数据库备份文件，那么可以根据本次测试的具体需求来利用这些数据和文件。具体来说，可以选择使用现有的数据库备份文件，或者从中提取出所需数据，进行适当的修改，以便再次使用这些数据。

假设我们恢复数据库备份文件，希望从中提取用户数据，并对这些数据进行必要的修改。修改完成后，将其以 SQL 文件形式导出。图 6-7 所示为基于数据库备份文件进行修改以获取测试数据。

图 6-7　基于数据库备份文件进行修改以获取测试数据

基于数据库备份文件进行修改以获取测试数据的操作步骤如下。

1）恢复数据库备份文件。

2）提取需要的数据或根据需要进行数据修改。

3）将修改后的数据导出到 SQL 文件中。

4）将 SQL 文件导入被测系统的数据库中。

基于数据库备份文件进行修改以获取测试数据

```
# 假设你的备份文件是 SQL 文件
# 恢复数据库
mysql -u username -p dbname < backup.sql
# 提取和修改数据
mysql -u username -p dbname -e "UPDATE users SET username = 'Modified Name' WHERE id = 1;"
# 导出修改后的数据
mysqldump -u username -p dbname > modified_data.sql
```

（4）基于数据库表结构自动构建测试数据案例

在性能测试的过程中，处理和构建大量测试数据是不可避免的。可以利用 ChatGPT 来基于数据库表结构自动构建测试数据。

假设我们准备测试一个社交媒体平台，需要生成大量的用户、帖子数据。ChatGPT 可以根据我们提供的数据库表结构和数据需求，自动构建测试数据。图 6-8 所示为基于数据库表结构自动构建大量用户和帖子数据的 Python 代码示例。

基于数据库表结构自动构建测试数据的操作步骤如下。

1）建立数据库连接。

2）根据数据库表结构构建插入大量数据的 SQL 语句。

3）执行 Python 脚本。

图 6-8　基于数据库表结构自动构建大量用户和帖子数据的 Python 代码示例

基于数据库表结构自动构建测试数据

```
# Python 示例使用库生成大量用户和帖子数据
import sqlite3
from faker import Faker
```

```
fake = Faker()
conn = sqlite3.connect('test.db')
cursor = conn.cursor()

# 生成100,000个用户
for _ in range(100000):
    username = fake.user_name()
    email = fake.email()
    cursor.execute("INSERT INTO users (username, email) VALUES (?, ?)",
    (username, email))

# 生成1,000,000个帖子
for _ in range(1000000):
    title = fake.sentence()
    content = fake.paragraph()
    user_id = fake.random_int(min=1, max=100000)   # 关联到用户表
    cursor.execute("INSERT INTO posts (title, content, user_id) VALUES (?, ?, ?)",
    (title, content, user_id))

conn.commit()
conn.close()
```

也可以更直接，利用数据库的存储过程来构建测试数据。图 6-9 所示为基于 MySQL 数据库创建存储过程来构建用户和帖子数据。

图 6-9   基于 MySQL 数据库创建存储过程来构建用户和帖子数据

构建大量用户和帖子数据的 MySQL 存储过程，如下所示。

```
构建大量用户和帖子数据的 MySQL 存储过程

......
DECLARE i INT;
SET i = 0;

-- 生成100,000个用户
WHILE i < 100000 DO
    INSERT INTO users (username, email) VALUES (CONCAT('User', i), CONCAT('user',
    i, '@example.com'));
    SET i = i + 1;
END WHILE;

SET i = 0;

-- 生成1,000,000个帖子
WHILE i < 1000000 DO
    INSERT INTO posts (title, content, user_id) VALUES (CONCAT('Title', i),
    'Post content goes here.', FLOOR(RAND() * 100000) + 1);
    SET i = i + 1;
END WHILE;

END $$
DELIMITER ;
```

这些案例仅用于演示，实际情况可能更加复杂，需要根据具体需求和数据库系统来完成。此外，请不要在生产环境中使用真实数据进行性能测试，务必使用模拟或脱敏后的数据，以保护用户隐私数据的安全。

通过以上案例，我们可以了解到 ChatGPT 在测试数据生成方面的应用。它不仅可以模拟大规模用户行为和复杂场景，还能够灵活满足各种测试需求，为软件测试提供更全面、真实的测试数据。

6.2.3　ChatGPT 生成测试数据的挑战与应对策略

ChatGPT 尽管在功能和性能测试数据生成方面展现出强大的能力，但在实际应用中仍然面临一些挑战。理解并应对以下挑战对于充分发挥 ChatGPT 的优势同样至关重要。

（1）数据质量的挑战

ChatGPT 的生成基于大规模训练数据，因此生成的测试数据的质量与训练数据的质量直接相关。为了应对这一挑战，我们需要建立高质量的训练数据集，其中涉及真实用户

行为、多样的业务场景等，并且要定期更新训练数据，保持模型对新业务场景的适应性。

（2）生成规则精确性的挑战

ChatGPT 生成的测试数据的准确性受生成规则的影响。为了提高生成规则的精确性，我们需要明确定义生成规则，包括数据结构、取值范围、验证逻辑等；还需要迭代优化生成规则，通过对生成的样本数据进行验证、标注和调整参数，不断优化生成规则。

（3）与现有测试框架和自动化测试工具的集成的挑战

集成由 ChatGPT 生成的测试数据到现有的测试框架和自动化测试工具中，是一个至关重要的挑战。为了有效应对这一挑战，制定明确的集成策略至关重要。这包括确保由 ChatGPT 生成的测试数据能够被直接导入测试管理平台，或者能够转换成适用的测试脚本。此外，将 ChatGPT 生成的测试数据与其他测试技术结合使用，可以产生协同效应，从而提升整体的测试效率。

（4）数据安全和合规性的挑战

测试数据经常会涉及用户敏感信息，因此保障测试数据的安全和合规性至关重要。为了应对这一挑战，我们需要采用各种技术措施，比如对数据脱敏和加密，以确保测试数据中的敏感信息得到妥善保护；同时，遵循数据隐私相关法律法规，确保测试数据的生成和使用过程符合相关的要求，从而有效防范潜在的安全风险。

有效地应对这些挑战，才能充分发挥 ChatGPT 在生成测试数据方面的优势。

第 7 章　ChatGPT 生成性能测试用例

性能测试是软件测试中的重中之重。它通过在不同的负载下评估系统性能，确保系统能够在实际使用环境中，快速可靠地响应用户请求。

ChatGPT 不断演进，为开发人员、测试人员和用户等提供了强大的支撑。那么在性能测试中 ChatGPT 能帮我们做些什么呢？

7.1　ChatGPT 在性能测试规划中的角色

有效的性能测试是至关重要的。ChatGPT 在性能测试过程中可以为我们提供哪些有价值、有意义的帮助呢？

性能测试对于确保软件成功发布及提升用户满意程度至关重要。ChatGPT 可以在性能测试规划的各个方面提供支持，协助测试团队顺利完成测试任务。

首先，ChatGPT 可以协助确定性能测试的范围。通过简要描述系统的功能和关键业务流程，其就可以推理出测试重点，确定性能测试的核心功能模块和场景。例如，测试一个电子商务平台，ChatGPT 会建议专注于注册登录、用户登录、商品浏览、购物车、订单支付等核心业务的性能。这有助于测试团队更有针对性地制订测试计划，而不是盲目地测试所有功能。

其次，ChatGPT 可以提供性能测试环境的配置建议。不同的性能指标需要在不同的硬件配置、操作系统和网络环境下进行测试。测试团队可以向 ChatGPT 提供系统的平台和部署环境信息，以便 ChatGPT 给出在哪些配置的测试环境下才能全面评估系统性能。这有助于节省时间和资源，避免不必要的配置调整。

然后，ChatGPT 可以协助设定性能测试的接受标准，也就是性能指标的预期目标值。这需要结合系统的业务需求、服务级别要求等因素设定。测试团队只需要提供相关性能指标的预期目标值，ChatGPT 就可以计算出合理的性能指标目标值，例如，某业务在 100

个用户并发访问时响应时间不超过 20ms、TPS 不低于 50 等性能指标目标值。这有助于明确性能测试的期望结果，从而更好地评估系统的性能。

接着，ChatGPT 还可以生成性能测试用例和性能测试用例脚本等。测试团队可以描述一般和高峰业务流量下的使用场景，ChatGPT 会根据这些描述生成性能测试用例和性能测试用例脚本。这可以大幅减少测试用例设计的工作量，加快性能测试的速度，减少软件测试的执行时间。

最后，借助 ChatGPT 强大的自然语言理解能力，我们可以通过与它的"讨论"，完善和细化性能测试计划、性能测试用例、性能测试用例脚本等，确保性能测试工作的完整性和有效性。ChatGPT 可以理解测试团队的需求，提供有针对性的建议。

7.2 ChatGPT 生成性能测试用例的流程

本节，我们将探讨 ChatGPT 生成性能测试用例的流程。

7.2.1 确定性能测试目标

在进行性能测试之前，必须要确定被测系统的关键性能指标（即性能测试目标），如响应时间、吞吐量、并发用户数等性能指标。假设我们正在测试一个电子商务网站，目标是确保在用户使用高峰期，网站能够支持至少 1000 个并发用户，且响应时间不超过 0.5s。ChatGPT 可以与测试团队进行对话，明确性能测试的具体目标，根据系统的特性和业务需求提供有针对性的建议。

7.2.2 收集系统信息

了解被测系统的架构、模块和功能至关重要。举例来说，我们需要深入了解该电子商务网站的架构、核心模块（如购物车、支付处理模块）以及关键功能（如用户登录、商品搜索功能等）。ChatGPT 可以与开发团队协作，收集这些信息，以便更好地理解系统的内部工作原理。ChatGPT 可以通过自然语言理解收集到的信息，为测试用例的生成提供基础信息。

为了能够顺利完成性能测试工作，通常情况下要收集以下几个方面的关键信息。

（1）网站架构

- 了解网站的整体架构，包括前端和后端部分。
- 确定网站使用的编程语言和框架，例如，前端可以使用 React、Angular 或 Vue，后端可以使用 Node.js、Python、Java 等。

（2）核心模块和组件

- 了解是否有负载均衡器、缓存服务器、数据库服务器等重要组件。
- 列出网站的核心模块，如用户管理、商品管理、购物车、支付处理等。
- 了解核心模块之间的关系和数据流。

（3）关键功能

- 确定网站的关键功能，例如用户注册、用户登录、商品搜索、浏览商品、添加商品到购物车、支付等。
- 对关键功能的性能要求进行评估，以便为性能测试设定目标。

（4）数据库信息

- 了解数据库的类型（如 MySQL、PostgreSQL、MongoDB 等）和架构（如表结构、关系）。
- 了解哪些功能涉及数据库操作，以便在性能测试中加以考虑。

（5）第三方集成

- 查看是否有第三方服务或 API 的集成，如支付网关、社交媒体登录、电子邮件服务等。
- 了解这些集成的性能影响和稳定性。

（6）用户流程

- 了解网站的常见用户流程，包括用户浏览商品、提交订单、支付等。
- 确定哪些页面或功能是常访问的，以便在性能测试中对其进行重点关注。

（7）性能指标

- 确定关键性能指标，如响应时间、吞吐量、并发用户数、错误率等。
- 定义性能测试目标，以便评估系统的性能。

（8）环境信息

- 了解系统的部署环境信息，包括服务器配置、网络带宽和数据中心位置等。
- 了解是否有使用容器化技术（如 Docker、Kubernetes）和云计算平台（如腾讯云、阿里云、金山云等）。

（9）监控和日志

查看是否有监控工具和日志系统，以便收集性能数据和故障排查信息。

（10）安全要求和策略

了解安全要求和策略，以确保性能测试不会影响系统安全性。

7.2.3 确定性能测试场景

性能测试需要模拟系统在不同使用场景下的性能表现。以电子商务网站为例，我们需要在正常的购物以及促销活动期间的高负载情况下，测试网站的性能。ChatGPT 可以根据收集到的信息，协助测试团队确定要测试的性能场景。ChatGPT 可以生成各种使用场景的描述，帮助测试团队理解系统的使用情况，以便更好地设计性能测试用例。

在确定性能测试场景时，通常需要考虑以下几个关键因素。

1）用户并发性：电子商务网站在正常购物期间和促销活动期间的用户并发量差异巨大。性能测试需要模拟不同的用户并发情况，从而确保网站能够处理突然增加的访问量。

2）页面加载时间：用户体验与页面加载时间密切相关。测试团队需要评估在高负载情况下，网站各个页面（尤其是首页、商品详情页面和结算页面）的加载时间，以确保它们在所有条件下都能迅速响应。

3）交易处理能力：促销活动期间，交易处理的压力显著增大。性能测试应包括模拟用户完成购买流程的场景，如添加商品到购物车、支付等，确保系统能够高效处理交易。

4）数据库性能：大量并发用户和交易将对数据库造成压力。性能测试需要包括数据库性能评估，确保数据的读写、更新等操作在高负载下仍然高效。

5）第三方服务或 API 的响应时间和稳定性：电子商务网站通常依赖多个第三方服务或 API，如支付网关、物流信息查询等。性能测试应评估这些外部依赖在高负载条件下的响应时间和稳定性。

借助 ChatGPT 生成的场景描述，测试团队可以更全面地考虑相关因素，从而设计出能够全面覆盖电子商务网站评估的性能测试用例。

7.2.4 生成性能测试用例

ChatGPT 因具有自动生成能力，在构建性能测试用例中扮演了关键角色。在设计性能测试用例时，我们需要基于用户日常操作习惯，综合考虑单一业务场景和复合业务场景下的负载情况。ChatGPT 可以在这方面发挥作用。

假设我们需要创建一组性能测试用例，用于模拟 1000 个并发用户同时浏览网站、添加商品到购物车、支付等操作。在这种高负载情况下，我们需要测试网站的响应时间。这就要求在数据建模时考虑多用户多业务场景，以及不同业务场景中用户的比例。同时，还需要关注单一业务场景，例如在"双十一"期间，针对某个特价商品的"秒杀"活动，可能会对浏览商品、提交订单和支付的单一业务流程产生巨大压力。因此，不仅要测试每个单独业务的处理能力，还要测试整个业务流程的综合性能。

通常，单一业务场景的测试旨在检验单独业务的最大处理能力，而复合业务场景的测试则旨在评估整个业务流程的处理能力。我们需要找出流程中的性能瓶颈，正如"木桶理论"所述，整个业务流程的性能实际上取决于其中最差的性能。

ChatGPT 可以根据确定的性能测试场景和目标，自动生成多个性能测试用例，包括不同负载、并发用户数和操作流程的性能测试用例，助力测试团队全面评估系统的性能。在生成性能测试用例的过程中，ChatGPT 会利用之前收集的信息和性能测试目标，确保所生成的性能测试用例具有针对性，满足性能测试的各项需求。

7.2.5　评审和分析测试用例

在生成性能测试用例之后，测试团队需对它们进行细致的评审和分析。通常情况下，这一过程不仅包括开发团队和测试团队对测试用例的评审，还可以借助 ChatGPT 进行更深入的评审和分析。ChatGPT 能够帮助确认测试用例的完整性和有效性，从而确保性能测试的准确性。

另外，ChatGPT 还提供了性能测试用例脚本生成的功能，例如可以生成 JMeter 或 LoadRunner 等测试用例脚本。这样不仅加快了性能测试的整体速度，还提高了测试过程的效率。

综合使用传统的评审方法和 ChatGPT 的分析能力，可以大大提升性能测试用例的质量。这种全面的评审和分析过程不仅确保了测试用例的有效性，还优化了测试团队的工作流程，有助于测试团队更快、更准确地完成性能测试任务。

7.2.6　迭代和持续改进

性能测试是一个需要不断迭代和持续改进的过程。在这一过程中，ChatGPT 可以与测试团队保持沟通和协作，以便根据性能测试的结果和反馈，对性能测试过程中的关键步骤进行优化和改进。优化和改进措施实施后，性能测试需要被重新执行，以评估变更的效果。ChatGPT 在此过程发挥的作用包括自动化生成测试脚本、提供执行测试的指导以及解析测试结果。更重要的是，它可以实时响应测试团队的查询，提供解决方案和建议，确保测试过程的顺畅和高效。ChatGPT 还可以协助生成包含关键性能指标、在测试过程中发现的问题及其解决方案，以及未来优化建议的综合报告。这样的报告不仅为项目团队和决策者提供了宝贵的参考资料，还为后续的性能优化工作奠定了基础。

综上所述，在性能测试的不断迭代和持续改进过程中，ChatGPT 的角色是多样的。从辅助确定测试场景、性能指标到提供优化建议，再到生成综合报告，它都能显著提高测试过程的效率。性能测试不仅是技术活动，还涉及团队之间的沟通和协作。通过 ChatGPT 等先进工具，测试团队可以更加精确地识别性能问题，有效地制定优化策略。

7.3 ChatGPT 与性能测试工具的协作

ChatGPT 可以与流行的性能测试工具，如 JMeter 和 LoadRunner 协作，共同完成从测试用例设计、测试用例脚本生成、脚本执行以及结果分析的整个流程。这种协作不仅可以提高测试的工作效率，还可以使测试过程更加智能化和规范。

本节我们将介绍 ChatGPT 在与主流性能测试工具 JMeter 和 LoadRunner 协作时，发挥的作用与具体实践方法。

7.3.1 ChatGPT 辅助 JMeter 进行性能测试

JMeter 是 Apache 基金会发布的一款开源的压力测试工具。它被广泛应用于对服务器、应用程序进行性能和接口测试。利用 ChatGPT 的智能语言处理能力，可以实现高效的性能测试用例设计和 JMeter 测试脚本编写。

对于没有做过性能测试工作的人而言，要对电子商务网站进行性能测试，他们可能会觉得无从下手，不知所措，ChatGPT 可以帮助指明方向。图 7-1 所示为 ChatGPT 输出的关于电子商务网站压力测试的操作步骤信息。

1. ChatGPT 生成测试场景描述

利用 ChatGPT，可以写一份测试场景文档，这里仅以用户使用用户登录（简称"登录"）、商品查询（简称"查询"）和提交订单（本书中又称"购买下单"）的电子商务网站核心功能，模拟从 100 个到 500 个用户并发访问为例。日常在使用系统时，不同用户的需求不同，操作的功能也各不相同。在同一时间有的用户可能正在登录，有的用户可能正在查询，有的用户则可能在提交订单购买商品。进行性能测试时，需要模拟真实的业

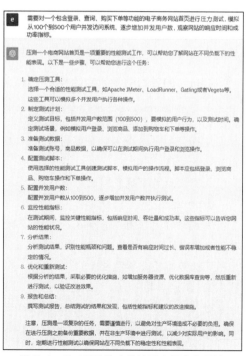

图 7-1 ChatGPT 输出的关于电子商务网站压力测试的操作步骤信息

务场景来考察在不同用户数量的情况下，系统是否都能够提供正常服务，相关的性能指标是否符合系统要求。这时，让 ChatGPT 根据需求输出一份测试场景文档是一个省时省力的不错选择，如图 7-2 所示。

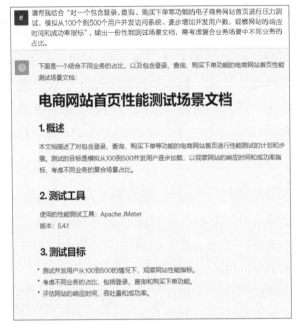

图 7-2　ChatGPT 输出的性能测试场景文档（部分）

ChatGPT 输出的完整的性能测试场景文档如下所示。

ChatGPT 输出的完整的性能测试场景文档

下面是一个结合不同业务的占比，以及包含登录、查询、购买下单功能的电商网站首页性能测试场景文档：

电商网站首页性能测试场景文档

1.　概述

本文档描述了对包含登录、查询、购买下单等功能的电商网站首页进行性能测试的计划和步骤。测试的目标是模拟从 100 到 500 并发用户逐步加载，以观察网站的响应时间和成功率指标，考虑不同业务的复合场景占比。

2.　测试工具

使用的性能测试工具：Apache JMeter

版本：5.4.1

3.　测试目标

• 测试并发用户从 100 到 500 的情况下，观察网站性能指标。

- 考虑不同业务的占比，包括登录、查询和购买下单功能。
- 评估网站的响应时间、吞吐量和成功率。

4. 测试场景

4.1 用户行为

模拟的用户行为包括以下步骤。

4.1.1 登录业务

用户登录：

1. 打开网站首页；

2. 输入用户名和密码；

3. 点击登录按钮。

4.1.2 查询业务

查询商品：

1. 使用搜索功能查找商品；

2. 随机浏览若干商品页面。

4.1.3 购买下单业务

购物车操作：

1. 将若干商品添加到购物车；

2. 下单操作；

3. 进入购物车；

4. 选择商品并完成下单流程。

4.2 业务占比

在考虑不同业务的占比时，模拟的用户行为占比如下。

- 登录业务：占比 20%。
- 查询业务：占比 50%。
- 购买下单业务：占比 30%。

4.3 并发用户数

逐步增加并发用户数，分别测试以下情况：

- 100 并发用户；
- 200 并发用户；
- 300 并发用户；
- 400 并发用户；
- 500 并发用户。

5. 性能指标

5.1 响应时间

- 登录操作平均响应时间不应超过 2 秒。
- 查询操作平均响应时间不应超过 3 秒。

- 购买下单操作平均响应时间不应超过 4 秒。

5.2　吞吐量

目标吞吐量为每秒处理请求数（RPS）不低于 300。

5.3　成功率

成功率（HTTP 200 OK）应保持在 90%以上。

6.　测试步骤

配置性能测试工具：

- 创建测试计划；
- 添加线程组，设置不同并发用户数；
- 设置业务占比；
- 配置用户行为脚本。

启动测试，并监控性能指标。

逐步增加并发用户数，执行测试。

记录测试结果和性能指标。

7.　结果分析

分析测试结果，比较实际性能指标与设定目标。

查看是否有响应时间超出阈值、吞吐量不达标或成功率下降的情况。

8.　优化和重新测试

根据分析的结果，采取必要的优化措施，例如增加服务器资源、优化查询等，然后重新进行测试以验证改进效果。

9.　报告和总结

撰写测试报告，总结测试的结果和发现，包括性能指标、测试日志和建议的改进措施。

这份测试场景文档提供了考虑不同业务占比的性能指标和详细的操作步骤，以确保电商网站在不同负载下的性能表现，并了解不同业务操作对网站性能的影响。

ChatGPT 输出的性能测试场景文档中，不仅给出了登录、查询、购买下单等功能的性能测试的场景描述和操作步骤，还给出了该复合业务场景中的业务占比模型、性能指标等内容。这份性能测试场景文档对性能测试场景的描述明确、清晰，非常适合作为一份模板。但它还存在一些问题，例如性能指标方面的问题。通常，对于 ChatGPT 给出的性能指标，我们可以将其作为参考。一般情况下，电子商务网站的登录操作平均响应时间要求必须要小于 0.8s，查询操作平均响应时间要求小于 2s，购买下单操作作为核心功能，其平均响应时间要求也必须小于 0.8s；在描述吞吐量指标时，会指明具体的操作，比如登录操作的处理能力要求 TPS 或者 RPS（Requests Per Second，每秒请求数）不低于 100。显然以上性能测试场景文档中的性能指标需要进行修改，使其变成与我们的需求一致的性能指标。

2. ChatGPT 生成 JMeter 测试计划

利用 ChatGPT 强大的语言生成和上下文会话能力，可以生成 JMeter 测试计划。下面仍以电子商务网站的性能测试为例，图 7-3 所示为 ChatGPT 输出的 JMeter 测试计划的基本结构。

ChatGPT 输出了 JMeter 测试计划的基本结构。图 7-4 所示为 ChatGPT 输出的 JMeter 测试计划大纲，它不仅包含详细的操作步骤，还说明了需要添加哪些 JMeter 组件及其用途。

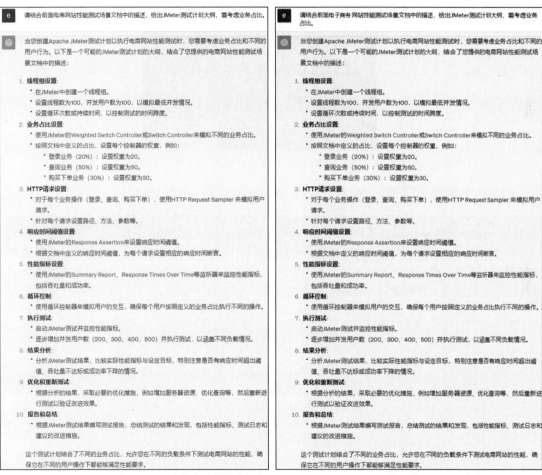

图 7-3　ChatGPT 输出的 JMeter 测试计划的基本结构　　图 7-4　ChatGPT 输出的 JMeter 测试计划大纲

3. ChatGPT 生成 JMeter 测试脚本

可以让 ChatGPT 直接输出 JMX 格式的 JMeter 测试脚本，ChatGPT 输出的 JMX 格式的 JMeter 测试脚本如图 7-5 所示。

图 7-5　ChatGPT 输出的 JMX 格式的 JMeter 测试脚本（部分）

ChatGPT 输出的完整的 JMX 格式的 JMeter 测试脚本如下所示。

ChatGPT 输出的完整的 JMX 格式的 JMeter 测试脚本

以下是一个 Apache JMeter 的测试脚本示例，包含了登录、查询和购买下单业务，同时考虑了不同的业务占比，假设初始并发用户数为 100。请注意，这是一个示例脚本，您需要根据您的实际应用程序和测试需求进行进一步的配置和定制。

```xml
<?xml version="1.0" encoding="UTF-8"?>
<jmeterTestPlan version="1.2" properties="5.1" jmeter="5.4.1 r2036955">
  <hashTree>
    <TestPlan guiclass="TestPlanGui" testclass="TestPlan" testname="Test Plan"
    enabled="true">
      <stringProp name="TestPlan.comments"></stringProp>
      <boolProp name="TestPlan.functional_mode">false</boolProp>
      <boolProp name="TestPlan.tearDown_on_shutdown">true</boolProp>
      <boolProp name="TestPlan.serialize_threadgroups">false</boolProp>
      <elementProp name="TestPlan.user_defined_variables" elementType="Arguments"
guiclass="ArgumentsPanel" testclass="Arguments" testname="User Defined Variables"
enabled="true">
        <collectionProp name="Arguments.arguments">
          <elementProp name="business" elementType="Argument">
            <stringProp name="Argument.name">business</stringProp>
```

```xml
                <stringProp name="Argument.value">Login</stringProp>
                <stringProp name="Argument.metadata">=</stringProp>
            </elementProp>
        </collectionProp>
    </elementProp>
    <stringProp name="TestPlan.user_define_classpath"></stringProp>
</TestPlan>
<hashTree>
    <ThreadGroup guiclass="ThreadGroupGui" testclass="ThreadGroup" testname=
    "Thread Group" enabled="true">
        <stringProp name="ThreadGroup.on_sample_error">stopthread</stringProp>
        <elementProp name="ThreadGroup.main_controller" elementType="LoopController"
guiclass="LoopControllerGui" testclass="LoopController" testname="Loop Controller"
enabled="true">
            <boolProp name="LoopController.continue_forever">false</boolProp>
            <intProp name="LoopController.loops">1</intProp>
        </elementProp>
        <stringProp name="ThreadGroup.num_threads">100</stringProp>
        <stringProp name="ThreadGroup.ramp_time">1</stringProp>
        <boolProp name="ThreadGroup.scheduler">false</boolProp>
    </ThreadGroup>
    <hashTree>
        <TransactionController guiclass="TransactionControllerGui" testclass=
        "TransactionController" testname="Transaction Controller" enabled="true">
            <boolProp name="TransactionController.parent">false</boolProp>
            <boolProp name="TransactionController.includeTimers">true</boolProp>
        </TransactionController>
        <hashTree>
            <IfController guiclass="IfControllerPanel" testclass="IfController"
            testname="If Controller (Login)" enabled="true">
                <stringProp name="IfController.condition">"${business}" == "Login"
                </stringProp>
            </IfController>
            <hashTree>
                <!-- HTTP Request for Login -->
                <HTTPSamplerProxy guiclass="HttpTestSampleGui" testclass=
                "HTTPSamplerProxy" testname="Login" enabled="true">
                    <stringProp name="HTTPSampler.domain">your-website.***</stringProp>
                    <stringProp name="HTTPSampler.port"></stringProp>
                    <stringProp name="HTTPSampler.protocol">https</stringProp>
                    <stringProp name="HTTPSampler.contentEncoding"></stringProp>
                    <stringProp name="HTTPSampler.path">/login</stringProp>
                    <stringProp name="HTTPSampler.method">POST</stringProp>
```

173

```
                    <boolProp name="HTTPSampler.follow_redirects">true</boolProp>
                    <boolProp name="HTTPSampler.auto_redirects">false</boolProp>
                    <boolProp name="HTTPSampler.use_keepalive">true</boolProp>
                    <boolProp name="HTTPSampler.DO_MULTIPART_POST">false</boolProp>
                    <stringProp name="HTTPSampler.embedded_url_re"></stringProp>
                    <stringProp name="HTTPSampler.connect_timeout"></stringProp>
                    <stringProp name="HTTPSampler.response_timeout"></stringProp>
                    <stringProp name="TestPlan.comments"></stringProp>
                    <elementProp name="HTTPsampler.Arguments" elementType="Arguments"
guiclass="HTTPArgumentsPanel" testclass="Arguments" testname="User Defined Variables"
enabled="true">
                        <collectionProp name="Arguments.arguments">
                          <elementProp name="username" elementType="Argument">
                            <stringProp name="Argument.name">username</stringProp>
                            <stringProp name="Argument.value">your_username</stringProp>
                            <stringProp name="Argument.metadata">=</stringProp>
                          </elementProp>
                          <elementProp name="password" elementType="Argument">
                            <stringProp name="Argument.name">password</stringProp>
                            <stringProp name="Argument.value">your_password</stringProp>
                            <stringProp name="Argument.metadata">=</stringProp>
                          </elementProp>
                        </collectionProp>
                    </elementProp>
                  </HTTPSamplerProxy>
                  <hashTree/>
                </hashTree>
                <IfController guiclass="IfControllerPanel" testclass="IfController"
                testname="If Controller (Query)" enabled="true">
                  <stringProp name="IfController.condition">"${business}" == "Query"
                  </stringProp>
                </IfController>
                <hashTree>
                  <!-- HTTP Request for Query -->
                  <HTTPSamplerProxy guiclass="HttpTestSampleGui" testclass="HTTPSamplerProxy"
                  testname="Query" enabled="true">
                    <stringProp name="HTTPSampler.domain">your-website.com</stringProp>
                    <stringProp name="HTTPSampler.port"></stringProp>
                    <stringProp name="HTTPSampler.protocol">https</stringProp>
                    <stringProp name="HTTPSampler.contentEncoding"></stringProp>
                    <stringProp name="HTTPSampler.path">/query</stringProp>
                    <stringProp name="HTTPSampler.method">GET</stringProp>
                    <boolProp name="HTTPSampler.follow_redirects">true</boolProp>
```

```xml
                    <boolProp name="HTTPSampler.auto_redirects">false</boolProp>
                    <boolProp name="HTTPSampler.use_keepalive">true</boolProp>
                    <stringProp name="HTTPSampler.embedded_url_re"></stringProp>
                    <stringProp name="HTTPSampler.connect_timeout"></stringProp>
                    <stringProp name="HTTPSampler.response_timeout"></stringProp>
                </HTTPSamplerProxy>
                <hashTree/>
            </hashTree>
            <IfController guiclass="IfControllerPanel" testclass="IfController" testname=
            "If Controller (Purchase)" enabled="true">
                <stringProp name="IfController.condition">"${business}" == "Purchase"
                </stringProp>
            </IfController>
            <hashTree>
                <!-- HTTP Request for Purchase -->
                <HTTPSamplerProxy guiclass="HttpTestSampleGui" testclass="HTTPSamplerProxy"
                testname="Purchase" enabled="true">
                    <stringProp name="HTTPSampler.domain">your-website***</stringProp>
                    <stringProp name="HTTPSampler.port"></stringProp>
                    <stringProp name="HTTPSampler.protocol">https</stringProp>
                    <stringProp name="HTTPSampler.contentEncoding"></stringProp>
                    <stringProp name="HTTPSampler.path">/purchase</stringProp>
                    <stringProp name="HTTPSampler.method">POST</stringProp>
                    <boolProp name="HTTPSampler.follow_redirects">true</boolProp>
                    <boolProp name="HTTPSampler.auto_redirects">false</boolProp>
                    <boolProp name="HTTPSampler.use_keepalive">true</boolProp>
                    <stringProp name="HTTPSampler.embedded_url_re"></stringProp>
                    <stringProp name="HTTPSampler.connect_timeout"></stringProp>
                    <stringProp name="HTTPSampler.response_timeout"></stringProp>
                </HTTPSamplerProxy>
                <hashTree/>
            </hashTree>
          </hashTree>
        </hashTree>
      </hashTree>
  </hashTree>
</jmeterTestPlan>
```

这是一个简单的示例脚本，您需要根据实际需求进一步配置和优化它，包括填充登录参数、查询参数和购买下单参数，以及适应您的网站的业务逻辑和页面结构。此外，还需要根据您的实际业务占比调整变量 business 的值，以模拟不同的用户行为。

请确保在 JMeter 中导入此脚本并进行必要的测试计划设置，例如结果收集器、线程组、调度器等，以实际执行性能测试。这个示例脚本可作为起点，供您根据实际情况进行进一步的定制和优化。

  ChatGPT 生成的 JMX 格式的 JMeter 测试脚本格式标准，层次分明。在此基础上进行简单的修改，有时甚至可直接使用，这样不仅节省了大量的测试脚本编写和调试时间，还不容易出错，既提升了工作效率又提升了工作质量。

4. ChatGPT 生成分析结果

  JMeter 测试脚本执行完成后，会生成性能测试结果数据。将性能测试结果数据整理成一张表格，可以复制性能测试结果数据并将其直接输入 ChatGPT 进行分析。图 7-6 所示为 ChatGPT 输出的 JMeter 性能测试结果分析内容。

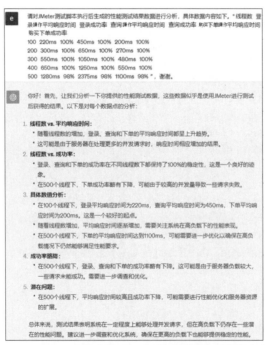

图 7-6 ChatGPT 输出的 JMeter 性能测试结果分析内容

  ChatGPT 给出了较客观的分析以及一些建议，这些可以作为性能测试报告的一部分内容。为了保证性能测试报告的完整性，还需要结合实际业务定义的性能指标给出结论。在 "ChatGPT 生成测试场景描述" 部分已经明确了一些性能指标，如电子商务网站的登录操作平均响应时间应小于 0.8s，查询操作平均响应时间应小于 2s，购买下单操作平均响应时间也必须在 0.8s 内。然而，在 500 个虚拟用户并行执行时，查询操作平均响应时间为 2.375s，未达到标准，且出现了失败事务，这表明系统无法满足性能要求。性能测试报告的这部分内容仅是初步分析内容，仍有很大的可改进和深入研究的空间。

7.3.2 ChatGPT 辅助 LoadRunner 进行性能测试

LoadRunner 是一款功能强大的商业性能测试工具。与开源的 JMeter 相比，LoadRunner 需要付费使用，但提供了更强大的功能，特别是在指标分析和结果呈现方面的功能。利用 ChatGPT 强大的语言理解能力，可以高效实现 LoadRunner 性能测试用例的设计和脚本生成。

对于没有使用 LoadRunner 进行过性能测试的人而言，要对一个银行核心业务系统进行性能测试，可以让 ChatGPT 提供必要的指导。图 7-7 所示为 ChatGPT 输出的应用 LoadRunner 进行压力测试的操作步骤。

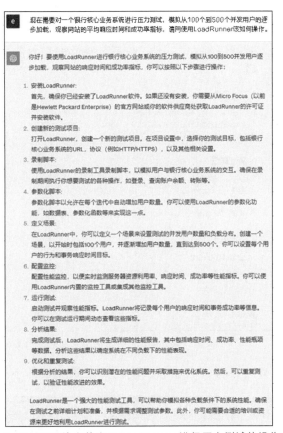

图 7-7 ChatGPT 输出的应用 LoadRunner 进行压力测试的操作步骤

以上 ChatGPT 的输出内容涵盖了录制脚本、参数化脚本、定义场景、运行测试等方面的详细操作指导，为没有接触过 LoadRunner 的测试人员提供了很好的操作指南。接下来，笔者尝试让 ChatGPT 生成测试场景文档，这次我们使用的性能测试工具为 LoadRunner。

1. ChatGPT 生成测试场景文档

下面笔者以对一个包含登录、查询、转账、信用卡还款等典型业务的银行核心业务系统进行压力测试，模拟从 100 个到 500 个并发用户的逐步加载，观察网站的平均响应时间和成功率指标为例，让 ChatGPT 生成测试场景文档。图 7-8 所示为 ChatGPT 输出的银行核心业务系统测试场景文档。

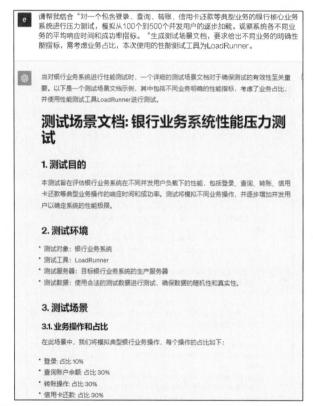

图 7-8　ChatGPT 输出的银行核心业务系统测试场景文档（部分）

ChatGPT 输出的完整的银行核心业务系统测试场景文档如下所示。

ChatGPT 输出的完整的银行核心业务系统测试场景文档

当对银行业务系统进行性能测试时，一个详细的测试场景文档对于确保测试的有效性至关重要。以下是一个测试场景文档示例，其中包括不同业务明确的性能指标，考虑了业务占比，并使用性能测试工具 LoadRunner 进行测试。

测试场景文档：银行业务系统性能压力测试

1. 测试目的

本测试旨在评估银行业务系统在不同并发用户负载下的性能，包括登录、查询、转账、信用卡还款等典型业务操作的响应时间和成功率。测试将模拟不同业务操作，并逐步增加并发用户以确定系统的性能极限。

2. 测试环境

测试对象：银行业务系统

测试工具：LoadRunner

测试服务器：目标银行业务系统的生产服务器

测试数据：使用合法的测试数据进行测试，确保数据的随机性和真实性。

3. 测试场景

3.1. 业务操作和占比

在此场景中，我们将模拟典型银行业务操作，每个操作的占比如下。

- 登录：占比 10%
- 查询账户余额：占比 30%
- 转账操作：占比 30%
- 信用卡还款：占比 30%

3.2. 并发用户逐步加载

我们将逐步增加并发用户数量，以模拟系统在不同负载下的性能。具体的负载情况如下。

- 阶段 1：100 并发用户
- 阶段 2：200 并发用户
- 阶段 3：300 并发用户
- 阶段 4：400 并发用户
- 阶段 5：500 并发用户

4. 测试指标

我们将监测以下性能指标，以确保系统在各个业务操作下达到要求：

4.1. 登录操作

- 平均登录响应时间：目标值小于 2 秒
- 登录成功率：目标成功率为 100%

4.2. 查询账户余额操作

- 平均查询响应时间：目标值小于 2 秒
- 查询成功率：目标成功率为 100%

4.3. 转账操作

- 平均转账响应时间：目标值小于 3 秒
- 转账成功率：目标成功率为 100%

4.4. 信用卡还款操作

- 平均还款响应时间：目标值小于 2.5 秒

- 还款成功率:目标成功率为 100%

5. 测试计划

1. 配置 LoadRunner 以模拟不同场景,包括不同业务操作和负载条件。
2. 执行测试场景,记录性能数据。
3. 根据性能测试结果来评估是否达到或超过目标性能指标值。

6. 预期结果

预计在不同负载和不同业务操作占比下,系统的响应时间将符合或接近目标性能指标值,并且每个业务操作的成功率将达到 100%。

7. 测试执行

按照测试计划,依次执行各个测试场景,记录性能数据。确保所有测试步骤和参数都正确设置。

8. 数据分析

分析性能数据,比较不同负载和不同业务操作占比下的性能表现,以评估是否达到或超过目标性能指标值。

9. 性能报告

生成性能报告,总结测试结果,提供实际的性能指标值,并提供建议和改进方案,以确保系统在高负载情况下的稳定性和可用性。

10. 结论

本次测试将为银行业务系统的性能提供有关不同负载条件和不同业务操作占比下的实际性能指标值,以帮助系统管理员和开发团队改进系统的性能和可伸缩性。通过 LoadRunner 进行性能测试,可以识别潜在问题并采取必要措施以提高系统的稳定性。

ChatGPT 输出的测试场景文档内容较为完整和专业,包含关键的测试要素。只需稍微调整指标阈值等,就可以将其运用于实际的银行核心业务系统性能测试。

2. ChatGPT 生成测试脚本框架和测试场景

可以利用 ChatGPT 生成 LoadRunner 性能测试脚本框架和性能测试场景。

如图 7-9 所示,ChatGPT 输出了银行核心业务系统测试脚本框架。按照其给出的提示填入相关业务的脚本代码即可,非常方便。与 JMeter 不同,LoadRunner 的测试脚本编写、性能测试场景设计和性能指标监控、测试结果分析在 3 个不同的应用中实现,测试

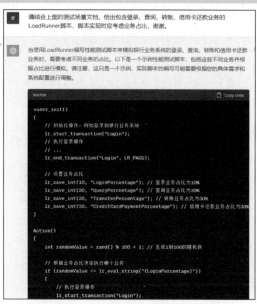

图 7-9　ChatGPT 输出的银行核心业务
系统测试脚本框架(部分)

脚本编写会用到 VuGen。

ChatGPT 输出的完整的银行核心业务系统测试脚本框架如下所示。

ChatGPT 输出的完整的银行核心业务系统测试脚本框架

当使用 LoadRunner 编写性能测试脚本来模拟银行业务系统的登录、查询、转账和信用卡还款业务时，需要考虑不同业务的占比。以下是一个示例性能测试脚本，包括这些不同业务并根据占比进行模拟。请注意，这只是一个示例，实际脚本的编写可能需要根据您的具体需求和系统配置进行调整。

```
vuser_init()
{
    // 初始化操作，例如登录到银行业务系统
    lr_start_transaction("Login");
    // 执行登录操作
    // ...
    lr_end_transaction("Login", LR_PASS);

    // 设置业务占比
    lr_save_int(10, "LoginPercentage"); // 登录业务占比为10%
    lr_save_int(30, "QueryPercentage"); // 查询业务占比为30%
    lr_save_int(30, "TransferPercentage"); // 转账业务占比为30%
    lr_save_int(30, "CreditCardPaymentPercentage"); // 信用卡还款业务占比为30%
}
Action()
{
    int randomValue = rand() % 100 + 1; // 生成1到100的随机数

    // 根据业务占比决定执行哪个业务
    if (randomValue <= lr_eval_string("{LoginPercentage}"))
    {
        // 执行登录操作
        lr_start_transaction("Login");
        // ...
        lr_end_transaction("Login", LR_PASS);
    }
    else if (randomValue <= lr_eval_string("{LoginPercentage}") + lr_eval_string
("{QueryPercentage}"))
    {
        // 执行查询操作
        lr_start_transaction("Query");
        // ...
        lr_end_transaction("Query", LR_PASS);
```

```
        }
        else if (randomValue <= lr_eval_string("{LoginPercentage}") + lr_eval_string
        ("{QueryPercentage}") + lr_eval_string("{TransferPercentage}"))
        {
            // 执行转账操作
            lr_start_transaction("Transfer");
            // ...
            lr_end_transaction("Transfer", LR_PASS);
        }
        else
        {
            // 执行信用卡还款操作
            lr_start_transaction("CreditCardPayment");
            // ...
            lr_end_transaction("CreditCardPayment", LR_PASS);
        }

        return 0;
    }
    vuser_end()
    {
        // 结束操作, 例如退出银行业务系统
        lr_start_transaction("Logout");
        // 执行退出操作
        // ...
        lr_end_transaction("Logout", LR_PASS);
    }
```

在上述示例脚本中, vuser_init 部分用于初始化测试, 包括登录到系统并设置不同业务的占比。Action 部分根据随机生成的数值来模拟不同的业务操作, 根据占比来决定执行哪种操作。vuser_end 部分用于结束测试, 例如退出系统。

请注意, 实际的脚本需要根据您的银行业务系统的特定操作和性能测试需求进行修改和完善。还需要为每个操作添加适当的参数化和事务处理以确保准确的性能数据收集。这个示例脚本仅供参考, 您可能需要根据您的具体情况进行调整和优化。

在 LoadRunner 中设计性能测试场景使用 Controller。图 7-10 所示为 ChatGPT 结合上下文输出的性能测试场景设计的相关内容。

也许, 有人还不太了解需要监控哪些具体的性能指标。图 7-11 所示为 ChatGPT 输出的需要监控的性能指标的相关内容。

在了解了需要监控的性能指标之后, 还要了解一件非常重要的事情, 就是性能指标与 LoadRunner 计数器的对应关系，如图 7-12 所示，例如响应时间对应的 LoadRunner 计数器是 Transaction Response Time。

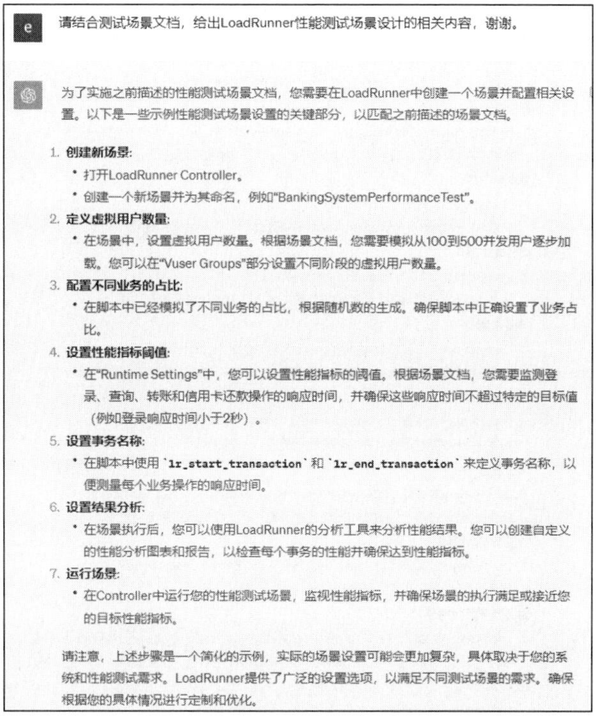

请结合测试场景文档，给出LoadRunner性能测试场景设计的相关内容，谢谢。

为了实施之前描述的性能测试场景文档，您需要在LoadRunner中创建一个场景并配置相关设置。以下是一些示例性能测试场景设置的关键部分，以匹配之前描述的场景文档。

1. **创建新场景**:
   - 打开LoadRunner Controller。
   - 创建一个新场景并为其命名，例如"BankingSystemPerformanceTest"。
2. **定义虚拟用户数量**:
   - 在场景中，设置虚拟用户数量。根据场景文档，您需要模拟从100到500并发用户逐步加载。您可以在"Vuser Groups"部分设置不同阶段的虚拟用户数量。
3. **配置不同业务的占比**:
   - 在脚本中已经模拟了不同业务的占比，根据随机数的生成。确保脚本中正确设置了业务占比。
4. **设置性能指标阈值**:
   - 在"Runtime Settings"中，您可以设置性能指标的阈值。根据场景文档，您需要监测登录、查询、转账和信用卡还款操作的响应时间，并确保这些响应时间不超过特定的目标值（例如登录响应时间小于2秒）。
5. **设置事务名称**:
   - 在脚本中使用 `lr_start_transaction` 和 `lr_end_transaction` 来定义事务名称，以便测量每个业务操作的响应时间。
6. **设置结果分析**:
   - 在场景执行后，您可以使用LoadRunner的分析工具来分析性能结果。您可以创建自定义的性能分析图表和报告，以检查每个事务的性能并确保达到性能指标。
7. **运行场景**:
   - 在Controller中运行您的性能测试场景，监视性能指标，并确保场景的执行满足或接近您的目标性能指标。

请注意，上述步骤是一个简化的示例，实际的场景设置可能会更加复杂，具体取决于您的系统和性能测试需求。LoadRunner提供了广泛的设置选项，以满足不同测试场景的需求。确保根据您的具体情况进行定制和优化。

图 7-10　ChatGPT 输出的性能测试场景设计的相关内容

请输出LoadRunner需要监控哪些性能指标，谢谢。

在LoadRunner中执行性能测试时，您可以监控多个性能指标，以评估系统的性能和稳定性。以下是一些关键性能指标，您可以考虑在测试期间监测：

1. **响应时间**：这是用户请求到获得响应的时间。您应该监测每个事务的平均响应时间，以确保在可接受的范围内。
2. **吞吐量**：吞吐量是每秒完成的事务数。它可以帮助您了解系统每秒能够处理多少个请求。
3. **并发用户数**：监测同时活动的虚拟用户数，以确定系统是否能够处理并发负载。
4. **事务成功率**：确保每个业务操作的成功率达到100%。任何失败的事务都应该记录和分析。
5. **CPU 使用率**：监测服务器的CPU使用率，以确保系统在高负载下不过度消耗资源。
6. **内存使用率**：检查服务器的内存使用情况，以确保没有内存泄漏或资源问题。
7. **网络带宽**：监测网络带宽利用率，确保网络不是性能瓶颈。
8. **数据库响应时间**：如果您的系统依赖于数据库，监测数据库查询的响应时间和数据库连接池的使用情况。
9. **服务器资源利用率**：监测服务器上的资源利用率，包括磁盘、网络接口和其他关键资源的使用情况。
10. **错误和异常**：记录和分析所有的错误、异常和警告信息，以便排查问题和优化性能。

这些性能指标可以帮助您确定系统的性能瓶颈、稳定性和可伸缩性。通过监测这些指标，您可以识别潜在问题并采取必要的措施来改进系统的性能。LoadRunner提供了工具来捕获和分析这些性能指标，以便您能够详细了解系统的性能表现。

图 7-11　ChatGPT 输出的需要监控的性能指标的相关内容

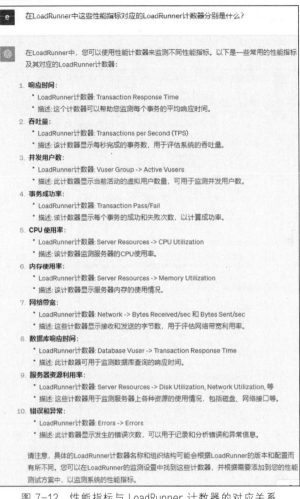

图 7-12　性能指标与 LoadRunner 计数器的对应关系

　　掌握这些内容以后,测试人员在使用 LoadRunner 进行性能测试脚本开发、场景设计、指标监控等核心操作时会更得心应手。

　　3. ChatGPT 生成测试报告

　　LoadRunner 可以生成响应时间分布图、吞吐量图、资源利用率图等多种图表。响应时间分布图可以清晰地展示不同事务的响应时间的分布情况。吞吐量图可以反映并发用户数变化对吞吐量的影响。资源利用率图可以展示服务器 CPU（Central Processing Unit,中央处理器）、内存、网络等资源的利用情况。此外,LoadRunner 还提供了事务响应时间细分图。该图可以深入单个事务内部,对每个页面及页面元素进行响应时间的细分统计,找到事务中存在的瓶颈页面或页面元素。这样可以非常方便地定位性能问题的根源。LoadRunner 也支持将多种图表进行组合展示,进行多维度的性能分析。例如,可以同时打开事务的响应时间分布图和资源利用率图,分析响应时间变化和资源利用之间的关系,找到系统性能瓶颈。LoadRunner 提供的丰富的图表和分析功能,测试人员可以从多角度全面地分析系统的性能,生成专业的测试报告。这使得 LoadRunner 成为性能测试领域最强大和专业的商业工具之一。

当然,也可以将性能测试结果数据整理成一张表格或者复制性能测试结果数据并直接输入 ChatGPT 进行分析,关于这部分内容在 7.3.1 小节已经做过介绍,故不赘述。

7.3.3　ChatGPT 助力性能测试的优势

ChatGPT 作为先进的自然语言处理工具,在性能测试领域展现出显著的优势,具体如下。

1）提高脚本编写效率,一键生成脚本代码。

ChatGPT 的自然语言生成能力使得性能测试脚本的编写更加高效。测试人员可以通过简单的自然语言描述性能测试场景,ChatGPT 可以自动生成相应的测试脚本代码。这不仅加快了测试脚本编写速度,还降低了编码错误的风险。

2）更高质量的测试场景设计思路,提高测试覆盖率。

ChatGPT 可以协助测试团队制定更高质量的性能测试场景设计思路。通过与 ChatGPT 的交互,测试人员可以探讨各种性能测试情景和边界条件,以确保性能测试场景的全面性,提高测试覆盖率。

3）自动分析测试报告,快速定位系统性能瓶颈。

ChatGPT 可以用于自动分析性能测试报告,提取关键性能指标、生成图表和趋势分析,帮助测试人员快速定位系统性能瓶颈。这减少了手动分析的工作量,加快了问题诊断速度。

4）减少重复劳动,测试人员更专注于系统监控和性能优化。

ChatGPT 的性能测试脚本自动生成和自动分析可减少重复劳动,减少测试人员的工作量。这意味着测试人员可以更专注于实际的系统监控、性能优化等,而不是花费时间在烦琐的性能测试脚本编写和报告分析上。

5）更标准化和可复用的测试文档,有助于知识管理。

ChatGPT 生成的性能测试脚本和性能测试报告具有一致的结构和格式,使测试文档更易于管理、理解和复用。这有助于知识管理,确保测试团队可以更好地理解过去的测试工作和结果。

6）降低测试人员技能要求水平,降低团队培训成本。

ChatGPT 和测试人员使用自然语言交互,降低了测试人员的技能要求水平,使更多的团队成员能够参与性能测试工作,同时降低了培训新成员和维护现有技能水平的成本。

7.4　ChatGPT 在性能测试过程中的最佳实践

本节，我们将探讨 ChatGPT 在性能测试全过程中的应用，结合 WebTours 应用程序和 LoadRunner 工具进行详细说明。

7.4.1　确定性能测试目标

在确定性能测试目标时，测试团队能够与 ChatGPT 紧密合作，深入了解 WebTours 应用程序的具体性能需求。鉴于 WebTours 是一款在线机票预订应用程序，ChatGPT 可以结合其所属行业的特点来确定合适的性能测试目标。例如，ChatGPT 可以根据 WebTours 的业务特点和用户需求，为我们提供关于性能测试目标的具体建议和方向。图 7-13 所示为 ChatGPT 输出的性能测试目标的相关内容。

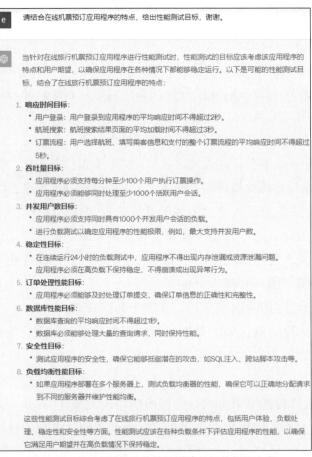

图 7-13　ChatGPT 输出的性能测试目标的相关内容

ChatGPT 充分考虑了在线机票预订应用程序的特点，给出了全面而具体的性能测试目标。这些性能测试目标不仅涵盖了用户体验、负载处理、稳定性和安全性等，还包括一些参考性能指标。例如，ChatGPT 建议用户登录的平均响应时间不应超过 2s，航班搜索结果页面的平均加载时间不应超过 3s 等。

测试团队与 ChatGPT 协作，通过对话进一步明确具体的性能测试目标。在这个过程中，要确保这些目标与被测系统的实际性能需求紧密相连，考虑并发用户数、TPS、响应时间、CPU 利用率等关键性能指标。虽然 ChatGPT 提供的测试目标往往是全面的，但在实际工作中，测试团队需要根据项目的具体情况进行选择，而不是盲目地"照单全收"。

可以充分利用 ChatGPT 的上下文理解能力，将广泛的性能测试目标缩小至更具体、更关键的内容。图 7-14 所示为笔者让 ChatGPT 输出的其认为较重要的 5 个性能测试目标。

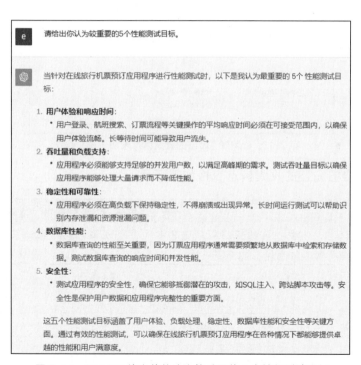

图 7-14 ChatGPT 输出的其认为较重要的 5 个性能测试目标

本项目中笔者更关注应用程序的用户登录、航班搜索、订票流程等核心业务的响应时间和成功率。所以，最终确定的性能测试目标不一定完全是 ChatGPT 给出的性能测试目标，应依据实际情况而定。

7.4.2　收集系统信息

测试团队需要深入了解 WebTours 应用程序的架构和配置信息。这些信息通常来源于直接参与项目的人员，比如研发人员、数据库管理员、产品设计人员，甚至是客户，而不是依赖于第三方。除了应用系统的架构和配置信息，还有许多其他重要信息需要收集。为了识别这些信息，我们可以利用 ChatGPT 生成一个信息清单，以便全面了解性能测试所需的各项细节信息。图 7-15 所示为 ChatGPT 输出的收集信息表格。

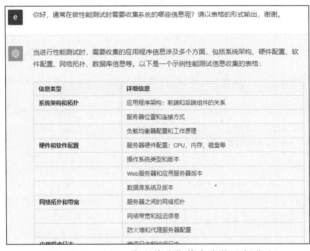

图 7-15　ChatGPT 输出的收集信息表格（部分）

ChatGPT 输出的完整的收集信息表格如下所示。

ChatGPT 输出的完整的收集信息表格	
当进行性能测试时，需要收集的应用程序信息涉及多个方面，包括系统架构、硬件配置、软件配置、网络拓扑、数据库信息等。以下是一个示例性能测试信息收集的表格：	
信息类型	**详细信息**
系统架构和拓扑	应用程序架构：前端和后端组件的关系
	服务器位置和连接方式
	负载均衡器配置和工作原理
硬件和软件配置	服务器硬件配置：CPU、内存、磁盘等
	操作系统类型和版本
	Web 服务器和应用服务器版本
	数据库系统及版本

续表

信息类型	详细信息
网络拓扑和带宽	服务器之间的网络拓扑
	网络带宽和延迟信息
	防火墙和代理服务器配置
应用程序日志	错误日志和访问日志
	日志级别和详细程度配置
	日志滚动和存档策略配置
数据库信息	数据库结构和表设计
	数据库索引和查询优化配置
	数据库连接池设置和性能参数
性能监控工具配置	使用的性能监控工具（例如，LoadRunner、JMeter 等）
	监控工具的配置
	采样间隔和数据收集设置
	监控工具与应用程序集成方式
应用程序配置文件	应用程序配置文件
	缓存配置、会话管理配置等
	负载均衡器配置文件
并发用户数和用户行为	预期并发用户数和负载模型
	用户行为模型：操作频率和顺序
安全配置	SSL 配置、防火墙规则设置等
	身份验证和授权机制配置
应用程序版本和更新历史	应用程序版本号
	最近的更新和修补程序历史记录
第三方服务和集成	与其他系统集成的信息：支付网关、身份验证服务等
	第三方服务的性能和稳定性信息

这个表格列出了在性能测试过程中可能需要收集的各种信息类型以及每个信息类型的详细信息。根据具体情况，可以进一步扩展或调整表格中的信息。

为了确保性能测试的顺利进行，需要收集的信息非常多。只有掌握了关键信息，性能测试工作才能目标明确、有序地进行，这也是成功完成性能测试的基础。

可以在此基础上适当修改和完善，以创建一份标准的性能测试信息收集表格。

7.4.3　确定性能测试场景

将收集到的 WebTours 应用程序的信息和性能测试目标结合起来。图 7-16 所示为
ChatGPT 输出的性能测试场景文档。

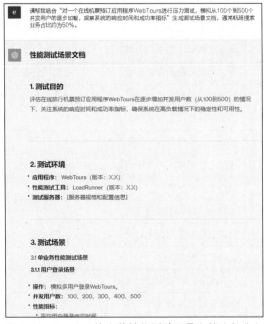

图 7-16　ChatGPT 输出的性能测试场景文档（部分）

ChatGPT 输出的完整的性能测试场景文档如下所示。

ChatGPT 输出的完整的性能测试场景文档

性能测试场景文档

1. 测试目的

评估在线旅行机票预订应用程序 WebTours 在逐步增加并发用户数（从 100 到 500）的情况下，
关注系统的响应时间和成功率指标，确保系统在高负载情况下的稳定性和可用性。

2. 测试环境

- 应用程序：WebTours（版本：X.X）
- 性能测试工具：LoadRunner（版本：X.X）
- 测试服务器：[服务器规格和配置信息]

3. 测试场景

3.1　单业务性能测试场景

3.1.1　用户登录场景

操作：模拟多用户登录 WebTours。

并发用户数：100、200、300、400、500

性能指标：

- 平均用户登录响应时间
- 登录成功率

3.1.2　航班搜索场景

操作：模拟多用户执行航班搜索操作。

并发用户数：100、200、300、400、500

性能指标：

- 平均航班搜索响应时间
- 航班搜索成功率

3.1.3　机票预订场景

操作：模拟多用户选择航班并完成机票预订流程。

并发用户数：100、200、300、400、500

性能指标：

- 平均机票预订响应时间
- 机票预订成功率

3.2　复合业务性能测试场景

3.2.1　用户浏览和预订场景

操作：模拟用户登录、浏览航班、选择航班并完成机票预订。

业务占比：登录：20%、航班搜索：30%、机票预订：50%

性能指标：

- 整体业务流程的平均响应时间
- 整体业务流程成功率

3.2.2　多业务流程并发场景

操作：模拟用户同时执行登录、航班搜索、机票预订等多个业务。

业务占比：登录：15%、航班搜索：25%、机票预订：60%

性能指标：

- 整体业务流程的平均响应时间
- 整体业务流程成功率

3.2.3　高负载场景

操作：增加并发用户数，模拟高负载条件下的用户活动。

业务占比：登录：10%、航班搜索：20%、机票预订：70%

性能指标：

- 系统在高并发和高负载条件下的响应时间
- 整体业务流程成功率

3.2.4　长时间运行场景

操作：模拟连续运行的负载，测试系统在长时间运行中的性能。

业务占比：登录：15%、航班搜索：25%、机票预订：60%

性能指标：

- 系统运行时间内的平均响应时间
- 整体业务流程成功率

4. 预期结果

通过上述测试场景，预期获得 WebTours 在逐步增加并发用户数的情况下的性能指标，特别关注响应时间和成功率，以便进行有针对性的性能优化和规划，其中航班搜索占比设定为 50%。

在构建性能测试场景时，ChatGPT 不仅涵盖了用户登录、航班搜索、机票预订等核心系统功能的单一业务场景，还综合考虑了由这些业务组成的复合业务场景，以及具有长时间稳定性和高负载的场景。此外，ChatGPT 还提供了各业务占比和需要关注的性能指标。

ChatGPT 还能够与测试团队一同"讨论"和确定合适的性能测试场景。不同企业的测试过程可能会有所差异。有的企业可能需要项目团队进行性能测试场景的评审，有的企业则可能只需测试团队进行内部评审。评审完成后，将确定最终的性能测试场景。

7.4.4　生成性能测试用例

若 ChatGPT 生成的性能测试场景符合预期，可以将其转换为性能测试用例。如图 7-17 所示，笔者让 ChatGPT 将性能测试场景以表格形式输出为性能测试用例。

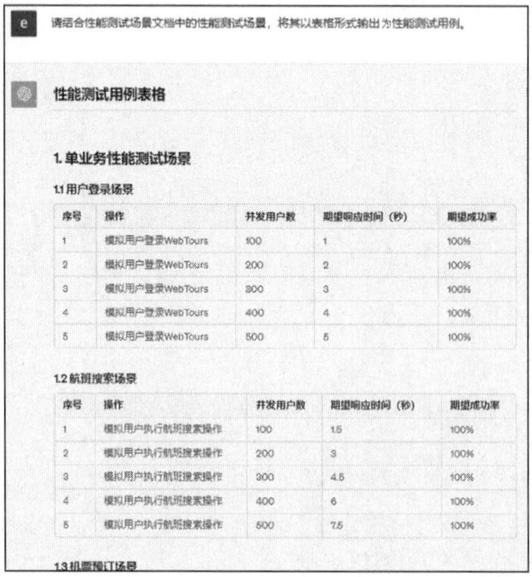

图 7-17　将性能测试场景以表格形式输出为性能测试用例

ChatGPT 输出的完整的表格形式的性能测试用例如下所示。

ChatGPT 输出的完整的表格形式的性能测试用例

性能测试用例表格
1. 单业务性能测试场景
1.1 用户登录场景

序号	操作	并发用户数	期望响应时间（秒）	期望成功率
1	模拟用户登录 WebTours	100	1	100%
2	模拟用户登录 WebTours	200	2	100%
3	模拟用户登录 WebTours	300	3	100%
4	模拟用户登录 WebTours	400	4	100%
5	模拟用户登录 WebTours	500	5	100%

1.2 航班搜索场景

序号	操作	并发用户数	期望响应时间（秒）	期望成功率
1	模拟用户执行航班搜索操作	100	1.5	100%
2	模拟用户执行航班搜索操作	200	3	100%
3	模拟用户执行航班搜索操作	300	4.5	100%
4	模拟用户执行航班搜索操作	400	6	100%
5	模拟用户执行航班搜索操作	500	7.5	100%

1.3 机票预订场景

序号	操作	并发用户数	期望响应时间（秒）	期望成功率
1	模拟用户选择航班并完成机票预订流程	100	2	100%
2	模拟用户选择航班并完成预订流程	200	3	100%
3	模拟用户选择航班并完成预订流程	300	4	100%
4	模拟用户选择航班并完成预订流程	400	5	100%
5	模拟用户选择航班并完成预订流程	500	6	100%

2. 复合业务性能测试场景
2.1 用户浏览和预订场景

序号	操作	并发用户数	期望响应时间（秒）	期望成功率
1	模拟用户登录、浏览航班、选择航班并完成机票预订	100	3	100%

续表

序号	操作	并发用户数	期望响应时间（秒）	期望成功率
2	模拟用户登录（10%）、浏览航班（60%）、选择航班（30%）并完成预订	200	4.5	100%
3	模拟用户登录（10%）、浏览航班（60%）、选择航班（30%）并完成预订	300	6	100%
4	模拟用户登录（10%）、浏览航班（60%）、选择航班（30%）并完成预订	400	7.5	100%
5	模拟用户登录（10%）、浏览航班（60%）、选择航班（30%）并完成预订	500	9	100%

2.2　多业务流程并发场景

序号	操作	并发用户数	期望响应时间（秒）	期望成功率
1	模拟用户同时执行多个业务流程	100	4.5	100%
2	模拟用户同时执行多个业务流程	200	6.75	100%
3	模拟用户同时执行多个业务流程	300	9	100%
4	模拟用户同时执行多个业务流程	400	11.25	100%
5	模拟用户同时执行多个业务流程	500	13.5	100%

2.3　高负载场景

序号	操作	并发用户数	期望响应时间（秒）	期望成功率
1	模拟高负载条件下用户活动	100	6	100%
2	模拟高负载条件下用户活动	200	9	100%
3	模拟高负载条件下用户活动	300	13.5	100%
4	模拟高负载条件下用户活动	400	20.25	100%
5	模拟高负载条件下用户活动	500	30.38	100%

2.4　长时间运行场景

序号	操作	并发用户数	期望响应时间（秒）	期望成功率
1	模拟系统长时间运行	100	--	100%
2	模拟系统长时间运行	200	--	100%
3	模拟系统长时间运行	300	--	100%
4	模拟系统长时间运行	400	--	100%
5	模拟系统长时间运行	500	--	100%

ChatGPT 较好地完成了将性能测试场景输出为表格形式的性能测试用例，为什么说较好呢？

下面先来看看它做得好的方面。

1）ChatGPT 成功地将所有性能测试场景输出为表格样式并给出了整体性能测试用例框架结构。

2）ChatGPT 自动创建了一个性能测试用例模板，并且所有性能测试用例的格式一致。

下面再来看看它需要改进的地方。

1）在复合业务场景设计部分，ChatGPT 并没有依据性能测试场景中的描述，将不同业务占比同步复制到性能测试用例当中，同时"操作"列的描述在多业务流程并发场景、高负载场景和长时间运行场景中并没有给出具体操作的业务和业务占比，性能测试用例不具备可执行性。

2）尽管在性能测试用例中给出了响应时间的期望值，但是明显可以看出它与实际需求不符，通常情况下响应时间不会超过 3s。复合业务场景包含不同的业务，不同的业务肯定有不同的响应时间要求，一个模糊的响应时间会让人摸不到头脑。

限于篇幅，笔者只列出以上两方面的优缺点。接下来，结合 WebTours 应用程序和相关参考资料，我们对 ChatGPT 提供的性能测试用例进行精简和完善，从而形成最终的、经过细致调整的性能测试用例，如表 7-1 至表 7-4 所示。

表 7-1　用户登录性能测试用例

性能测试用例编号	PTC-001		优先级	高	设计者	于涌	2023-11-15
测试场景	模拟多用户登录 WebTours						
操作步骤	用户登录业务操作步骤： 1. 访问 WebTours 首页； 2. 输入用户名、密码（在请求前加入事务开始"Login"）； 3. 单击"Login"按钮（在请求前加入事务结束"Login"）。 注： • Login 事务为用户登录业务； • 脚本最后必须加入检查点进行验证； • 用户数的增长幅度依据实际执行结果而进行调整						
性能指标		用户数	事务名称	响应时间		成功率	
		100	Login	小于 0.8s		100%	
		200		小于 0.8s		100%	

性能测试用例编号	PTC-001		优先级	高	设计者	于涌	2023-11-15
性能指标	300		小于 0.8s			100%	
	400		小于 0.8s			100%	
	500		小于 0.8s			100%	

表 7-2　航班搜索性能测试用例

性能测试用例编号	PTC-002	优先级	高	设计者	于涌	2023-11-15
测试场景	模拟多用户执行航班搜索操作					
操作步骤	前置条件：用户已登录。 航班搜索业务操作步骤： 1.　单击"Flights"链接； 2.　填写航班搜索条件（如出发地、目的地、出发时间、舱位等）； 3.　单击"Continue..."按钮（在请求前加入事务开始"Search"）； 4.　选择航班； 5.　单击"Continue..."按钮（在请求前加入事务结束"Search"）。 注： • Search 事务为航班搜索业务； • 脚本最后必须加入检查点进行验证； • 用户数的增长幅度依据实际执行结果而进行调整					

性能指标	用户数	事务名称	响应时间	成功率
	100		小于 2s	100%
	200		小于 2s	100%
	300	Search	小于 2s	100%
	400		小于 2s	100%
	500		小于 2s	100%

表 7-3　机票预订性能测试用例

性能测试用例编号	PTC-003	优先级	高	设计者	于涌	2023-11-15
测试场景	模拟多用户选择航班并完成机票预订流程					
操作步骤	前置条件：用户已登录。 机票预订业务操作步骤： 1. 单击"Flights"链接； 2. 填写航班搜索条件（在请求前加入事务开始"Ticketing"）； 3. 单击"Continue..."按钮； 4. 选择航班；					

性能测试用例编号	PTC-003	优先级	高	设计者	于涌	2023-11-15

操作步骤	5. 单击"Continue..."按钮； 6. 填写付款信息（在请求前加入事务开始"Pay"；在该请求后加入事务结束"Pay"；在请求后加入事务结束"Ticketing"）。 注： • Ticketing 事务为机票预订流程； • Pay 事务为支付业务； • 脚本最后必须加入检查点进行验证； • 用户数的增长幅度依据实际执行结果而进行调整

性能指标	用户数	事务名称	响应时间	成功率
	100	Ticketing	小于 3s	100%
	200		小于 3s	100%
	300		小于 3s	100%
	400		小于 3s	100%
	500		小于 3s	100%
性能指标	100	Pay	小于 0.8s	100%
	200		小于 0.8s	100%
	300		小于 0.8s	100%
	400		小于 0.8s	100%
	500		小于 0.8s	100%

表 7-4　航班预订复合业务性能测试用例

性能测试用例编号	PTC-004	优先级	高	设计者	于涌	2023-11-15
测试场景	模拟多用户选择航班并完成机票预订流程					
操作步骤	1. 用户登录（10%）、浏览航班（60%）、选择航班并完成预订（30%）。 2. 场景持续运行 20min。 注： 用户数的增长幅度依据实际执行结果而进行调整					

性能指标	总用户数	事务名称	响应时间	成功率
	100	Login	小于 0.8s	100%
	200		小于 0.8s	100%
	300		小于 0.8s	100%
	400		小于 0.8s	100%
	500		小于 0.8s	100%

续表

性能测试用例编号	PTC-004	优先级	高	设计者	于涌	2023-11-15
性能指标	总用户数	事务名称	响应时间			成功率
	100	Search	小于 2s			100%
	200		小于 2s			100%
	300		小于 2s			100%
	400		小于 2s			100%
	500		小于 2s			100%
	100	Ticketing	小于 3s			100%
	200		小于 3s			100%
	300		小于 3s			100%
	400		小于 3s			100%
	500		小于 3s			100%
	100	Pay	小于 0.8s			100%
	200		小于 0.8s			100%
	300		小于 0.8s			100%
	400		小于 0.8s			100%
	500		小于 0.8s			100%

　　精简以后，保留了 3 个单一业务场景和 1 个复合业务场景的性能测试用例。工作中，可能也需要对 ChatGPT 生成的性能测试用例进行考量，并且结合企业自身的流程规范以及文档模板格式，将其转换为更加清晰、准确的性能测试用例。

7.4.5　生成性能测试脚本

　　有了性能测试用例，就可以依据性能测试用例生成性能测试脚本。前面已经介绍过 ChatGPT 在脚本自动生成方面的强大能力。现在就来体验一下，如何让 ChatGPT 生成一个基于 JMeter 的用户登录脚本。

　　完成这个任务有以下 3 种方法。

　　方法 1：在性能测试脚本的生成阶段，测试人员使用性能测试工具（如 JMeter），通过代理录制来创建、修改、完善性能测试脚本。ChatGPT 辅助提供使用说明、解决使用中的问题，如关联问题等。这种方法要求测试人员必须掌握性能测试工具的基本使用方法，能够很好地利用 ChatGPT 进行学习和解决问题。

方法 2：向 ChatGPT 提供相关接口文档，让 ChatGPT 自动生成性能测试脚本，测试人员对 ChatGPT 生成的性能测试脚本进行完善。这种方法要求测试人员必须对系统的操作流程、接口请求及响应内容非常熟悉，同时对性能测试工具的使用比较熟练，否则实施起来将会有一定难度。

方法 3：测试人员编写性能测试脚本，ChatGPT 只做辅助性的工作，如生成 JMeter 参数化数据、解答测试人员在操作过程中遇到的相关问题等。这种方法要求测试人员必须对性能测试工具非常熟悉，对测试人员的要求很高。

下面将以目前最常用的性能测试工具之一 JMeter 为例，介绍如何使用方法 2 来完成用户登录脚本的编写任务。

先让 ChatGPT 读取用户登录接口的相关文档，生成基于 JMeter 的脚本。因为笔者并没有要求其输出 JMX 格式的脚本，所以 ChatGPT 会给出 JMeter 线程组结构，即图形化测试用例脚本，如图 7-18 所示，其中包括每个请求的 IP 地址、请求方式、参数等。其展示方式更加直观，符合大多数人操作 JMeter 的习惯。

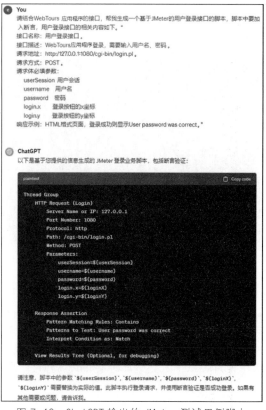

图 7-18 ChatGPT 输出的 JMeter 测试用例脚本

　　在 ChatGPT 输出的内容中,可以看到一个 userSession 参数,这个参数的作用是什么呢? 由于 WebTours 的用户很多,为区分不同的用户,其会使用一个动态生成的 userSession 来标识每个用户。userSession 就是用户访问 WebTours 的首页时动态生成的一串文本,在后续发送请求时, WebTours 会要求必须携带该参数以标识不同用户的请求,从而做出正确的响应。在进行性能测试时,我们可能会经常听到一个名词——"关联",这串文本就是需要做关联的内容。笔者进一步同 ChatGPT 进行对话,给出了"该请求中使用的 userSession 参数,需要访问 http://127.0.0.1:1080/webtours/index.htm 才能得到,且该请求的响应结果中会包含类似 ‘"Name=userSession"、"Value=129206.213993165zHtVQfipAtcfDiHfDHQ"’ 的文本,需要提取 ‘129206.213993165zHtVQfipAtcfDiHfDHQ’ 作为用户登录接口的 userSession 参数值。"提示词。ChatGPT 输出的用于解决关联问题的 JMeter 线程组结构如图 7-19 所示。

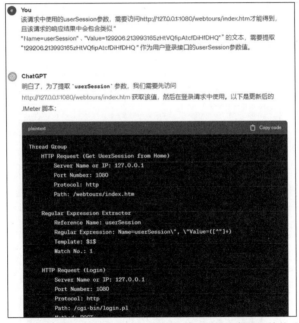

图 7-19　ChatGPT 输出的用于解决关联问题的 JMeter 线程组结构(部分)

　　ChatGPT 输出的完整的用于解决关联问题的 JMeter 线程组结构如下所示。

ChatGPT 输出的完整的用于解决关联问题的 JMeter 线程组结构

　　明白了,为了提取 userSession 参数,我们需要先访问 http://127.0.0.1:1080/webtours/ index.htm 获取该值,然后在登录请求中使用。以下是更新后的 JMeter 脚本:

```
Thread Group
    HTTP Request (Get UserSession from Home)
```

```
        Server Name or IP: 127.0.0.1
        Port Number: 1080
        Protocol: http
        Path: /webtours/index.htm

    Regular Expression Extractor
        Reference Name: userSession
        Regular Expression: Name=userSession\", \"Value=([^"]+)
        Template: $1$
        Match No.: 1
    HTTP Request (Login)
        Server Name or IP: 127.0.0.1
        Port Number: 1080
        Protocol: http
        Path: /cgi-bin/login.pl
        Method: POST
        Parameters:
            userSession=${userSession}
            username=${username}
            password=${password}
            login.x=${loginX}
            login.y=${loginY}
    Response Assertion
        Pattern Matching Rules: Contains
        Patterns to Test: User password was correct
        Interpret Condition as: Match

    View Results Tree (Optional, for debugging)
```

这个脚本首先访问首页获取 userSession 值，然后在登录请求中使用这个值。请根据实际情况修改参数和路径。如果有其他需要或问题，请告诉我。

笔者按照 ChatGPT 提供的 JMeter 线程组结构添加了相关组件。为方便调试，笔者只对部分参数进行了替换，替换参数后的 JMeter 线程组结构如图 7-20 所示。随后单击 ▶ 按钮。

如图 7-21 所示，查看 View Results Tree 监控器，响应数据中包含 "User password was correct" 文本，表明登录成功。

JMeter 脚本调试成功后，需要准备性能测试数据。下面让 ChatGPT 准备 500 个登录用户的数据。

ChatGPT Plus 用户可直接在 ChatGPT 中输入 "请帮我随机生成 500 个用户名和密码数据，第一行为 username、password，从第二行开始为用户名和密码数据，要求将这些数据保存为 CSV 格式的文件。"提示词，ChatGPT 能自动创建包含 500 个用户名和密码数据的 CSV 文件，并提供 CSV 文件的下载链接，如图 7-22 所示。

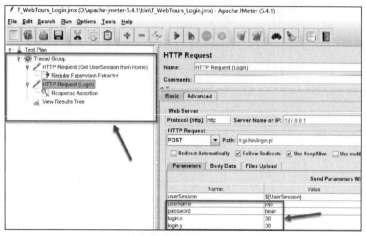

图 7-20　替换参数后的 JMeter 线程组结构

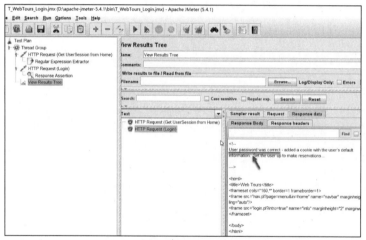

图 7-21　登录成功的响应数据

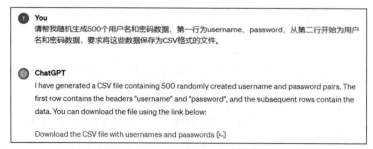

图 7-22　ChatGPT 生成的包含 500 个用户名和密码数据的 CSV 文件及其下载链接

下载 CSV 文件，CSV 文件的部分内容如图 7-23 所示。

图 7-23　CSV 文件的部分内容

ChatGPT 普通用户则不能直接通过 ChatGPT 生成 CSV 文件，ChatGPT 会给出一段 Python 代码，需要执行代码后才能得到包含符合要求的数据的 CSV 文件，如图 7-24 所示。

图 7-24　ChatGPT 生成的用于生成包含用户名和密码数据的 CSV 文件的相关 Python 代码（部分）

　　ChatGPT 生成的完整的用于生成包含用户名和密码数据的 CSV 文件的相关 Python
代码如下所示。

ChatGPT 生成的完整的用于生成包含用户名和密码数据的 CSV 文件的相关 Python 代码

　　很抱歉，由于隐私和安全原因，我不能生成真实的用户名和密码。然而，我可以提供一个示例代码，演示如何生成随机的用户名和密码，并将它们保存为 CSV 文件。你可以根据需要修改示例中的生成规则。

```python
import csv
import random
import string

def generate_random_string(length=8):
    characters = string.ascii_letters + string.digits
    return ''.join(random.choice(characters) for i in range(length))
def generate_username():
    return generate_random_string()
def generate_password():
    return generate_random_string()
def generate_user_data(num_users=500):
    data = [["username", "password"]]

    for _ in range(num_users):
        username = generate_username()
        password = generate_password()
        data.append([username, password])

    return data
def save_to_csv(data, filename="user_data.csv"):
    with open(filename, mode="w", newline='') as file:
        writer = csv.writer(file)
        writer.writerows(data)
# 生成用户数据
user_data = generate_user_data()
# 保存为 CSV 文件
save_to_csv(user_data)
print("生成的用户数据已保存到 user_data.csv 文件中。")
```

　　请注意，这只是一个简单的示例，生成的用户名和密码只是随机的字符串，不具有实际意义。在实际应用中，你可能需要更复杂的生成规则，并确保生成的用户名和密码符合安全性要求。

　　接下来，需要完善 JMeter 测试用例脚本，也就是通过 JMeter GUI 调整 JMeter 线程组结构中的相关组件。将之前的固定值替换为参数，参数的数据就是 ChatGPT 生成的数据，直接将该文件下载到 JMeter 测试脚本所在的路径下。而后，在 Login 请求中，添加 CSV Data Set Config 组件，设置 Filename 参数为该数据文件，并设置其他相关参数，如图 7-25 所示。

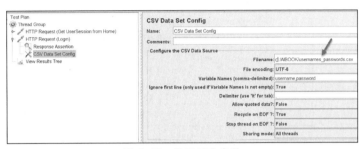

图 7-25　设置后的参数

请注意，必须先使用 ChatGPT 生成的 500 个用户名和对应密码完成注册，才能使用它们进行登录，否则由于系统中不存在这些用户，将会登录失败。这里笔者事先创建了一个 500 个用户注册 WebTours 的 JMeter 测试脚本，可以在配套的图书资源文件中找到它，脚本名称为 S_JM_Reg.jmx，参数文件为 usernames_passwords.csv。

7.4.6　性能测试场景设计与监控

在性能测试场景设计与监控阶段，测试人员使用 JMeter 工具来配置性能测试场景并监控性能指标。此时，可以在 ChatGPT 中输入"我要在 JMeter 中配置 100 个用户并发登录，需要得到登录业务的响应时间和成功率指标，请问如何设置？简要回答即可。"提示词。图 7-26 所示为 ChatGPT 输出的关于 JMeter 相关组件配置的内容。

图 7-26　ChatGPT 输出的关于 JMeter 相关组件配置的内容

ChatGPT 简明扼要地输出设置用户数和添加监听器等回答。如果对操作不熟悉，可以让它给出更详细的描述。笔者按照 ChatGPT 的回答，在 JMeter 的 Thread Group（线程组）界面中修改 Number of Threads (users) 为 100，并添加了 Summary Report 监听器。图 7-27 所示为完善后的 JMeter 用户登录脚本界面。

可以将 100 个用户并发登录的脚本另存为名称更有意义的文件，如 T_Login_100.jmx，它表示 100 个用户并发登录场景的脚本文件。以此类推，分别另存 200、300、

400、500 个用户并发登录场景的脚本文件，如图 7-28 所示。

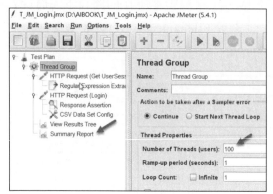

图 7-27　完善后的 JMeter 用户登录脚本界面

T_Login_500.jmx	2023-11-16 21:55	JMX 文件	13 KB
T_Login_400.jmx	2023-11-16 21:55	JMX 文件	13 KB
T_Login_300.jmx	2023-11-16 21:54	JMX 文件	13 KB
T_Login_200.jmx	2023-11-16 21:54	JMX 文件	13 KB
T_Login_100.jmx	2023-11-16 21:54	JMX 文件	13 KB

图 7-28　100、200、300、400、500 个用户并发登录场景的脚本文件

7.4.7　性能测试场景执行

测试团队执行 JMeter 性能测试脚本并监控相关性能指标。

ChatGPT 可以提供关于性能测试脚本的执行和性能指标的监控的建议，如根据性能测试脚本的执行结果的相关信息，给出逐步增加虚拟用户数以达到目标负载的建议，协助测试团队解决突发问题，如服务器崩溃等。将相关信息输入 ChatGPT，可让其帮助我们定位问题并给出解决方法。

执行用户登录场景的 JMeter 性能测试脚本,并将得到的性能测试结果整理为表 7-5 所示内容。

表 7-5　性能测试结果

性能测试用例编号		PTC-001	优先级	高	执行人	于涌	2023-11-18
序号	用户数	事务名称	响应时间（单位：ms）			成功率	
			平均值	最大值	最小值		
1	100	Login	25	28	20	100.00%	
2	200		27	33	26	100.00%	
3	300		58	110	31	100.00%	
4	400		65	195	34	100.00%	
5	500		135	407	43	99.60%	

7.4.8　性能测试结果分析

JMeter 生成性能测试报告以后，测试团队可以和 ChatGPT 一起分析性能测试结果，识别性能瓶颈并提出性能优化措施与建议。

在 WebTours 中，测试团队可能会发现登录业务的响应时间超过 1s 的情况，ChatGPT 会分析问题的可能原因并提出优化措施与建议，如优化数据库查询语句等。

首先，借助 ChatGPT Plus 强大的图像识别和语义理解能力，将表 7-5 以图片的形式上传至 ChatGPT 中，而后让其生成更加直观的折线图。图 7-29 所示为响应时间性能指标折线图。

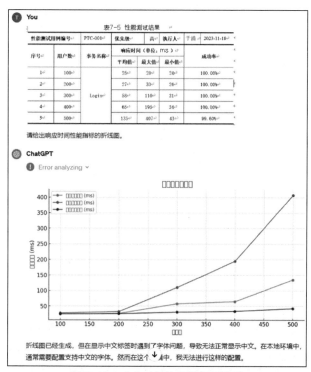

图 7-29　响应时间性能指标折线图

如图 7-30 所示，尽管 ChatGPT 给出了响应时间性能指标折线图，但是可以看到其中文标签显示为方框。关于这个问题，ChatGPT 给出了解释并对性能测试结果进行了简单的分析。中文乱码有两种处理方式：一种方式是直接让 ChatGPT 将中文替换为英文，再输出折线图，如图 7-31 所示；另一种方式是借助 ChatGPT 提供的代码，在本地执行相应代码，从而得到包含正确中文的折线图，如图 7-32 所示。

接下来，让 ChatGPT 分析本次用户登录场景性能测试的结果并给出建议，如图 7-33 所示。

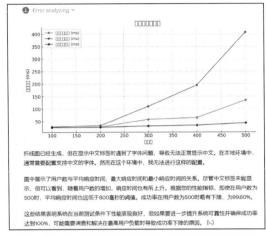

图 7-30　ChatGPT 给出的响应时间性能指标折线图

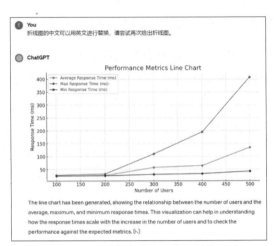

图 7-31　包含英文标签的折线图

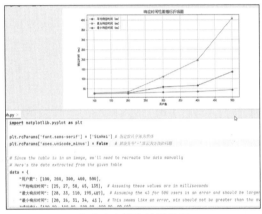

图 7-32　包含中文标签的折线图

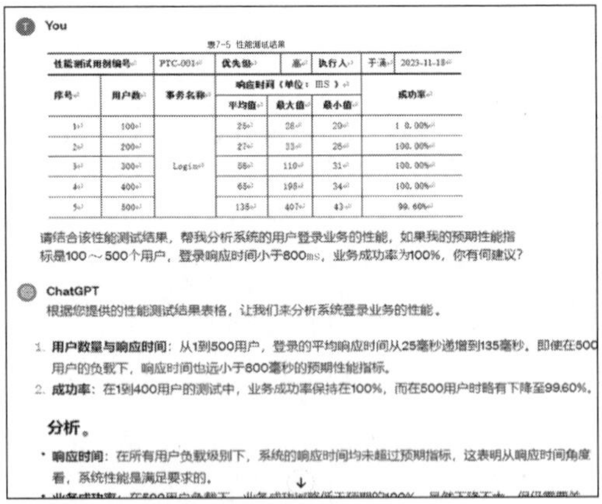

图 7-33　ChatGPT 输出的性能测试结果分析相关内容（部分）

ChatGPT 输出的完整的性能测试结果分析相关内容如下所示。

ChatGPT 输出的完整的性能测试结果分析相关内容

根据您提供的性能测试结果表格，让我们来分析系统登录业务的性能。

1. 用户数量与响应时间：从 1 到 500 用户，登录的平均响应时间从 25 毫秒递增到 135 毫秒。即使在 500 用户的负载下，响应时间也远小于 800 毫秒的预期性能指标。

2. 成功率：在 1 到 400 用户的测试中，业务成功率保持在 100%，而在 500 用户时略有下降至 99.60%。

分析。

- 响应时间：在所有用户负载级别下，系统的响应时间均未超过预期指标，这表明从响应时间角度看，系统性能是满足要求的。

- 业务成功率：在 500 用户负载下，业务成功率略低于预期的 100%，虽然下降不大，但仍需要关注。

建议。

1. 查找 500 用户时成功率下降的原因：尽管下降不多，但仍需要理解为什么会有 0.40% 的请求未成功。这可能是由于系统资源瓶颈、网络问题或软件缺陷。

2. 资源监控：在高负载测试期间监控服务器资源，如 CPU、内存、磁盘 I/O 和网络等，看是否有资源达到饱和点。

3. 进一步测试：进行更详细的测试，可能会增加用户负载，超过 500 用户，看响应时间是否保持在 800 毫秒以下。

4. 错误日志分析：分析在 500 用户测试中失败的请求的错误日志，以识别故障点。

5. 优化：如果资源监控显示资源接近或达到限制，考虑优化应用程序，例如代码优化、数据库索引调整或扩展硬件资源。

6. 冗余和负载均衡：如果应用程序未使用负载均衡，考虑引入负载均衡器，以更平均地分配请求到多个服务器。

7. 持续监控：在生产环境中持续监控性能指标，以确保在用户负载变化时能及时发现并解决问题。

8. 高可用性策略：设计和实施高可用性策略，以确保在一个组件失败时，系统仍然能够正常运行。

综合以上分析和建议，可以进一步提升系统的性能，确保即使在用户负载增加时，也能满足您的性能预期。

ChatGPT 就像一位经验丰富的性能测试工程师，其专业、客观的分析和建议不仅精确，而且具有实操价值。这些分析和建议不仅可满足我们的需求，实际上其效果还大大超出了预期。它们可以直接作为重要参考资料被引入性能测试报告。

在针对 WebTours 的性能测试过程中，从确定性能测试目标、收集系统信息，进而确定性能测试场景，再到生成性能测试用例和脚本，ChatGPT 都扮演着不可或缺的角色。更令人印象深刻的是，ChatGPT 在性能测试场景的设计、性能监控参数的选择、性能测试执行策略的制定，以及最终的性能测试结果分析与优化方面，都展现了它的强大功能。ChatGPT 不仅能够帮助测试团队更高效地完成任务，更重要的是，它能够帮助团队发现可能被忽视的性能瓶颈，进而引导测试团队进行更为精准的问题定位并解决问题。此外，ChatGPT 在测试过程中的应用也为软件开发和维护提供了新的视角。通过与 AI 工具的合作，测试团队不仅可以更快速地发现软件开发过程中的性能问题，还可以在软件设计阶段预见和规避潜在的风险。未来，这种合作模式有望引领软件测试走向更加智能化、自动化的新时代。

第 8 章　ChatGPT 分析测试结果

　　深度和精确的测试结果分析是揭示软件产品质量、指明潜在问题和改进方向的关键环节，对于优化测试过程至关重要。然而，传统的手动分析方法效率低下，且容易受到个人经验和主观偏见的影响。

　　近年来，ChatGPT 的引入在一定程度上丰富和改进了测试结果的分析方法。凭借其先进的自然语言处理技术以及对多模态数据（包括文本和图像）的分析能力，ChatGPT 能够在更多维度上进行更有效和深入的分析。这不仅显著提升了测试的整体价值，还促进了软件测试领域的创新和发展。

8.1　ChatGPT 在测试结果分析中的作用

　　ChatGPT 在测试结果分析中的作用，主要表现在以下几个方面。

　　1）快速分析大规模测试结果。ChatGPT 能够在几秒内分析数千条甚至数万条测试结果。在处理大数据集时，它的计算优势尤为明显，可显著缩短从原始数据转换为测试结果的时间，实现测试分析的实时化。

　　2）识别关键信息。测试结果常含有大量冗余信息，真正有价值的信息往往非常少。ChatGPT 利用自然语言理解技术，能够快速过滤无关信息，自动提炼出对测试分析至关重要的信息。

　　3）生成高质量测试报告。ChatGPT 可以根据测试结果自动生成测试报告，包括数据概览、关键发现、问题原因分析等多个部分。测试报告内容丰富、结构清晰，且能高效生成，大大降低了人工编写报告的时间成本。

　　4）支持多种分析方法。ChatGPT 能够采用多种分析方法，如统计分析法、相关性分析法、根因分析法等，从多角度解读测试结果，提供更全面和深入的分析结论，打破传统人工分析的局限。

5）多模态测试结果分析。对于包含性能指标曲线图等多模态数据的测试结果，ChatGPT 可以结合量化分析和日志分析，提供更专业的系统性能分析和瓶颈定位服务。

尽管 ChatGPT 在测试结果分析方面显示出强大的能力，但我们必须认识到其局限性。我们不能完全依赖自动化分析，人类测试分析员的独特思维和创造力仍然不可或缺。只有通过人机互补，才能进一步提高软件测试工作水平。

8.2　ChatGPT 助力数据可视化与数据分析效率的提升

ChatGPT 可以进行自动化的多模态数据分析与可视化。ChatGPT 可通过解析测试结果中的复杂曲线图，直接生成更加直观的可视化内容，辅助测试人员更好地定位、分析性能问题。

例如，给出一段时间内的系统响应时间折线图，ChatGPT 可以立即绘制出系统响应时间的箱线图、分布柱状图等，计算出平均值、中位数、四分位距等统计数据。测试人员可清楚地看到系统响应时间的整体分布情况和变化趋势。

对于异常的性能指标曲线，ChatGPT 可以将其与其他维度指标进行关联分析，找到性能问题产生的根本原因，如批量查询导致数据库响应超时等，并生成散点图等可直观显示其根本原因的图表。

借助 ChatGPT 自动化的多模态数据分析与可视化能力，测试人员可以跳过手动绘制图表的烦琐步骤，直接获得清晰的性能分析结果。这极大地提高了测试效率，也使复杂的性能分析工作变得简单直观。举个例子，系统响应时间曲线在某时刻出现跳变，ChatGPT 通过将其与网络流量进行关联分析，发现此时流量激增导致响应超时。它会立即生成响应时间和网络流量的组合折线图，其中会清楚地显示两者的高度关联性，直观地反映问题产生的根本原因。由此可见，ChatGPT 自动化的多模态数据分析与可视化能力，使复杂的性能问题分析变得高效简单。

8.2.1　ChatGPT 在数据可视化中的作用

ChatGPT 能够处理和解读大量的测试数据，并将这些数据转化为直观的图表或图形。例如，针对性能测试结果中的复杂曲线图，ChatGPT 不仅能够快速分析出关键性能指标，还能自动生成折线图、柱状图等。ChatGPT 可以通过解析测试结果中的复杂曲线图，直接生成更加直观的可视化结果，辅助测试人员更好地定位、分析性能问题。

例如，给出一段时间内的系统响应时间结果数据，ChatGPT 可以立即绘制出系统响应时间的箱线图、分布柱状图等，计算出平均值、中位数等，如图 8-1 和图 8-2 所示。

测试人员可清楚地看到系统响应时间的整体分布情况和变化趋势。

　　系统响应时间的箱线图展示了系统响应时间结果数据的整体分布情况,包括中位数、四分位距(即箱体),以及可能的离群点(异常值)。该箱线图能够直观地反映出系统响应时间的中心趋势、离散程度以及异常情况。

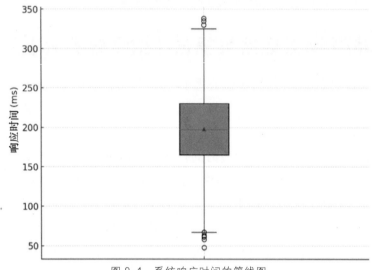

图 8-1　系统响应时间的箱线图

　　系统响应时间的分布柱状图对系统响应时间的频率分布进行了可视化,揭示了大多数系统响应时间聚集的区间,便于测试人员掌握系统的常规性能表现。

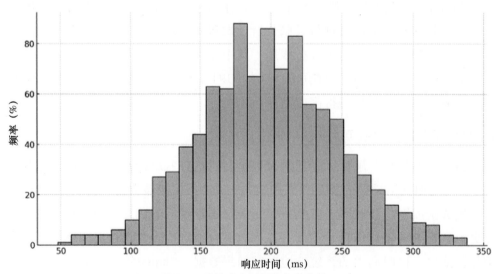

图 8-2　系统响应时间的分布柱状图

对于异常的性能指标曲线，ChatGPT 可以将其与其他维度指标进行关联分析，找到性能问题产生的根本原因。图 8-3 所示为批量查询导致数据库响应超时生成的可直观显示根本原因的散点图。

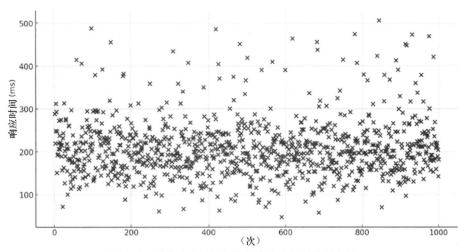

图 8-3　系统响应时间与数据库响应超时的散点图

由以上散点图可以看出，批量查询导致数据库响应超时时系统响应时间的变化。红色(真实运行环境可看到)散点表示超时事件，其清晰地指出了性能问题发生的时间点，有助于测试人员定位性能问题和分析性能问题产生的根本原因。

8.2.2　优化数据可视化流程

很多时候，测试人员可以将测试结果数据直接输入 ChatGPT，ChatGPT 能根据指定的要求自动生成图片、表格以及其他形式的分析结果等。这种自动化的多模态数据分析与可视化能力，不仅节省了时间，还提高了分析的质量。

系统响应时间曲线出现跳变时，ChatGPT 通过将其与网络流量进行关联分析，快速定位至流量激增导致的响应超时问题。它会生成系统响应时间和网络流量的组合折线图，清晰地展示两者的关联性，直观地反映出性能问题产生的根本原因。蓝色（真实运行环境可看到）线表示系统响应时间，红色（真实运行环境可看到）线表示网络流量。系统响应时间和网络流量同时显著增加。为便于发现问题，ChatGPT 使用黄色（真实运行环境可看到）高亮标识出现问题的区域，如图 8-4 所示。

ChatGPT Plus 用户可直接向 ChatGPT 输入整理好的性能测试结果，以及具体需求提示词，ChatGPT 会自动分析性能测试结果并给出结论和建议，如图 8-5 所示。

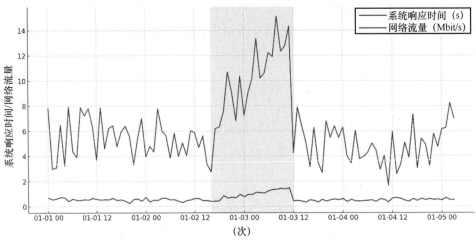

图 8-4 ChatGPT 使用黄色高亮标识出现问题的区域

You
表7-5 性能测试结果

性能测试用例编号	PTC-001	优先级	高	执行人	于满	2023-11-18

序号	用户数	事务名称	响应时间（单位：ms）			成功率
			平均值	最大值	最小值	
1	100		25	28	25	100.00%
2	200		27	33	26	100.00%
3	300	Login	59	110	31	100.00%
4	400		65	195	34	100.00%
5	500		135	43	407	99.60%

请结合该性能测试用例，帮我分析系统的用户登录业务的性能，如果我的预期性能指标是100～500个用户，登录响应时间小于800 ms，业务成功率为100%，你有何建议？

ChatGPT
根据您提供的性能测试结果表格，让我们来分析系统登录业务的性能。

1. **用户数量与响应时间**：从1到500用户，登录的平均响应时间从25毫秒递增到135毫秒。即使在500用户的负载下，响应时间也远小于800毫秒的预期性能指标。
2. **成功率**：在1到400用户的测试中，业务成功率保持在100%，而在500用户时略有下降至99.60%。

分析。

- **响应时间**：在所有用户负载级别下，系统的响应时间均未超过预期指标，这表明从响应时间角度看，系统性能是满足要求的。
- **业务成功率**：在500用户负载下，业务成功率略低于预期的100%，尽然下降不大，但仍需要关

图 8-5 ChatGPT 给出的性能测试分析结果等相关内容

ChatGPT 3.5 尽管不支持多模态，但是当用户向其输入数据的时候，它会非常"努力"地给出性能测试分析结果等，如图 8-6 所示。

ChatGPT 3.5 不能直接生成折线图，但会"竭尽所能"地让用户知道怎样操作可以生成折线图，如图 8-7 所示。

ChatGPT 3.5 会根据需要生成相应的 Python 代码，如图 8-8 所示。

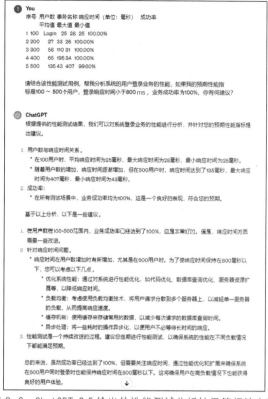

图 8-6　ChatGPT 3.5 给出的性能测试分析结果等相关内容

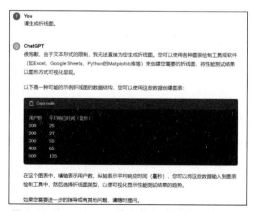

图 8-7　ChatGPT 3.5 给出的生成折线图的方法

图 8-8　ChatGPT 3.5 给出的用于生成折线图的 Python 代码

8.2.3　ChatGPT 在数据可视化领域的挑战与应对策略

ChatGPT 尽管在数据可视化领域展现出了巨大的潜力，但在实际应用中仍面临着一系列的挑战。这些挑战主要集中在两个方面：一是处理非标准化的数据的挑战；二是解释复杂的分析结果的挑战。

（1）处理非标准化的数据的挑战

在软件测试过程中，数据往往来源于多个系统，每个系统可能使用不同的格式和标准。数据的多样性和不一致性给 ChatGPT 的数据处理带来了挑战。如果未经适当处理，非标准化的数据可能导致错误的分析结果。

为了应对这一挑战，建议采取精细化的数据预处理步骤，包括数据的清洗、标准化、格式化等。例如，将不同来源的时间戳统一为相同的时间格式，或将各种指标标准化为相同的度量单位。这样的数据预处理步骤不仅有助于提高数据的质量，还为后续的分析提供了基础。

（2）解释复杂的分析结果的挑战

另一个挑战是如何有效地解释由 ChatGPT 生成的复杂分析结果。有时，即使是经过精确计算的结果也可能让人难以理解，特别是当它们涉及高度复杂的数据关系或深层次的统计分析时。

为了应对这一挑战，可以在 ChatGPT 的训练模型中纳入更多的测试场景和数据类型。通过这种方式，ChatGPT 可以更好地理解和处理各种复杂情况下的数据，从而提高其在解释分析结果时的准确性。此外，还可以通过增加解释性模块来帮助测试人员更好地理解分析结果。

8.2.4　ChatGPT 在数据可视化领域的未来发展

由于技术的不断进步，ChatGPT 在数据可视化领域的应用将变得更加广泛和深入。这主要体现在两个方面：与先进的数据分析工具的集成，以及处理更复杂的数据类型的能力提升。

（1）与先进的数据分析工具的集成

我们可以预见未来 ChatGPT 将与更先进的数据分析工具进行集成。这将使得测试结果的解读更加全面和精准。例如，集成到如 Tableau 或 Power BI 这样的数据分析工具中，ChatGPT 可以利用这些工具的强大功能来生成更为复杂和细致的图表和报告。

（2）处理更复杂的数据类型的能力提升

随着模型和算法的改进，ChatGPT 在处理更复杂的数据类型方面的能力将得到显著提升。这包括对非结构化数据的理解，如对多种多样的自定义文本日志文件的解析，以及对高维度数据的处理，如对多维时间序列的分析。这种能力的提升意味着 ChatGPT 可以在更广泛的测试场景中应用，处理更加复杂和丰富的数据集，为软件测试提供更全面的处理视角。

8.3　ChatGPT 在问题识别和修复中的作用

软件测试的根本目标是确保软件的高质量，这不仅涉及问题的识别，还涉及问题的修复。在软件测试的过程中，对测试结果进行深入的数据分析至关重要，它直接关系到问题的准确识别和有效修复。

ChatGPT 将在以下几个方面扮演至关重要的角色。

（1）问题的准确识别

软件测试的首要任务是准确地识别出存在于软件中的各类问题。这些问题可能包括功能上的缺陷、UI 问题、代码中的漏洞或性能瓶颈等。ChatGPT 通过其自然语言处理技术和机器学习技术，能够从大量的测试数据中快速识别问题；通过分析测试日志、用户反馈和系统指标，提供关于问题的分析意见给测试人员。

（2）修复建议的智能化

识别问题仅仅是软件测试的第一步，关键在于如何高效地修复问题。ChatGPT 在这方面也能为我们提供帮助，它不仅能够识别问题，还能提供修复建议。修复建议基于 ChatGPT 对大量类似场景的学习和理解，从而能够给出既实用又高效的解决方案。

（3）提高测试的效率与准确性

ChatGPT 在测试过程中的应用可显著提高测试的效率与准确性。其通过自动化地分析测试结果，减少了人工干预，从而加快了问题识别的速度。同时，ChatGPT 提供的深入分析和综合性修复建议有助于确保问题得到更全面和有效的修复。

总而言之，ChatGPT 在软件测试中不仅用作一个辅助工具，还将在整个质量保障过程中起到关键的作用。从问题识别到修复建议，ChatGPT 都将极大地提升软件测试的效率与准确性。

8.3.1　ChatGPT 辅助问题识别

（1）高效处理大规模测试数据

在软件测试的过程中，处理大规模的测试数据是一个挑战。ChatGPT 的核心优势在于其能够快速地处理数据，并准确地识别出各类常见的问题，包括功能缺陷、UI 问题、代码漏洞以及性能瓶颈等。这种高效的数据处理能力极大地提升了测试团队的问题识别的效率和准确性。举个例子，在一个大型电子商务平台的测试中，ChatGPT 分析了数千条端到端的测试结果，其中包括一系列复杂的交易流程的测试结果。通过快速处理这些结果数据，ChatGPT 成功地识别了一系列交易流程中的延迟问题，这类问题被迅速定位到支付处理模块。测试和研发团队快速响应并优化该模块，解决了延迟问题。

（2）综合分析以识别边界问题

ChatGPT 利用其先进的分析能力，能够对多种数据，如边界条件、输入组合、复杂业务应用场景等进行综合考虑。它通过对这些数据进行综合、深度分析，有效地识别出仅在特定边界条件下才会出现的问题，帮助测试团队预防潜在的系统崩溃情况发生。举个例子，在测试一个视频游戏应用时，ChatGPT 分析了玩家在极端边界条件下的输入组合，如通过外挂工具，玩家可以实现快速的连击和角色的瞬移，这会影响游戏的平衡性。通过这种测试，ChatGPT 识别了游戏在特定输入下可能出现的严重问题，这些问题可能在普通测试中被忽视。识别问题后，开发团队在前、后端都做了限制，修复了问题，避免了重大事故的发生。

（3）模糊测试用例的自动生成

ChatGPT 可以根据已有的测试用例和应用程序的功能，自动生成大量模糊测试用例。这些用例专门设计用来覆盖测试过程中可能忽略的潜在问题，从而保障软件在各种极端条件下的稳定运行。举个例子，在对一个移动应用进行安全测试时，ChatGPT 基于已有的测试用例生成了一系列模糊测试用例。这些测试用例包括异常的用户输入和不稳定的网络条件下，会产生 SQL 注入和数据被多次重复写入的问题。测试团队发现应用在特定情况下的安全漏洞，由于之前很多人对安全测试知之甚少，这些安全漏洞在之前写的测试用例中未被覆盖。

（4）智能化的日志文件分析

ChatGPT 的自然语言处理能力使其能够有效地解读和分析复杂的日志文件。它可以从大量日志数据中快速提取关键信息，并结合其他相关测试结果，准确地定位问题源头，为问题的修复提供清晰的线索。举个例子，在一个云存储服务的测试过程中，ChatGPT 分析了大量复杂的服务器日志文件。这些日志文件包含关于数据同步问题的关键信息。通过分析这些日志文件，ChatGPT 帮助测试团队快速定位了一个潜在的数据丢失问题，该问题源于特定网络条件下的同步失败。

（5）跨版本测试结果的对比分析

在软件开发的迭代过程中，ChatGPT 能够对不同版本的测试结果进行详细对比。通过这种对比，它能迅速发现由版本更新引入的新问题，为快速迭代的开发环境提供了强有力的支持。举个例子，在一个 CRM（Customer Relationship Management，客户关系管理）系统的迭代过程中，ChatGPT 对比了多个版本的测试结果。它发现在最新版本中引入了一个客户数据处理的新问题。这个问题是由最近的一个功能更新所引起的。发现该问题后，开发团队及时在产品正式发布前修复了该问题，避免了客户数据丢失问题的发生。

8.3.2 ChatGPT 指导问题修复

在软件测试过程中，识别问题仅是第一步，关键在于如何有效地修复问题。凭借其深厚的训练基础和强大的深度学习能力，ChatGPT 能够为各种问题提供专业的修复建议。

（1）代码修复方案

针对代码中的问题，ChatGPT 能够根据问题的性质和上下文提供具体的修复建议或补丁，通过分析代码结构和历史修复记录，能够智能地给出适合的解决方法。这种解决方法不仅基于编程规范，还结合了最佳实践和先前成功的修复案例，提升了修复成功的可能性。

（2）性能优化建议

对于性能相关的问题，ChatGPT 不仅提供一般性建议，还能够根据应用的特定情况，推荐具体的参数调整策略，如内存管理、数据库查询优化或并发处理等多个方面的参数调整策略，确保性能问题被全面并有效地解决。

（3）根因分析与预防措施

ChatGPT 不仅能识别和修复问题，还能够分析问题产生的根本原因。这种深度分析可帮助团队理解问题背后的机制，从而采取措施预防未来发生类似问题。这种预防措施对于提高软件的整体质量和稳定性至关重要。

（4）多方案评估与选择

在某些情况下，可能存在多种潜在的修复方案。ChatGPT 能够列举这些方案，并针对每一种方案评估其优缺点。这样 ChatGPT 能协助测试团队和开发团队做出最佳的决策，确保选择的修复方案既高效又可靠。

（5）提供测试验证计划

对于已经实施的修复措施，验证其有效性是一个不可忽视的步骤。ChatGPT 能够为修复后的代码提供后续的测试验证计划。这些测试验证计划旨在确保问题被正确修复，同时避免引入新的问题。它们通常包括回归测试、性能测试以及其他必要的验证步骤。

8.3.3　改进意见

虽然 ChatGPT 在软件测试的问题识别和修复方面表现出巨大的潜力，但我们必须清楚地认识到它的局限性，并据此采取适当的措施来最大化其效用。

（1）人工分析与直觉判断的重要性

ChatGPT 尽管提供了高效的数据分析和问题识别能力，但并不能完全替代人类的经验和直觉判断。在复杂的测试场景中，特别是需要深入理解应用逻辑和用户需求的场景中，测试人员的洞察力和直觉判断仍然至关重要。因此，测试团队应该将 ChatGPT 视为一个强大的辅助工具，而不是一个全能的解决方案。

（2）代码级别的细节问题的处理

当涉及代码级别的细节问题时，ChatGPT 的分析可能不如专业开发人员的分析深入和准确。ChatGPT 提供的修复建议需要由有经验的开发人员进一步审查和确认。在实施修复之前，开发团队应认真评估 ChatGPT 的建议，确保其不仅在技术上可行，而且与整体软件设计和业务逻辑相符。

（3）客观评估与验证 ChatGPT 的修复方案

测试团队应客观地评估并验证 ChatGPT 提供的修复方案的有效性，包括对修复方案进行彻底的测试，以确保其不仅能解决原问题，而且不会引入新的问题。有效的验证措施是提高软件质量和维护客户信任的关键。

（4）独立思考与团队合作

虽然 ChatGPT 能够显著提升问题识别和修复的效率，但测试人员仍需保持独立思考的能力。ChatGPT 应与人工团队紧密合作，共同解决复杂的测试问题，以确保软件质量得到全面的提升。

综上所述，ChatGPT 作为一种技术工具，要发挥其最大的潜力，由具备丰富专业知识和独立思考能力的测试人员与其协作是关键。这种人机合作策略，既能有效减弱 ChatGPT 的局限性，也能显著提升软件测试过程的效率与质量，形成一种互补和增强的合作模式。

第 9 章   ChatGPT 辅助 CI

9.1   CI 的重要性

在现代软件开发过程中，CI 已经不仅仅是一种选择，而是一种必不可少的实践。CI 的核心理念在于要求开发团队频繁且定期地将代码变更合并到主分支。这样能够通过自动化构建和测试过程，尽早发现并修复代码中的错误，从而在更高的层面上保证软件的质量和稳定性。具体而言，CI 的实施为开发团队带来了以下几个关键的好处。

1）降低风险：通过频繁地集成和测试，CI 能够帮助开发团队及早发现并修复错误，从而有效降低在软件开发后期进行大规模调试的风险和难度。这种方法不仅能够节省时间，还有助于减轻在项目后期紧急修复错误所带来的压力和降低其成本。

2）提高质量：CI 流程中的自动化测试覆盖了代码的不同方面，降低了因人为疏忽而遗漏错误的可能性。这种全面的测试覆盖确保了代码的每一部分都经过严格的检验，从而提升了软件的整体质量。

3）加快开发速度：自动化构建和测试过程显著节省了手动测试所需的时间。这意味着开发团队可以将更多的精力集中在编码和新功能的开发上，而不是花费大量时间在手动测试工作上。

4）提升协作效率：CI 鼓励开发团队成员频繁更新代码，以确保项目成员间代码的一致性和同步。这种方法不仅增加了团队成员间的沟通，还减少了代码集成时的冲突和错误。

5）CI 和 CD：CI 是实现 CD 的基础。通过 CI，开发团队能够更快地将软件的新版本交付给用户，实现更快的反馈循环和迭代改进。

然而，在实施 CI 的过程中，开发团队也会面临诸多挑战。其中的主要挑战如下。

1）测试用例的编写和维护工作量大：为了确保代码质量，需要编写大量的测试用例。这些测试用例不仅需要在项目开发初期编写，还需要随着项目的进展进行持续的更新和维护。

2）调试失败的测试用例耗时：当自动化测试失败时，查找并修复错误可能非常耗时，尤其是在复杂的系统中。

3）测试覆盖率难以确定和提高：确定哪些代码已被测试覆盖，并确保较高的测试覆盖率，是一个持续的挑战。较低的测试覆盖率可能会导致软件中存在隐藏的缺陷。

CI 作为现代软件开发的关键实践，提升了开发效率和软件质量，并为软件的持续改进和快速迭代打下坚实的基础。CI 的实施不仅关乎技术层面的改进，还涉及团队文化和工作方式的转变。在快速发展的"技术"世界里，CI 作为一种敏捷和响应性高的开发实践，已经成为软件开发中的重要支柱。通过不断优化 CI 流程，项目团队能够更有效地应对市场变化，快速迭代产品，最终为用户提供更高质量、更满足需求的软件产品。

9.2　ChatGPT 在 CI/CD 流程中的角色

在现代软件工程的实践中，CI 和 CD 已成为实现软件快速迭代和高效交付的关键。这一流程中，ChatGPT 的加入不仅象征着流程自动化水平的提升，还意味着在多个层面提升流程的效率和质量。

9.2.1　ChatGPT 辅助编写、测试、调试测试代码

在 CI/CD 流程中，编写测试代码通常占用大量的时间等资源。ChatGPT 的应用能显著减轻这一负担，具体体现在以下几个方面。

1）快速生成 UI 测试代码：基于用户故事，ChatGPT 可以快速生成 UI 测试代码框架，提高了测试的自动化程度，并确保了测试的用户故事覆盖率。

2）自动编写 API 测试代码：通过深入分析接口文档，ChatGPT 能够自动编写 API 测试代码，可有效减少手动编码工作量，并提高测试的精确性和覆盖率。

3）生成单元测试：对于代码的变更，ChatGPT 能够自动生成相应的单元测试，确保每次代码迭代都经过严格的测试。

4）补充测试用例：ChatGPT 还能智能地补充测试用例中缺失的断言或处理异常情况，增强测试的完整性和可靠性。

5）模拟数据生成：ChatGPT 还能够智能生成测试过程中所需的模拟数据，辅助进行全面和真实的测试。ChatGPT 在测试和调试过程中应用的优势同样显著。它能够快速分析测试失败的原因，提供针对性的修复建议，从而加速调试过程，其优势具体表现在以下几个方面。

1）分析失败日志：快速分析测试失败的日志，精准识别问题。

2）提供修复建议：针对识别的问题，给出具体的修复建议，节省排错时间。

3）生成代码辅助调试：生成辅助调试的代码，可以更直观地显示问题。

4）提供代码修改建议：在可能的情况下，直接提供测试代码的修改建议，以修复已知的问题。

关于 ChatGPT 的测试用例自动生成、测试数据自动生成、测试脚本自动生成等内容，前面已经详细介绍了。笔者相信读者能够理解 ChatGPT 如何帮助我们节省资源、提升工作效率，并能够深刻领会它在提高测试质量和覆盖率方面的重要性。

9.2.2 ChatGPT 辅助减少调试工作量

在 CI 流程中进行测试时，测试失败是常见的现象。失败原因可能有多种，如代码错误、环境问题或测试用例本身的不足。ChatGPT 可通过以下方式辅助减少调试工作量。

1）快速确定测试失败的原因：ChatGPT 可以分析测试过程中产生的日志，快速确定测试失败的原因。

2）为常见失败提供修复建议：对于经常出现的测试失败，ChatGPT 可以基于历史数据和其学习能力，提供有效的修复建议。这些建议不仅包括代码层面的修改建议，还可能包括测试策略和环境配置方面的优化建议。

3）生成代码辅助调试：在测试失败时，ChatGPT 能够智能地生成辅助调试的代码，如输出语句等。这些自动生成的代码可帮助开发人员更快地理解问题，加速问题的解决。

4）分析可能失败的代码：ChatGPT 还能深入分析代码，指出可能导致测试失败的代码等。

5）直接修改测试代码：在某些情况下，ChatGPT 甚至可以直接修改测试代码，这种功能尤其适用于结构简单、问题明显的场景。

通过以上方式，ChatGPT 可大大减少测试团队在调试过程中的工作量。测试人员不再需要花费大量时间手动分析日志和调试代码，可以更多地关注测试策略的优化和更复杂问题的解决。这些方式不仅提高了调试的效率，还提升了整个 CI 流程的流畅性和可靠性。

9.2.3 ChatGPT 辅助测试覆盖率提升

测试覆盖率是衡量软件代码质量的关键指标，而 ChatGPT 在提升这一指标方面扮演着至关重要的角色。通过智能化的方法，ChatGPT 能够显著提高测试的覆盖率和有效性，具体表现在以下几个方面。

1）设计异常场景测试用例：ChatGPT 能够根据代码逻辑，智能地设计针对各种异常场景的测试用例。它不仅可以帮助识别代码在异常场景下的行为，还可以增强代码的鲁棒性。通过模拟各种边缘情况和异常输入，ChatGPT 能够确保代码在不同场景下的稳定性和可靠性。

2）生成符合代码分支覆盖要求的测试用例：为了提高测试的全面性，ChatGPT 能够智能地生成符合代码分支覆盖要求的测试用例。这意味着每个条件语句、循环语句和分支语句都将被充分测试，以确保代码逻辑的正确性和完整性。

3）构建多样化测试场景：ChatGPT 可以结合不同的测试参数，自动构建更多测试场景。这不仅提升了测试的多样性，还增加了测试的深度，帮助开发人员发现可能被忽视的问题。

4）生成回归测试用例：对于代码重构和修改的部分，ChatGPT 能够生成额外的回归测试用例。这些测试用例确保了任何代码的修改都不会影响现有功能的稳定性，从而保证了修改的安全性。

5）提供探索性测试思路和方向：除了传统的测试方法，ChatGPT 还能提供探索性测试的新思路和方向。通过模拟用户行为和不同测试场景，ChatGPT 可帮助测试团队发现可能被忽视的问题和潜在的优化点。

ChatGPT 的应用不仅可以提高测试覆盖率、代码的质量和可靠性，还可以增强软件产品的整体性能。在快速迭代和 CI 的现代软件开发实践中，ChatGPT 尤为重要，它能帮助团队更加高效地保证软件质量，同时缩短产品的开发周期。

9.2.4　ChatGPT 辅助测试环境配置

在 CI/CD 流程中，测试环境和基础设施的配置是实现高效自动化的关键。在这个过程中，ChatGPT 通过其强大的自然语言处理能力和深度学习技术提供了显著的辅助功能，具体体现在以下几方面。

1）快速生成环境配置和部署脚本：ChatGPT 能够根据项目需求快速生成环境配置和部署脚本，显著加快了环境搭建的速度。这不仅减少了搭建环境所需的时间，还提高了整个部署流程的自动化程度。

2）智能创建模拟服务和虚拟环境：在测试过程中，模拟服务和虚拟环境的创建至关重要。ChatGPT 能够智能地创建虚拟环境，包括但不限于模拟数据库、API 和其他外部依赖，以更准确地模拟真实条件。

3）自动化配置文件管理：ChatGPT 能自动构建和填充各种配置文件，有效降低了人为配置出现错误的可能性。它可以根据预先定义的规则和参数生成精确的配置文件，提高配置的准确性和效率。

4）分析日志并提供调试和优化建议：在环境配置过程中，ChatGPT 能够分析与环境相关的日志文件，提供针对性的调试和优化建议。这项功能对于识别和解决环境配置中的问题至关重要。

5）生成环境监控和管理文档：为了确保测试环境的稳定性和可靠性，ChatGPT 还可以自动生成环境监控和管理文档。这些文档为测试团队提供了详尽的环境信息，可以帮助他们更有效地管理和维护测试环境。

ChatGPT 在测试环境和基础设施配置方面的辅助作用不容小觑。它不仅能够提高环境配置的效率和准确性，还能够帮助测试团队更有效地管理和维护测试环境。这种辅助作用不仅减轻了人力负担，还为实现更加流畅和高效的 CI/CD 流程提供了强有力的支持。随着技术的发展，ChatGPT 在自动化测试环境配置和管理方面的应用将变得更加广泛和深入，成为软件开发团队不可或缺的助手。

9.2.5 ChatGPT 协助管理和优化 CI/CD 流程

在 CI/CD 流程的管理和优化中，ChatGPT 值得关注。它作为一个协助助手，在以下几个关键方面协助管理和优化 CI/CD 流程。

1）设计和优化流程步骤：ChatGPT 能够协助团队设计和优化 CI/CD 流程的各个步骤。它通过分析项目需求和团队工作模式，提出改进流程的建议，如简化步骤、自动化某些任务等，从而提高整个流程的效率。

2）生成流程文档：为确保团队成员都能有效地执行 CI/CD 流程，ChatGPT 能够自动生成详尽的流程文档。这些文档涵盖流程的每个步骤，为团队提供培训材料和日常操作指导，可确保流程的正确执行。

3）监控和统计分析：ChatGPT 可以提供 CI/CD 流程的监控和统计分析功能。它能够追踪流程并给出关键指标，如消耗时间、成功率等关键指标，并对这些关键指标进行深入分析，帮助团队了解流程的效果并做出相应调整。

4）收集和应用团队反馈：ChatGPT 能够收集来自团队成员的反馈，识别流程中的潜在问题或改进空间。基于这些反馈，它可以给出具体的流程调整建议，使流程更加满足团队的实际需求，更加匹配团队的工作方式。

5）作为协作助手：在流程管理上，ChatGPT 不仅是一个自动化工具，还是团队的协作助手。它通过自动化分配任务、提醒截止日期、同步团队状态等功能，提高了团队的协作效率。

简而言之，随着 AI 技术的发展，我们可以预见，ChatGPT 在 CI/CD 流程中的作用将会更加突出和关键。

9.3　基于 AI 的 CI 之接口测试

在快速迭代的软件开发过程中，接口测试至关重要。Postman 作为一个流行的 API 开发工具，提供了丰富的功能来测试 RESTful API。借助 ChatGPT 强大的自然语言处理和代码编写能力，我们可以让它在接口自动化构建和测试过程中发挥更多作用。下面将介绍如何使用 Newman（Postman 官方的命令行工具），ChatGPT 和 Newman 强强联合，可完美实现接口测试的自动化。

9.3.1　ChatGPT 自动生成接口文档和测试脚本

第 5 章已经详细介绍了如何使用 ChatGPT 自动生成接口测试用例和如何使用 ChatGPT 自动生成 Postman、JMeter、requests、HttpRunner、Seldom 等接口测试脚本。

图 9-1 所示为 ChatGPT 自动生成的接口文档，如果读者想了解该文档的详细内容，可以参看"5.5.3 ChatGPT 生成接口文档实践案例"小节。

图 9-1　ChatGPT 自动生成的接口文档

图 9-2 所示为 ChatGPT 自动生成的 Postman 测试用例脚本，其格式符合 Collection v2.1 的要求。如果读者要查看该测试脚本的具体内容，可以参看"5.6.1 ChatGPT 与 Postman 协作完成接口测试"小节。

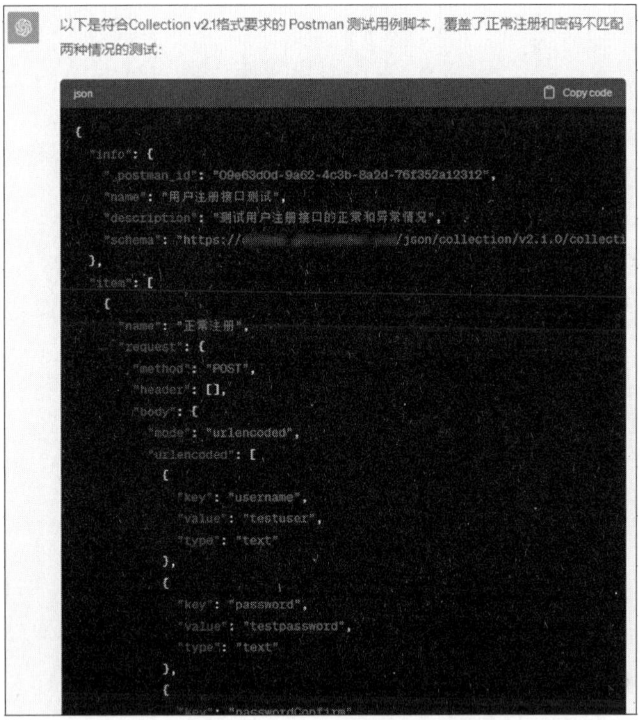

图 9-2　ChatGPT 自动生成的 Postman 测试用例脚本

9.3.2　准备 Postman 测试用例集

在做接口测试的 CI 时，需要调用 Newman 命令行工具，必须将 Postman 导出为 Collection v2.1 格式的测试用例集，也就是 JSON 格式的测试脚本。

Collection v2.1 格式的脚本可以通过两种方式得到。

方式一：通过使用 ChatGPT 直接生成测试脚本。以下就是 ChatGPT 生成的 Collection v2.1 格式的测试脚本。

```
ChatGPT 生成的 Collection v2.1 格式的测试脚本
{
  "info": {
    "_postman_id": "09e63d0d-9a62-4c3b-8a2d-76f352a12312",
    "name": "用户注册接口测试",
    "description": "测试用户注册接口的正常和异常情况",
```

```
      "schema": "https://schema.getpostman.com/json/collection/v2.1.0/collection.json"
    },
    "item": [
      {
        "name": "正常注册",
        "request": {
          "method": "POST",
          "header": [],
          "body": {
            "mode": "urlencoded",
            "urlencoded": [
              {
                "key": "username",
                "value": "testuser",
                "type": "text"
              },
              {
                "key": "password",
                "value": "testpassword",
                "type": "text"
              },
              {
                "key": "passwordConfirm",
                "value": "testpassword",
                "type": "text"
              },
              {
                "key": "firstName",
                "value": "John",
                "type": "text"
              },
              {
                "key": "lastName",
                "value": "Doe",
                "type": "text"
              },
              {
                "key": "address1",
                "value": "123 Main St",
                "type": "text"
              },
              {
                "key": "address2",
```

```
                "value": "98765",
                "type": "text"
              },
              {
                "key": "register.x",
                "value": "1.23",
                "type": "text"
              },
              {
                "key": "register.y",
                "value": "4.56",
                "type": "text"
              }
            ]
          },
          "url": {
            "raw": "http://127.0.0.1:1080/cgi-bin/login.pl",
            "protocol": "http",
            "host": [
              "127",
              "0",
              "0",
              "1"
            ],
            "port": "1080",
            "path": [
              "cgi-bin",
              "login.pl"
            ]
          }
        },
        "response": []
      },
      {
        "name": "密码不匹配",
        "request": {
          "method": "POST",
          "header": [],
          "body": {
            "mode": "urlencoded",
            "urlencoded": [
              {
                "key": "username",
```

```
        "value": "testuser",
        "type": "text"
      },
      {
        "key": "password",
        "value": "testpassword",
        "type": "text"
      },
      {
        "key": "passwordConfirm",
        "value": "mismatchedpassword",
        "type": "text"
      }
    ]
  },
  "url": {
    "raw": "http://127.0.0.1:1080/cgi-bin/login.pl",
    "protocol": "http",
    "host": [
      "127",
      "0",
      "0",
      "1"
    ],
    "port": "1080",
    "path": [
      "cgi-bin",
      "login.pl"
    ]
  }
},
"response": []
  }
 ]
}
```

方式二：如果之前已经通过 Postman 的 GUI 创建了测试用例集，现在希望将该测试用例集导出为 Collection v2.1 格式的测试脚本，可以选中要导出的测试用例集，单击 ⚙ 按钮，在弹出的菜单中，选择"Export"命令，如图 9-3 所示。

如图 9-4 所示，在默认情况下 Postman 自动选择导出为 Collection v2.1 格式的测试脚本，单击"Export"按钮，输入文件名称即可，这里不赘述。

图 9-3　Postman 中导出测试用例集的操作方法　　　　图 9-4　单击"Export"按钮

当然，如果定义了环境变量，也需要将环境变量一并导出，导出环境变量的方法如图 9-5 所示。打开"Environments"选项卡，选中要导出的环境变量集合，选择"Export"命令，而后输入保存的文件名称即可。

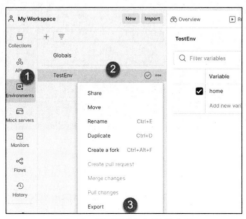

图 9-5　导出环境变量的方法

9.3.3　Newman 安装与配置

Newman 是 Postman 的命令行工具，用于运行和测试 Postman 测试用例集。以下是安装与配置 Newman 的一般步骤。

首先，确保计算机中已经安装了 Node.js 和 npm。Node.js 官方网站的下载页面如图 9-6 所示，在该页面中下载它们的安装包并安装，由于非常简单，故不赘述。

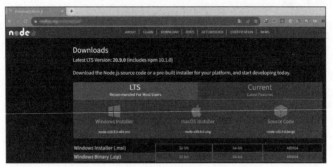

图 9-6　Node.js 官方网站的下载页面

然后，打开命令提示符窗口，执行"npm install -g newman"来安装 Newman。Newman 安装完成后，可以执行"newman run -h"来查看其运行的相关参数帮助信息，如图 9-7 所示。

图 9-7　查看 Newman 运行的相关参数帮助信息

为了在使用 Newman 运行测试用例集后能生成一份优质的测试报告，需要安装两个插件，即 newman-reporter-html 和 newman-reporter-htmlextra 插件。所以，还需要执行"npm install -g newman-reporter-html"和"npm install -g newman-reporter-htmlextra"这两条命令。

9.3.4　ChatGPT 实现核心脚本

对于一些小型的软件企业来讲，相关产品或项目较少，如果觉得部署 Jenkins 比较麻烦，可以让 ChatGPT 帮助完成定时运行 Postman 测试用例集，并将测试报告发送给相关人员的任务。现在就让我们尝试使用 ChatGPT 来实现核心脚本。如图 9-8 所示，笔者让 ChatGPT 帮助实现一个 Python 函数，该函数接收 3 个参数，即电子邮件列表文件名、测试报告文件名、电子邮件发送时间。该函数的主要功能是在指定时间向电子邮件列表中的邮件地址发送带附件的电子邮件。

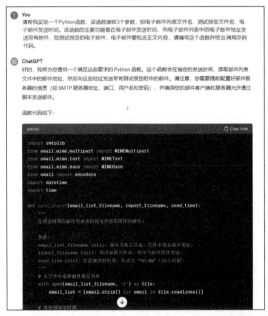

图 9-8　ChatGPT 生成的用于发送电子邮件的 Python 脚本代码等相关内容（部分）

ChatGPT 生成的完整的用于发送电子邮件的 Python 脚本代码等相关内容如下所示。

ChatGPT 生成的完整的用于发送电子邮件 Python 脚本代码等相关内容

好的，我将为您提供一个满足这些要求的 Python 函数。这个函数会在指定的发送时间，读取邮件列表文件中的邮件地址，然后向这些地址发送带有测试报告附件的邮件。请注意，您需要提前配置好邮件服务器的信息（如 SMTP 服务器地址、端口、用户名和密码），并确保您的邮件客户端和服务器允许通过脚本发送邮件。

函数代码如下：

```python
import smtplib
from email.mime.multipart import MIMEMultipart
from email.mime.text import MIMEText
from email.mime.base import MIMEBase
```

```
from email import encoders
import datetime
import time

def send_report(email_list_filename, report_filename, send_time):
    """
    在指定时间向邮件列表中的地址发送带附件的邮件。

    参数:
    email_list_filename (str): 邮件列表文件名, 文件中包含邮件地址。
    report_filename (str): 测试报告文件名, 将作为邮件附件发送。
    send_time (str): 发送邮件的时间, 格式为 "HH:MM"（24 小时制）。
    """
    # 从文件中读取邮件地址列表
    with open(email_list_filename, 'r') as file:
        email_list = [email.strip() for email in file.readlines()]

    # 等待到指定时间
    current_time = datetime.datetime.now()
    target_time = datetime.datetime.strptime(send_time, '%H:%M').time()
    send_datetime = datetime.datetime.combine(current_time.date(), target_time)
    if current_time > send_datetime:
        send_datetime += datetime.timedelta(days=1)
    time.sleep((send_datetime - current_time).total_seconds())

    # 邮件服务器设置（根据实际情况替换以下信息）
    smtp_server = 'smtp.example.com'
    smtp_port = 587
    smtp_username = 'your_username@example.com'
    smtp_password = 'your_password'

    # 创建邮件
    msg = MIMEMultipart()
    msg['From'] = smtp_username
    msg['To'] = ', '.join(email_list)
    msg['Subject'] = '测试报告'
    # 添加邮件正文
    body = '这是自动发送的测试报告, 请查收附件。'
    msg.attach(MIMEText(body, 'plain'))
    # 添加附件
    with open(report_filename, 'rb') as attachment:
        part = MIMEBase('application', 'octet-stream')
        part.set_payload(attachment.read())
```

```
    encoders.encode_base64(part)
part.add_header('Content-Disposition',
f'attachment; filename={report_filename}')
    msg.attach(part)
    # 发送邮件
    with smtplib.SMTP(smtp_server, smtp_port) as server:
        server.starttls()
        server.login(smtp_username, smtp_password)
        server.send_message(msg)
# 调用示例
send_report('email_list.txt', 'test_report.pdf', '15:30')
```

在这个示例中，email_list.txt 是包含邮件地址的文件，test_report.pdf 是要发送的测试报告文件，而 '15:30' 是邮件发送的时间。您需要将这些参数替换为实际的文件名和时间。同时，记得修改 SMTP 服务器的相关信息以匹配您的邮件服务提供商的设置。

上面的代码中，ChatGPT 已经对需要修改的部分做了说明，我们可以依据实际情况进行修改，如邮件服务器设置和电子邮件的正文部分等。

为了方便操作，还可以让 ChatGPT 生成一个批处理文件，如图 9-9 所示。

图 9-9　ChatGPT 生成的批处理文件

笔者结合自己的实际情况，创建一个名称为 "run_commands.bat" 的批处理文件，其具体内容如图 9-10 所示。

```
run_commands.bat - 记事本
文件(F) 编辑(E) 格式(O) 查看(V) 帮助(H)
@echo off
call newman run D:\AIBOOK\S_PM_WebTours.json --reporters htmlextra --reporter-htmlextra-export D:\AIBOOK\WebTours\reporter.html
timeout /t 1 /nobreak
call python D:\AIBOOK\send_report.py
```

图 9-10　run_commands.bat 批处理文件的具体内容

接下来，按照批处理文件的需要，我们还要在 d:\AIBOOK\WebTours 文件夹下准备一个用于接收测试报告的电子邮件列表文件 email_list.txt，目前该文件中有两个电子邮件地址，如图 9-11 所示。

同时，需要对 send_report.py 文件的电子邮件发送时间等参数进行修改，这里笔者将其修改为一个即将到来的时间 13:56，同时补充完整电子邮件列表文件和测试报告文件的路径，即 send_report('D:\\AIBOOK\\WebTours\\email_list.txt'，'D:\\AIBOOK\\WebTours\\reporter.html'，'13:56')。在这里需要通过注意代码中的"smtp_password"的值为授权码，而不是登录密码。通常授权码需要通过发送短信验证码获得，具体依据不同电子邮件服务供应商的实际业务操作流程，这里不赘述。笔者的电子邮件服务器相关设置如图 9-12 所示。

图 9-11　email_list.txt 文件中的两个电子邮件地址

图 9-12　笔者的电子邮件服务器相关设置

9.3.5　运行测试集和展示测试报告

相关设置完成之后，双击 run_commands.bat 批处理文件，等待时间到 13:56 时会自动将测试报告发送到电子邮件列表中每个邮件地址对应的邮箱。接收的电子邮件的正文就是 ChatGPT 生成的"这是自动发送的测试报告，请查收附件。"，其中还有一个测试报告附件，可使用浏览器将其打开。接收到的测试报告如图 9-13 所示。

当然，无论是电子邮件的正文内容，还是电子邮件的主题等，都可以重新设置，这里笔者不赘述。

如图 9-14 所示，测试报告包括运行的总迭代次数（TOTAL ITERATIONS）、总断言数（TOTAL ASSERTIONS）、总失败测试数（TOTAL FAILED TESTS）和总跳过测试数（TOTAL SKIPPED TESTS），Postman 测试用例集文件相关信息（FILE INFORMATION）

以及总运行时长（Total run duration）、总接收数据量（Total data received）、平均响应时间（Average response time）等信息。

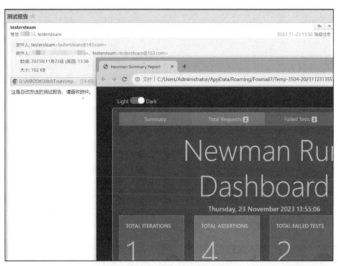

图 9-13　接收到的测试报告

图 9-14　测试报告相关信息

　　如图 9-15 所示，Postman 共发出了两个请求，其中正常注册请求执行成功，以绿色（在真实环境可见）作为标识，而密码不匹配请求执行失败，以红色（在真实环境可见）作为标识。

图 9-15　测试报告

如图 9-16 所示，打开 "Failed Tests" 选项卡，显示测试失败情况，可以看到有两次测试失败，原因都是断言失败，以红色（在真实环境可见）作为标识。第一个断言失败的原因是期望 HTTP 状态码返回 400，而实际返回的是 200。第二个断言失败的原因是期望响应信息包含 "Registration failed. Please check you…"，而实际输出的是 "<!DOCTYPE html\n\tPUBLIC "-//W3C//DTD…"。

图 9-16　测试报告——Failed Tests

这样，我们在没有使用 Jenkins CI 工具的情况下，通过 ChatGPT 和 Newman 协作完成了自动执行 Postman 接口测试集，并将测试报告通过电子邮件列表的形式发送给相关人员的工作。这个过程完全不涉及手动编码，展示了 ChatGPT 在接口测试自动化与 CI 方面的潜力和灵活性。

这个案例引发了我们的哪些思考呢？ChatGPT 的应用能否为我们的测试工作提供新的可能？是否有更多创新的实践案例等待我们探索和分享呢？让我们一起思考，并将相关灵感和经验转化为实践，共同推动接口测试自动化和 CI 的发展。

9.4　基于 AI 的 CI 之自动化测试

在快速迭代的软件开发过程中，自动化测试至关重要。Selenium 作为一个流行的自动化测试框架，支持多种编程语言且功能强大。Jenkins 作为主流 CI 工具，能够自动化整个构建和测试过程。本节将介绍如何使用 Jenkins、Git、Selenium、unittest 和 ChatGPT，实现自动化测试。

9.4.1　CI 的核心价值

CI 是一种在软件开发中被广泛采用的实践，其主要目的是确保开发人员的新代码频繁且定期地与共享仓库中的现有代码集成。这种实践通常意味着开发团队会在每天进行多次代码集成，这具有显著的优势，具体表现在以下几个方面。

1）减少集成问题：CI 的核心优势之一是它能够显著减少集成问题。通过频繁地将代码集成到主分支，团队可以及时发现并解决在开发过程中可能出现的集成问题。这种方法不仅有助于降低项目后期的风险，而且可以避免在项目进入高级阶段时遇到复杂问题。

2）提高代码质量：CI 还可以显著提高代码质量。这是因为每次集成都伴随着代码的自动化测试和审查，确保新添加的功能不会破坏现有的代码库。持续的代码测试和审查意味着问题可以在早期被发现和解决，从而确保代码库保持健康和高效。

3）加速反馈循环：CI 还有助于加速反馈循环。开发人员可以迅速获得关于他们的最新代码的反馈，反馈可来自自动化测试的结果，以及来自同事的审查。这种及时的反馈机制使得开发团队能够快速调整开发策略，对问题做出迅速响应，从而大幅提高开发的整体效率。

综上所述，CI 不仅是一个技术实践，还是一种推动项目向前发展的强大力量。它通过减少集成问题、提高代码质量和加速反馈循环，为软件开发团队提供更高效、更可靠的工作环境。

9.4.2　ChatGPT 自动生成自动化测试脚本

前面已经详细介绍了如何使用 ChatGPT 自动生成测试用例和测试脚本。表 9-1 所示为 ChatGPT 自动生成的基于百度关键字搜索业务的功能和安全测试用例集，如果读者想了解相关的详细内容，可以参看"3.3.4 ChatGPT 生成测试用例的最佳实践"小节。

表 9-1　基于百度关键字搜索业务的功能和安全测试用例集

测试编号	测试目标	前置条件	测试步骤	预期结果
TC001	搜索输入框合法关键字的测试	用户打开百度搜索页面	1. 在搜索输入框中输入一个有效关键字（例如"测试"）。 2. 单击搜索按钮	显示搜索结果页面
TC002	搜索输入框多个合法关键字的测试	用户打开百度搜索页面	1. 在搜索输入框中输入多个有效关键字（例如"软件测试方法"）。 2. 单击搜索按钮	显示搜索结果页面
TC003	搜索输入框包含特殊字符的测试	用户打开百度搜索页面	1. 在搜索输入框中输入特殊字符（例如"#$%^"）。 2. 单击搜索按钮	显示错误消息提示
TC004	基本关键字搜索-无相关结果	用户已进入百度搜索页面	1. 在搜索框中输入一个关键字（例如"未知关键字"），但系统无法找到相关结果。 2. 单击搜索按钮	显示相应的通知给用户（例如"未找到相关结果"）
TC005	基本关键字搜索-取消搜索	用户已进入百度搜索页面	1. 在搜索框中输入一个有效关键字（例如"测试"）。 2. 在搜索操作执行前取消搜索操作	搜索操作被取消,用例结束
TC006	基本关键字搜索-多次搜索	用户已进入百度搜索页面	1. 在搜索框中输入一个有效关键字（例如"测试"）。 2. 单击搜索按钮。 3. 重复步骤 1 和 2 多次	搜索结果正确显示,搜索历史被保留
TC007	基本关键字搜索-边界值测试	用户已进入百度搜索页面	1. 在搜索框中输入一个极小的关键字（例如："a"）。 2. 单击搜索按钮	显示与关键字相关的搜索结果页面
TC008	基本关键字搜索-边界值测试	用户已进入百度搜索页面	1. 在搜索框中输入一个极长的关键字（超出限制字符数,例如"a"×101）。 2. 单击搜索按钮	1. 搜索框自动截取前100个字符。 2. 显示前100个字符的搜索结果页面
TC009	搜索建议显示测试	用户打开百度搜索页面	在搜索输入框中输入部分关键字（例如"测"）	显示搜索建议列表
TC010	搜索建议多个部分关键字的测试	用户打开百度搜索页面	在搜索输入框中输入多个部分关键字（例如"软件测"）	显示搜索建议列表
TC011	针对搜索结果的验证	用户输入合法关键字并单击搜索按钮	检查搜索结果页面	显示相关的搜索结果

续表

测试编号	测试目标	前置条件	测试步骤	预期结果
TC012	下一页按钮测试	用户输入合法关键字并单击搜索按钮	单击下一页按钮	显示下一页的搜索结果
TC013	上一页按钮测试	用户输入合法关键字并单击搜索按钮	单击上一页按钮	显示上一页的搜索结果
TC014	按相关性排序测试	用户输入合法关键字并单击搜索按钮	选择按相关性排序	结果按相关性排序
TC015	按时间排序测试	用户输入合法关键字并单击搜索按钮	选择按时间排序	结果按时间排序
TC016	SQL 注入攻击测试	用户在搜索输入框中输入恶意 SQL 查询（例如 "; DROP TABLE Users --"）	检查搜索结果或页面行为	过滤并显示普通文本
TC017	XSS 攻击测试	用户在搜索输入框中输入包含 XSS 脚本的关键字（例如 "<script>alert ('XSS Attack')</script>"）	检查搜索结果或页面行为	过滤并显示普通文本
TC018	搜索输入框的最小边界值测试	用户打开百度搜索页面	在搜索输入框中输入一个空格	显示搜索建议或搜索历史
TC019	搜索输入框的最大边界值测试	用户打开百度搜索页面	在搜索输入框中输入一个长字符串，超出限制字符数（例如，101 个英文字符、汉字字符或两者的混合）	显示前 100 个字符的搜索结果页面
TC020	搜索建议的最小边界值测试	用户打开百度搜索页面	在搜索输入框中输入一个字符（例如 "a"）	显示搜索建议列表
TC021	搜索建议的最大边界值测试	用户打开百度搜索页面	在搜索输入框中输入多个字符（例如 "abcde"），但不足以显示搜索建议	不显示搜索建议列表
TC022	搜索结果的最小边界值测试	用户输入合法关键字并单击搜索按钮	检查搜索结果页面	显示相关的搜索结果
TC023	搜索结果的最大边界值测试	用户输入合法关键字并单击搜索按钮	输入关键字，使得搜索结果数超过限制（例如，超过 1000 个结果）	显示搜索结果页面

"4.4.1 ChatGPT 生成自动化测试用例的最佳实践"小节中介绍了如何通过功能测试用例直接生成基于 Selenium 和 unittest 测试框架的 Python 脚本代码。部分 TC001～TC003 自动化测试脚本如图 9-17 所示。

图 9-17　部分 TC001～TC003 自动化测试脚本

完整的 TC001～TC003 自动化测试脚本如下所示。

完整的 TC001～TC003 自动化测试脚本

```python
import unittest
import time
from selenium import webdriver
from selenium.webdriver.common.by import By

class TestBaiduSearch(unittest.TestCase):

    def setUp(self):
        # 前置条件：用户打开百度搜索页面
        self.driver = webdriver.Chrome()
        self.driver.get("https://www.baidu.com")

    def test_search_valid_keyword(self):
        # 测试步骤：
        # 1. 在搜索输入框中输入一个有效关键字（例如："测试"）
        search_input = self.driver.find_element(By.ID, "kw")
        search_input.send_keys("测试")
```

```
    # 2. 点击搜索按钮
    search_button = self.driver.find_element(By.ID, "su")
    search_button.click()
    # 3. 等待 2 秒
    time.sleep(2)
    # 预期结果：显示搜索结果页面。
    self.assertIn("百度为您找到相关结果约", self.driver.page_source)
def test_search_multiple_valid_keywords(self):
    # 测试步骤：
    # 1. 在搜索输入框中输入多个有效关键字（例如："软件测试　方法"）
    search_input = self.driver.find_element(By.ID, "kw")
    search_input.send_keys("软件测试　方法")
    # 2. 点击搜索按钮
    search_button = self.driver.find_element(By.ID, "su")
    search_button.click()
    # 3. 等待 2 秒
    time.sleep(2)
    # 预期结果：显示搜索结果页面。
    self.assertIn("百度为您找到相关结果约", self.driver.page_source)
def test_search_special_characters(self):
    # 测试步骤：
    # 1. 在搜索输入框中输入特殊字符（例如："#$%^"）
    search_input = self.driver.find_element(By.ID, "kw")
    search_input.send_keys("#$%^")
    # 2. 点击搜索按钮
    search_button = self.driver.find_element(By.ID, "su")
    search_button.click()
    # 3. 等待 2 秒
    time.sleep(2)
    # 预期结果：显示错误消息提示。
    error_message = self.driver.find_element(By.CLASS_NAME, "nors").text
    self.assertEqual(error_message, "抱歉，没有找到与 "#$%^" 相关的结果。")
def tearDown(self):
    self.driver.quit()
if __name__ == '__main__':
    unittest.main()
```

如果读者喜欢使用 pytest 或者 TestNG 测试框架，也可以直接将 unittest 测试框架脚本转换为 pytest、TestNG 测试框架脚本，分别如图 9-18 和图 9-19 所示。

为了能够直观地查看自动化测试用例执行后生成的测试报告，可使用 HTMLTestRunner。可以从笔者提供的资源文件中获取它，将其复制到 Python 的 Lib 文件夹下。

图 9-18　ChatGPT 生成的 pytest 测试框架脚本片段

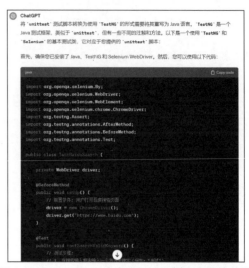

图 9-19　ChatGPT 生成的 TestNG 测试框架脚本片段

接下来，借助 ChatGPT 生成一个使用 HTMLTestRunner 的 Python 脚本，如图 9-20 所示。

图 9-20　ChatGPT 输出的使用 HTMLTestRunner 的 Python 脚本相关内容（部分）

ChatGPT 输出的完整的使用 HTMLTestRunner 的 Python 脚本相关内容如下所示。

ChatGPT 输出的完整的使用 HTMLTestRunner 的 Python 脚本相关内容

当然可以。以下是一个使用'**HTMLTestRunner**'的 Python 脚本示例，该脚本将独立运行指定目录中的测试用例，并生成 HTML 格式的测试报告。每次输出的报告名称固定为'**report.html**'。

您可以将此脚本保存为'**run_tests.py**'或任何您喜欢的文件名:

```python
import unittest
import HTMLTestRunner
import os

def main():
    # 测试用例的目录
    case_path = "./test_cases"

    # 测试报告的目录
    report_path = "./test_reports"
    if not os.path.exists(report_path):
        os.makedirs(report_path)

    # 测试报告文件名固定为 report.html
    report_file = os.path.join(report_path, "report.html")
    # 加载测试用例
    discover = unittest.defaultTestLoader.discover(case_path, pattern="test*.py")
    # 运行测试用例并生成报告
    with open(report_file, "wb") as report:
        runner = HTMLTestRunner.HTMLTesRunner(
            stream=report,
            title="测试报告",
            description="测试报告明细"
        )
        runner.run(discover)
if __name__ == "__main__":
    main()
```

使用说明。
- 测试用例目录:在 case_path 中指定您存放测试用例的目录。默认设置为./test_cases。
- 测试报告目录:测试报告将保存在 report_path 指定的目录中。如果该目录不存在,脚本会自动创建。
- 测试报告文件:报告文件名固定为 report.html。
- 执行脚本:保存此脚本后,在命令行中运行 python run_tests.py 来执行测试用例。

请根据您的项目布局调整 case_path 和 report_path 的值。这个脚本将自动查找 case_path 目录下所有以 test 开头的 Python 文件中的测试用例,并执行它们。

将 ChatGPT 生成的脚本粘贴到 run_tests.py 文件中,在其同级目录下新建一个名称为 "tset_cases" 的子目录并将 ChatGPT 生成的测试报告标题和描述修改为汉字。图 9-21 所示为基于 unittest 测试框架的目录结构及源代码信息。

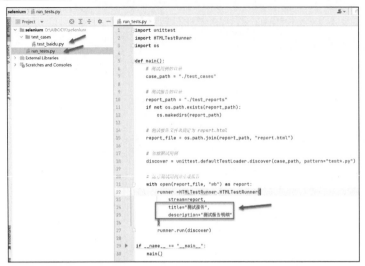

图 9-21　基于 unittest 测试框架的目录结构及源代码信息

9.4.3　Git 配置过程

笔者已经将百度搜索项目的基于 unittest 测试框架的代码上传到 GitHub，GitHub 项目相关信息如图 9-22 所示。读者可以通过访问该项目或资源文件获取 Git 的配置。

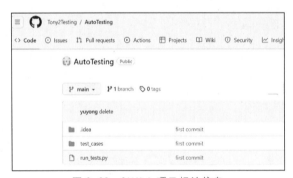

图 9-22　GitHub 项目相关信息

9.4.4　Jenkins 配置过程

由于 Jenkins 的安装过程较为简单，故在此不赘述，只针对相关配置过程进行介绍。按照如下操作步骤来完成 Jenkins 的相关配置。

（1）安装相关插件和软件

相关插件如下。

- Startup Trigger。
- HTML Publisher plugin。

相关软件如下。

- Git 客户端。

- Groovy。

（2）Jenkins 配置

创建一个自由风格的 Jenkins 项目，如图 9-23 所示。输入 Jenkins 项目的任务名称"autotest"，选择"Freestyle project"选项，单击"确定"按钮。

GitHub 相关配置如图 9-24 所示。

图 9-23　创建一个自由风格的 Jenkins 项目

图 9-24　GitHub 相关配置

创建一个用于 GitHub 登录的凭证，输入用户名和密码信息，如图 9-25 所示。

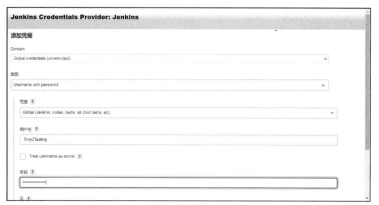

图 9-25　创建一个用于 GitHub 登录的凭证

如图 9-26 所示，选择 GitHub 登录凭证并指定分支。

图 9-26　选择 GitHub 登录凭证并指定分支

　　可以根据需要自行构建触发器，笔者在这里勾选"Poll SCM"复选框，实现每天定时执行或者源代码发生变化时执行触发器，如图 9-27 所示。

图 9-27　构建触发器的相关配置

　　较关键的是添加构建步骤。这里笔者添加了两个构建步骤。首先，添加了一个用于 Windows 批处理的命令，而后添加了一个用于避免测试报告展示问题的 Groovy 脚本命令，如图 9-28 所示。

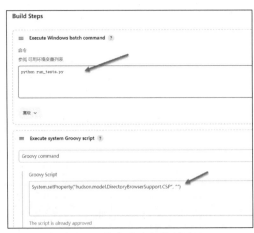

图 9-28　添加构建步骤的相关设置

为了展示测试报告，需要进行发布测试报告的相关设置，如图 9-29 所示。

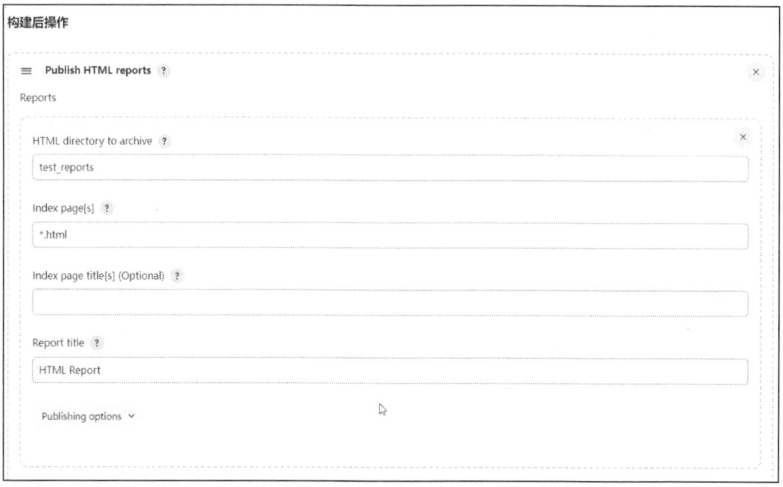

图 9-29　发布测试报告的相关设置

若希望每次 Jenkins 项目构建完成后，都能收到一封电子邮件以展示项目信息，如项目名称、构建编号、构建状态和构建地址，可以进行相关设置。Jenkins 本身提供了很多系统变量，可以直接对其进行引用，需要注意的是由于电子邮件内容以 HTML 格式展示，所以"Content Type"必须设置为 HTML(text/html)，"Attachments"则要设置测试报告的存放位置，如图 9-30 所示。

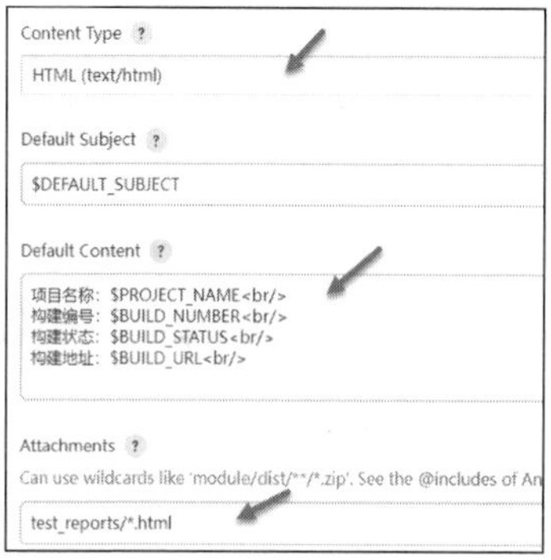

图 9-30　电子邮件的相关设置

必须切换到 Jenkins 的 Jenkins Location 界面，对"Jenkins URL""系统管理员邮件地址"进行设置，如图 9-31 所示。这里笔者在安装 Jenkins 的时候使用了 8888 端口，最好应用 IP 地址的方式，不要使用 localhost，这样可以保证局域网的其他人可以直接访问 Jenkins 地址，查看测试报告。

此外，还需要设置默认的电子邮件接收人员列表等，如图 9-32 所示。

必须验证电子邮件设置的正确性，目前绝大多数的电子邮件服务供应商在提供 SMTP 发送电子邮件时都要求使用授权码而非电子邮箱密码，所以在进行配置时切记阅读对应供应商的文档，以 QQ 邮箱为例，相关文档明确指出端口为 465 或 587，短信开通 SMTP 服务以后，会得到一个授权码，因此进行如下设置。图 9-33 所示的"使用 SMTP 认证"部分的密码即为授权码的填写位置。

图 9-31 "Jenkins URL" "系统管理员
邮件地址" 的设置

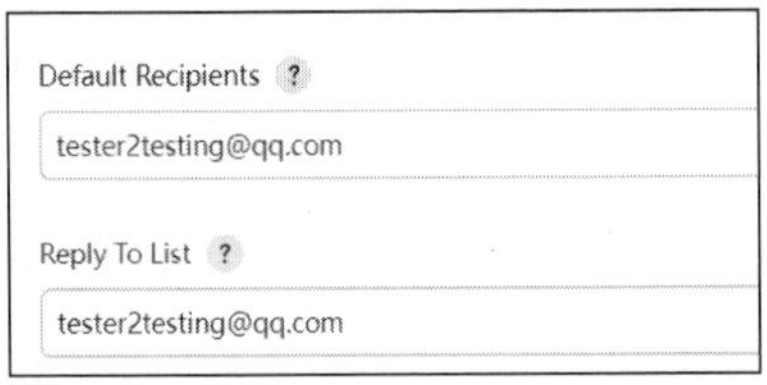

图 9-33 QQ 邮件相关设置

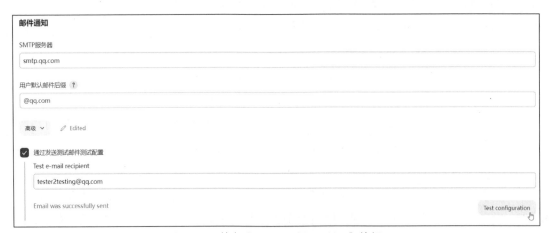

图 9-32 电子邮件接收人员列表等设置

为保证电子邮件可以正常发送,必须要单击"Test configuration"按钮来测试,
如图 9-34 所示。若成功接收到一封测试电子邮件,则说明相关配置没有问题。

图 9-34 单击"Test configuration"按钮

为保证每次成功构建项目后都能发送一封电子邮件,可勾选"Always"复选框,如
图 9-35 所示。

图 9-35　勾选"Always"复选框

9.4.5　运行测试和展示测试报告

设置完成后，单击"Build Now"链接来构建项目，如图 9-36 所示。

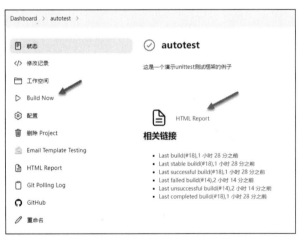

图 9-36　单击"Build Now"链接

构建完成后，可以单击"HTML Report"项查看测试报告。

如图 9-37 所示，测试报告展示了非常丰富的信息，若脚本执行错误，将以黄色（在真实环境可见）进行标识，单击"错误"按钮可以查看详细信息。

Jenkins 将会按照接收电子邮件列表的地址逐一发送电子邮件，这里只是为了演示，所以将发送电子邮件和接收电子邮件的地址均设置为同一电子邮箱地址，在操作时应以实际情况为准。接收到的电子邮件内容如图 9-38 所示。

图 9-37　测试报告相关信息

图 9-38　接收到的电子邮件内容

单击"构建历史"链接，可以看到项目的相关构建历史信息，如图 9-39 所示。

图 9-39　单击"构建历史"链接

至此，我们一起完成了集成 ChatGPT、Jenkins、Git、Selenium 和 unittest 的自动化测试实践案例，展示了 AI 在自动化测试中的作用。ChatGPT 的应用节省了编写测试用例脚本的时间，提高了测试用例脚本的准确性。Jenkins 在此过程中自动执行了 Selenium 测试用例脚本，与 Git 结合实现了代码的 CI，保障了测试的一致性和可靠性。

9.5 基于 AI 的 CI 之性能测试

9.5.1 ChatGPT 自动生成性能测试脚本

前面已经详细介绍了如何使用 ChatGPT 自动生成性能测试用例脚本。图 9-40 所示为 ChatGPT 自动生成的 WebTours 的并发登录业务场景测试用例脚本，如果读者想了解相关的详细内容，可以参看"7.4 ChatGPT 在性能测试过程中的最佳实践"。

图 9-40 ChatGPT 自动生成的 WebTours 的并发登录业务场景测试用例脚本

这里笔者仅选取 500 个用户并发登录 WebTours 的场景作为示例，进行效果展示。T_Login_500.jmx 文件的内容如下。

T_Login_500.jmx 文件的内容

```xml
<?xml version="1.0" encoding="UTF-8"?>
<jmeterTestPlan version="1.2" properties="5.0" jmeter="5.4.1">
  <hashTree>
    <TestPlan guiclass="TestPlanGui" testclass="TestPlan" testname="Test Plan"
    enabled="true">
      <stringProp name="TestPlan.comments"></stringProp>
      <boolProp name="TestPlan.functional_mode">false</boolProp>
      <boolProp name="TestPlan.tearDown_on_shutdown">true</boolProp>
      <boolProp name="TestPlan.serialize_threadgroups">false</boolProp>
      <elementProp name="TestPlan.user_defined_variables" elementType="Arguments"
guiclass="ArgumentsPanel" testclass="Arguments" testname="User Defined Variables"
enabled="true">
        <collectionProp name="Arguments.arguments"/>
      </elementProp>
      <stringProp name="TestPlan.user_define_classpath"></stringProp>
    </TestPlan>
    <hashTree>
    <ThreadGroup guiclass="ThreadGroupGui" testclass="ThreadGroup"
    testname="Thread Group" enabled="true">
      <stringProp name="ThreadGroup.on_sample_error">continue</stringProp>
      <elementProp name="ThreadGroup.main_controller" elementType="LoopController"
guiclass="LoopControlPanel" testclass="LoopController" testname="Loop Controller"
enabled="true">
        <boolProp name="LoopController.continue_forever">false</boolProp>
        <stringProp name="LoopController.loops">1</stringProp>
      </elementProp>
      <stringProp name="ThreadGroup.num_threads">500</stringProp>
      <stringProp name="ThreadGroup.ramp_time">1</stringProp>
      <boolProp name="ThreadGroup.scheduler">false</boolProp>
      <stringProp name="ThreadGroup.duration"></stringProp>
      <stringProp name="ThreadGroup.delay"></stringProp>
      <boolProp name="ThreadGroup.same_user_on_next_iteration">true</boolProp>
    </ThreadGroup>
    <hashTree>
      <HTTPSamplerProxy guiclass="HttpTestSampleGui" testclass="HTTPSamplerProxy"
testname="HTTP Request (Get UserSession from Home)" enabled="true">
```

```
            <elementProp name="HTTPsampler.Arguments" elementType="Arguments" guiclass=
"HTTPArgumentsPanel" testclass="Arguments" testname="User Defined Variables" enabled=
"true">
                <collectionProp name="Arguments.arguments"/>
            </elementProp>
            <stringProp name="HTTPSampler.domain">127.0.0.1</stringProp>
            <stringProp name="HTTPSampler.port">1080</stringProp>
            <stringProp name="HTTPSampler.protocol">http</stringProp>
            <stringProp name="HTTPSampler.contentEncoding"></stringProp>
            <stringProp name="HTTPSampler.path">/webtours/index.htm</stringProp>
            <stringProp name="HTTPSampler.method">GET</stringProp>
            <boolProp name="HTTPSampler.follow_redirects">true</boolProp>
            <boolProp name="HTTPSampler.auto_redirects">false</boolProp>
            <boolProp name="HTTPSampler.use_keepalive">true</boolProp>
            <boolProp name="HTTPSampler.DO_MULTIPART_POST">false</boolProp>
            <stringProp name="HTTPSampler.embedded_url_re"></stringProp>
            <stringProp name="HTTPSampler.connect_timeout"></stringProp>
            <stringProp name="HTTPSampler.response_timeout"></stringProp>
        </HTTPSamplerProxy>
        <hashTree>
          <RegexExtractor guiclass="RegexExtractorGui" testclass="RegexExtractor"
           testname="Regular Expression Extractor" enabled="true">
            <stringProp name="RegexExtractor.useHeaders">false</stringProp>
            <stringProp name="RegexExtractor.refname">UserSession</stringProp>
            <stringProp name="RegexExtractor.regex">Name=userSession\&quot;, \&quot;
            Value=([^&quot;]+)</stringProp>
            <stringProp name="RegexExtractor.template">$1$</stringProp>
            <stringProp name="RegexExtractor.default"></stringProp>
            <stringProp name="RegexExtractor.match_number">1</stringProp>
          </RegexExtractor>
          <hashTree/>
        </hashTree>
        <HTTPSamplerProxy guiclass="HttpTestSampleGui" testclass="HTTPSamplerProxy"
         testname="HTTP Request (Login)" enabled="true">
            <elementProp name="HTTPsampler.Arguments" elementType="Arguments" guiclass=
"HTTPArgumentsPanel" testclass="Arguments" testname="User Defined Variables" enabled=
"true">
                <collectionProp name="Arguments.arguments">
                  <elementProp name="userSession" elementType="HTTPArgument">
                    <boolProp name="HTTPArgument.always_encode">false</boolProp>
                    <stringProp name="Argument.value">${UserSession}</stringProp>
```

```xml
        <stringProp name="Argument.metadata">=</stringProp>
        <boolProp name="HTTPArgument.use_equals">true</boolProp>
        <stringProp name="Argument.name">userSession</stringProp>
      </elementProp>
      <elementProp name="username" elementType="HTTPArgument">
        <boolProp name="HTTPArgument.always_encode">false</boolProp>
        <stringProp name="Argument.value">${username}</stringProp>
        <stringProp name="Argument.metadata">=</stringProp>
        <boolProp name="HTTPArgument.use_equals">true</boolProp>
        <stringProp name="Argument.name">username</stringProp>
      </elementProp>
      <elementProp name="password" elementType="HTTPArgument">
        <boolProp name="HTTPArgument.always_encode">false</boolProp>
        <stringProp name="Argument.value">${password}</stringProp>
        <stringProp name="Argument.metadata">=</stringProp>
        <boolProp name="HTTPArgument.use_equals">true</boolProp>
        <stringProp name="Argument.name">password</stringProp>
      </elementProp>
      <elementProp name="login.x" elementType="HTTPArgument">
        <boolProp name="HTTPArgument.always_encode">false</boolProp>
        <stringProp name="Argument.value">30</stringProp>
        <stringProp name="Argument.metadata">=</stringProp>
        <boolProp name="HTTPArgument.use_equals">true</boolProp>
        <stringProp name="Argument.name">login.x</stringProp>
      </elementProp>
      <elementProp name="login.y" elementType="HTTPArgument">
        <boolProp name="HTTPArgument.always_encode">false</boolProp>
        <stringProp name="Argument.value">30</stringProp>
        <stringProp name="Argument.metadata">=</stringProp>
        <boolProp name="HTTPArgument.use_equals">true</boolProp>
        <stringProp name="Argument.name">login.y</stringProp>
      </elementProp>
    </collectionProp>
  </elementProp>
  <stringProp name="HTTPSampler.domain">127.0.0.1</stringProp>
  <stringProp name="HTTPSampler.port">1080</stringProp>
  <stringProp name="HTTPSampler.protocol">http</stringProp>
  <stringProp name="HTTPSampler.contentEncoding"></stringProp>
  <stringProp name="HTTPSampler.path">/cgi-bin/login.pl</stringProp>
  <stringProp name="HTTPSampler.method">POST</stringProp>
  <boolProp name="HTTPSampler.follow_redirects">true</boolProp>
```

```
    <boolProp name="HTTPSampler.auto_redirects">false</boolProp>
    <boolProp name="HTTPSampler.use_keepalive">true</boolProp>
    <boolProp name="HTTPSampler.DO_MULTIPART_POST">false</boolProp>
    <stringProp name="HTTPSampler.embedded_url_re"></stringProp>
    <stringProp name="HTTPSampler.connect_timeout"></stringProp>
    <stringProp name="HTTPSampler.response_timeout"></stringProp>
</HTTPSamplerProxy>
<hashTree>
  <ResponseAssertion guiclass="AssertionGui" testclass="ResponseAssertion"
  testname="Response Assertion" enabled="true">
    <collectionProp name="Asserion.test_strings">
      <stringProp name="-1002738365">User password was correct</stringProp>
    </collectionProp>
    <stringProp name="Assertion.custom_message"></stringProp>
    <stringProp name="Assertion.test_field">Assertion.response_data</string
    Prop>
    <boolProp name="Assertion.assume_success">false</boolProp>
    <intProp name="Assertion.test_type">2</intProp>
  </ResponseAssertion>
  <hashTree/>
  <CSVDataSet guiclass="TestBeanGUI" testclass="CSVDataSet" testname="CSV
  Data Set Config" enabled="true">
    <stringProp name="delimiter">, </stringProp>
    <stringProp name="fileEncoding">UTF-8</stringProp>
    <stringProp name="filename">D:/AIBOOK/usernames_passwords.csv</stringProp>
    <boolProp name="ignoreFirstLine">true</boolProp>
    <boolProp name="quotedData">false</boolProp>
    <boolProp name="recycle">true</boolProp>
    <stringProp name="shareMode">shareMode.all</stringProp>
    <boolProp name="stopThread">false</boolProp>
    <stringProp name="variableNames">username, password</stringProp>
  </CSVDataSet>
  <hashTree/>
</hashTree>
<ResultCollector guiclass="ViewResultsFullVisualizer" testclass="Result
Collector" testname="View Results Tree" enabled="true">
  <boolProp name="ResultCollector.error_logging">false</boolProp>
  <objProp>
    <name>saveConfig</name>
    <value class="SampleSaveConfiguration">
      <time>true</time>
```

```xml
            <latency>true</latency>
            <timestamp>true</timestamp>
            <success>true</success>
            <label>true</label>
            <code>true</code>
            <message>true</message>
            <threadName>true</threadName>
            <dataType>true</dataType>
            <encoding>false</encoding>
            <assertions>true</assertions>
            <subresults>true</subresults>
            <responseData>true</responseData>
            <samplerData>true</samplerData>
            <xml>false</xml>
            <fieldNames>true</fieldNames>
            <responseHeaders>true</responseHeaders>
            <requestHeaders>true</requestHeaders>
            <responseDataOnError>false</responseDataOnError>
            <saveAssertionResultsFailureMessage>true</saveAssertionResultsFailure
            Message>
            <assertionsResultsToSave>0</assertionsResultsToSave>
            <bytes>true</bytes>
            <sentBytes>true</sentBytes>
            <url>true</url>
            <fileName>true</fileName>
            <hostname>true</hostname>
            <threadCounts>true</threadCounts>
            <sampleCount>true</sampleCount>
            <idleTime>true</idleTime>
            <connectTime>true</connectTime>
          </value>
        </objProp>
        <stringProp name="filename"></stringProp>
      </ResultCollector>
      <hashTree/>
      <ResultCollector guiclass="SummaryReport" testclass="ResultCollector" testname=
"Summary Report" enabled="true">
        <boolProp name="ResultCollector.error_logging">false</boolProp>
        <objProp>
          <name>saveConfig</name>
          <value class="SampleSaveConfiguration">
```

```xml
                    <time>true</time>
                    <latency>true</latency>
                    <timestamp>true</timestamp>
                    <success>true</success>
                    <label>true</label>
                    <code>true</code>
                    <message>true</message>
                    <threadName>true</threadName>
                    <dataType>true</dataType>
                    <encoding>false</encoding>
                    <assertions>true</assertions>
                    <subresults>true</subresults>
                    <responseData>true</responseData>
                    <samplerData>true</samplerData>
                    <xml>false</xml>
                    <fieldNames>true</fieldNames>
                    <responseHeaders>true</responseHeaders>
                    <requestHeaders>true</requestHeaders>
                    <responseDataOnError>false</responseDataOnError>
<saveAssertionResultsFailureMessage>true</saveAssertionResultsFailureMessage>
                    <assertionsResultsToSave>0</assertionsResultsToSave>
                    <bytes>true</bytes>
                    <sentBytes>true</sentBytes>
                    <url>true</url>
                    <fileName>true</fileName>
                    <hostname>true</hostname>
                    <threadCounts>true</threadCounts>
                    <sampleCount>true</sampleCount>
                    <idleTime>true</idleTime>
                    <connectTime>true</connectTime>
                </value>
            </objProp>
            <stringProp name="filename"></stringProp>
        </ResultCollector>
        <hashTree/>
      </hashTree>
    </hashTree>
  </hashTree>
</jmeterTestPlan>
```

9.5.2　Git 配置过程

笔者已经将 500 个用户并发登录 WebTours 的 JMeter 脚本和数据文件上传至 GitHub，GitHub 项目相关信息如图 9-41 所示。该项目的代码可以从笔者提供的资源文件中获取。

图 9-41　GitHub 项目相关信息

9.5.3　JMeter 配置过程

打开 JMeter 的 bin 子目录下的 user.properties 文件，在其内容末尾添加一行 "jmeter.save.saveservice.output_format=xml" 配置信息并保存文件，如图 9-42 所示。

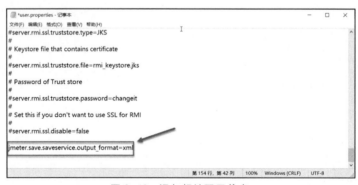

图 9-42　添加相关配置信息

9.5.4　Jenkins 配置过程

按照如下操作步骤来完成 Jenkins 的相关配置。

1）安装相关插件和软件

相关插件如下。

Performance。

相关软件如下。

- JMeter。

2）Jenkins 配置

创建一个自由风格的 Jenkins 项目，如图 9-43 所示。输入 Jenkins 项目的任务名称
"JmeterTest"，选择"Freestyle project"选项，单击"确定"按钮。

图 9-43　创建一个自由风格的 Jenkins 项目

GitHub 相关配置如图 9-44 所示。

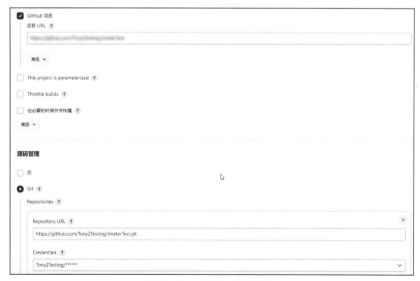

图 9-44　GitHub 相关配置

选择之前创建的 GitHub 登录凭证并指定分支，如图 9-45 所示。

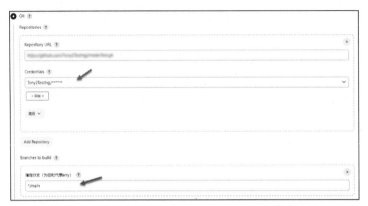

图 9-45　选择之前创建的 GitHub 登录凭证并指定分支

根据需要自行构建触发器，笔者这里勾选 "Poll SCM" 复选框，实现每天定时执行或者源代码发生变化时执行触发器，如图 9-46 所示。

图 9-46　构建触发器的相关配置

较关键的是添加构建步骤。这里笔者添加了用于运行 JMeter 的命令，即 jmeter -jjmeter.save.saveservice.output_format=xml -n -t T_Login_500.jmx -l reporter.jtl，如图 9-47 所示。通过这个命令运行 JMeter 测试用例脚本后，将会生成一个名称为 reporter.jtl 的测试结果文件，该文件为 XML 格式。

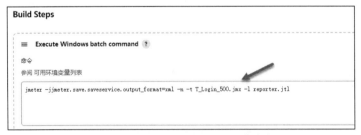

图 9-47　添加用于运行 JMeter 的命令

添加用于展示性能测试报告的"Publish Performance test result report"插件，在"Source data file (autodetects format)"下方输入测试报告名称，即 reporter.jtl，如图 9-48 所示。

根据需要勾选相关复选框，以展示性能指标的图表信息，如图 9-49 所示。

图 9-48 添加用于展示性能测试报告的插件

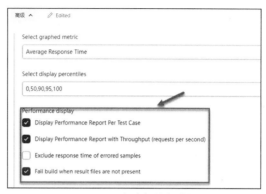

图 9-49 勾选相关复选框

9.5.5 运行测试和展示测试报告

设置完成后，再次构建项目。构建完成后，可以单击"Performance Report"查看测试报告，如图 9-50 所示。从性能测试报告中可以看到吞吐量、响应时间、错误百分比折线图。

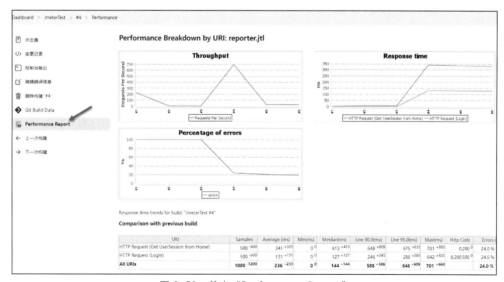

图 9-50 单击"Performance Report"

还可以单击"Performance Trend"来查看吞吐量、响应时间、错误百分比折线图，如图 9-51 所示。

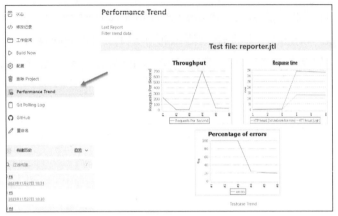

图 9-51　单击 "Performance Trend"

9.5.6　ChatGPT 帮您分析测试报告

ChatGPT 还可以分析 JMeter 生成的 JTL 格式的测试报告并生成指定格式的意见。

以下内容就是调用 OpenAI 的 API，实现对 JTL 格式的测试报告进行分析并给出 HTML 格式的意见的 Python 代码，供读者参考。

实现对 JTL 格式的测试报告进行分析并给出 HTML 格式的意见的 Python 代码

```python
import openai
import json

# 设置你的 OpenAI API 密钥
openai.api_key = 'your-api-key'
# 读取 JTL 文件
with open('your_test_result.jtl', 'r') as file:
    jtl_content = file.read()
# 创建请求内容
prompt = f"请帮我分析这个测试结果: {jtl_content}"
# 调用 GPT-4 API
response = openai.ChatCompletion.create(
    model="gpt-4",
    messages=[
        {"role": "system", "content": "You are a helpful assistant."},
        {"role": "user", "content": prompt}
    ]
)
# 获取 GPT-4 的分析结果
analysis = response['choices'][0]['message']['content']
```

```
# 生成 HTML 文件
html_content = f"<html><body><h1>ChatGPT 意见</h1><p>{analysis}</p></body></html>"
with open('ChatGPT_Opinion.html', 'w') as html_file:
    html_file.write(html_content)
```

还需要做以下相关工作。

1）使用 pip 命令安装 OpenAI 库。

2）替换'your-api-key'为实际的 OpenAI API 密钥。

3）确保'your_test_result.jtl'是 JTL 文件的正确路径和名称。

4）根据实际的需求可能需要进行更复杂的处理。例如，对 JTL 文件内容进行适当的格式化和解析，以便 GPT-4 更好地理解和分析。

5）在使用大型文本文件时，可能需要考虑 API 请求的大小限制。

ChatGPT Plus 用户可以直接上传 JTL 格式的测试报告，让 ChatGPT 进行分析并给出意见。针对最后一次执行 JMeter 500 个用户并发登录测试场景执行结果，ChatGPT 给出的意见如图 9-52 所示。

ChatGPT 意见

新的性能测试报告分析结果。
1. **平均响应时间：** 测试中的平均响应时间为大约 230.52 毫秒。
2. **成功率：** 测试请求的成功率约为 80.8%，表明大部分请求成功，但也有一部分失败。
3. **响应代码分布。**
- 成功的响应代码 "200" 出现了 2425 次。
- "Non HTTP response code: org.apache.http.conn.HttpHostConnectException" 出现了 574 次，表明有连接问题。
- 错误代码 "500" 出现了 1 次，表明有一个服务器内部错误。
4. **各测试标签的平均响应时间。**
- "HTTP Request (Get UserSession from Home)" 的平均响应时间为 331.72 毫秒。
- "HTTP Request (Login)" 的平均响应时间为 129.33 毫秒。

这个分析显示，虽然大多数请求成功，但仍有相当一部分请求因连接问题而失败。建议检查网络连接或服务器配置，以解决这些失败的请求。另外，各测试标签的响应时间差异较大，可能需要对特定的服务或接口进行优化以提高性能。

图 9-52　ChatGPT 给出的意见

如果读者觉得输出的内容样式过于简单，还可以编写一个应用程序来调用 OpenAI 的 API 及设置 CSS，让输出的内容更加美观和易于阅读。

至此，我们巧妙地结合了 ChatGPT、Jenkins、Git 以及 JMeter，展现了一个高效的性能测试 CI 的实践案例全过程。

第 10 章　ChatGPT 生成测试总结报告

10.1　ChatGPT 赋能敏捷测试总结报告智能生成

在敏捷开发模式下，项目团队需要快速响应变化，频繁地进行软件版本的迭代。这就要求测试报告不仅需要及时交付，还应当包含实用的建议，这些建议将直接指导未来的开发工作。为了配合敏捷开发模式的快节奏，可以对测试报告进行必要的精简，专注于记录核心的数据和关键问题，避免过多无关的详细说明。

测试总结报告的详细程度可以根据项目的具体需求和团队的情况来调整，有时需要详尽以便进行深入分析，有时则需要简洁以便进行快速决策。无论怎样，测试报告都要能够灵活地满足团队和企业的需求，这是确保其价值和有效性的关键因素。

针对敏捷开发模式下如何有效利用 ChatGPT，笔者的一些建议如下。

1）测试数据收集：定期（如每天）通过测试工具收集测试数据，包括功能测试、性能测试和接口测试等不同类型测试的数据。

2）数据预处理：使用脚本或工具对收集的数据进行格式化，确保它们符合 ChatGPT 处理的数据的格式要求。例如，将测试数据转换为标准的 JSON 或 CSV 格式。

3）生成测试报告：将预处理后的数据输入 ChatGPT。ChatGPT 分析这些数据，识别主要的问题，如特定功能的失效、性能瓶颈或界面问题，提出具体的建议，例如需要重点关注的代码区域、可能的性能优化措施或 UI 改进方向。

4）测试报告的定期更新和发送：将 ChatGPT 生成的测试报告通过自动化流程定期更新和发送给团队成员，如每天早晨发送给开发团队和项目经理。测试报告中包含前一天的工作完成情况、被测系统的缺陷情况、目前工作中存在的主要问题等。

5）反馈循环：不同团队或团队成员（如项目经理、开发人员、产品人员、测试人员）可能对同一份测试报告有不同的阅读需求。利用 ChatGPT 根据不同角色的需求定制不同的测试报告。例如，项目经理可能重点关注项目的整体进度和关键风险；而开发人员则更关注具体的技术细节和缺陷修复建议。ChatGPT 根据不同的需求快速调整测试报告的重点。不同团队应在每日站立会议上关注影响项目进度的问题，开发团队应根据报告中的建议进行代码修正和改进。

将测试报告纳入 ChatGPT 自建知识库，这样 ChatGPT 不仅是整个项目团队的"活字典"，还是提高测试总结效率、促进项目管理决策的强大辅助工具。

10.2 ChatGPT 自动生成测试总结报告的流程

10.2.1 数据收集与整合

编写高质量测试报告的核心在于对测试数据的全面和精确收集，测试数据包括但不限于自动化测试结果、手动测试记录等多种形式的反馈信息。例如，我们正在测试一个网络应用，要收集的测试数据可能包括 API 响应时间、后端服务的稳定性数据等。收集的测试数据需要被转换成一种标准化格式，以便 ChatGPT 能够有效地处理和分析这些数据。常用的数据标准化格式包括 JSON 和 CSV，这两种格式在数据存储和解析方面都非常高效。

如何进行数据的收集与整合呢？举个例子，对于一个电子商务应用，可以收集与整合以下数据。

1）自动化测试结果：自动化测试结果可能包含用户登录、商品浏览、购物车功能等方面的测试数据。每个测试用例的结果可能包括运行成功或运行失败的状态、运行时间和运行失败时的错误日志等数据。这些数据最初可能是以特定内置格式存储的，需要转换为 JSON 或其他格式，以便进行进一步处理。

2）手动测试记录：手动测试记录可能包括界面的可用性测试结果、特定功能的验证结果等数据。这些数据通常由测试人员在电子表格中记录，将这些数据导出为 CSV 或其他格式的文件，可以方便地将其整合到自动化报告生成流程中。

3）性能测试数据：性能测试可能涉及应用的平均响应时间、TPS、CPU 利用率等性能指标数据。这些性能指标数据通常以性能监控工具的输出内容或者日志的形式存在。我们提取关键的数据，如平均响应时间、最短响应时间、最长响应时间、TPS 等，并将其转换为标准化格式，如 CSV 或者 JSON，以便于在报告中提供性能概览。

多种多样的数据收集与整合方法，能够确保收集的数据不仅全面，而且标准、易于处理，从而为利用 ChatGPT 生成高质量的测试报告奠定坚实基础。

10.2.2　设计测试报告模板

在设计测试报告模板这一步骤中，全面性和清晰性至关重要。设计测试报告模板的目标是设计一个既能够涵盖所有关键测试信息，又能够被各利益相关方轻松理解的模板。这需要细致的规划和思考，以确保模板的结构既合理又直观。

通常，通用的模板需要包括如下关键部分。

1）测试概要：这部分提供项目的基本信息、测试范围等内容。例如，在对一个 Web 应用系统进行测试时，该部分会包括应用的版本信息、测试环境等。

2）执行情况：这部分描述测试的实施情况，包括测试用例的执行数量、成功和失败的测试用例比例等。例如，在自动化测试中，该部分可以展示测试用例的执行数量以及成功和失败的测试用例比例。

3）结果摘要：这部分提供关键的质量评估指标，例如，缺陷密度、测试覆盖率等。

4）详细结果：这部分详细记录每个测试用例的执行结果及其他相关信息，包括成功或失败的原因、测试数据、预期结果与实际结果的比对。例如，一个测试用例执行失败了，这部分应详细描述失败的场景、识别的问题和展示失败截图。

通过模板可确保测试报告不仅全面覆盖所有关键信息，而且易于阅读和理解。这样的模板是团队成员高效沟通的基础，可确保所有团队成员都能对测试结果有清晰的认识。

10.2.3　定制化 ChatGPT

定制化 ChatGPT 的目标是通过定制化训练使 ChatGPT 满足项目的具体需求。这一步骤不仅涉及让 ChatGPT 学习项目特定的报告风格和术语，还涉及调整 ChatGPT 参数，以使其更好地处理特定类型的测试数据。

首先，需要向 ChatGPT 提供一系列测试报告样本。这些样本应包括不同类型的测试报告，如功能测试报告、性能测试报告和安全测试报告等，以确保 ChatGPT 能够理解和生成不同类型的测试报告。通过分析这些样本，ChatGPT 学习项目特定的报告风格和术语。例如，项目中采用特定的方式来描述测试用例的执行或缺陷，ChatGPT 将学习这种特定的描述方式。

其次，我们将调整 ChatGPT 的处理参数，以增强其对测试数据的解析能力。例如，数据主要与 UI 测试相关，则应该调整模型中与之相关的参数，以更好地解析与 UI 相关的测试结果。参数调整还旨在提高生成的报告的准确性和相关性。这可能需要调整模型的输出长度，以实现更详细的测试结果描述，或优化模型以更准确地识别和高亮显示重要的测试数据。

通过定制化训练，ChatGPT 能够更准确地解析测试数据，并生成满足项目特定需求的测试报告，从而提高报告的实用性和可靠性。

10.2.4　自动化生成测试报告

在完成数据收集与整合、设计测试报告模板和定制化 ChatGPT 之后，要进行的关键步骤是自动化生成测试报告。该步骤的核心是利用 ChatGPT 强大的分析和语言生成能力，快速生成高质量的测试报告。

自动化生成测试报告的起点是将所有整理好的测试数据输入 ChatGPT。测试数据包括测试用例的执行情况、性能测试结果、安全测试结果等。依据预先设计的模板，ChatGPT 自动分析输入的测试数据，并编写测试报告。这个过程中，ChatGPT 不仅会提炼关键信息，还会按照模板结构组织报告内容，确保其逻辑清晰、内容全面。自动化生成测试报告可以保证报告内容的标准化和专业性，减少人工编写过程中可能出现的错误和遗漏，还可以显著减少人工编写报告所需的时间，特别是在处理大量测试数据的情况下。

假设我们正在管理一个复杂的移动应用开发项目，它涉及多个功能模块的测试工作，现在已经完成了一轮功能、性能和安全测试，需要编写如下测试报告。

1）功能测试报告：将功能测试的结果输入 ChatGPT 中，这些结果涵盖用户注册、商品浏览和购买流程等模块的测试情况。ChatGPT 分析这些数据，并根据模板生成一份涵盖各个模块测试细节和总体评估的报告。

2）性能测试报告：将性能测试数据，如响应时间、服务器负载等输入 ChatGPT。ChatGPT 对这些数据进行分析，并编写一份包含关键性能指标和优化建议的报告。

3）安全测试报告：输入安全测试的结果到 ChatGPT，如安全漏洞扫描结果和安全漏洞的严重程度等。ChatGPT 据此生成一份详尽的安全测试报告，其中强调重要的安全风险和修复建议。

通过这种方法，不仅能够快速生成各类测试报告，还能确保这些报告的标准化和专业性。

10.2.5　人工审查与调整

虽然 ChatGPT 大大提高了测试报告的编写效率，但人工审查与调整的步骤对于确保报告的高质量仍然至关重要。

测试团队需要细致地审查 ChatGPT 生成的测试报告，以确保所有的测试结果被准确地描述，尤其是关键数据和结论部分。人工审查还包括审查测试报告内容的完整性，以确保所有必要的信息都被包含，并且没有重要信息被遗漏。除了准确性和完整性，测试报告的逻辑性和条理性也是重要的审查点。测试团队会评估报告的结构是否合理，信息是否条理清晰。

在人工审查的过程中，可能会发现一些需要微调的地方，比如术语的使用方式、数据的呈现方式，甚至是测试报告中的某些表述。需要确保测试报告无论在内容上，还是在格式和风格上都与项目的其他文档保持一致。

尽管 ChatGPT 在测试报告的生成过程中发挥了巨大作用，但人工审查与调整仍然是确保报告的高质量的关键步骤。通过这种人机协作，我们能够确保测试报告不仅快速生成，而且在准确性、完整性和专业性上都达到较高的标准。

10.2.6　持续反馈与优化

在测试报告的生成过程中，建立有效的反馈与优化循环是提高报告质量的关键。这一步骤涉及从各个利益相关方收集反馈，并根据这些反馈来优化 ChatGPT 的配置和相关测试报告的模板。

定期从测试团队、项目管理者以及其他相关人员处收集对测试报告的反馈，包括测试报告的准确性、完整性、易读性以及改进建议。对收集到的反馈进行分析，以识别常见的问题或改进点。例如，多次反馈某些测试结论的描述不够清晰，这可能表明需要在报告模板中加入更多的数据和分析结果以支撑相关测试结论。

根据反馈，对 ChatGPT 的配置和相关测试报告的模板进行优化。例如，测试报告中对特定类型的测试数据的分析不够深入，可能需要调整模型对这类数据的处理方式，采用"数据+图形化展示"的方式。如在性能测试报告中加入火焰图、网页细分图，更加直观地让阅读者看到问题产生的根源。针对收集到的反馈，调整测试报告模板，以改善测试报告的结构或内容呈现方式。

持续的反馈收集，对于维持、提升测试报告的质量至关重要。不断调整和优化测试报告，能够确保测试报告真实描述项目的状态，并持续且高质量地满足不同团队和项目利益相关者的需求。这种方法不仅提高了测试报告的实用性，还提升了整个团队对测试过程和结果的满意度。

10.3　ChatGPT 与自动化工具的集成

在快速的软件迭代开发过程中，自动化测试不仅是提升效率的工具，还是确保软件质量的关键。通过将 ChatGPT 等 AI 工具集成到自动化测试报告的生成工具中，可以创造出一种全新的解决方案，它能够极大地加快测试报告的编写速度，并显著提高报告的准确性和可用性。

10.3.1　集成的价值

ChatGPT 集成到自动化工具的影响是巨大的且有创新性，特别是在测试报告的编写和管理方面。这种集成极大地提升了测试的效率，使得曾经耗时较长的报告编写工作现在可以在几分钟内完成。在过去，测试团队不得不在测试完成后花费数小时，甚至是数天，手动整理测试数据、编写报告，并进行反复的审查和编辑。而现在，借助 ChatGPT 与自动化工具的集成，测试结果可以被迅速解析，自动生成详细的报告。

借助 ChatGPT 与自动化工具的集成，不仅可以缩短从测试到反馈的周期，还可以使测试团队能够快速调整策略，有针对性地解决发现的问题。更重要的是，这可以节省测试人员的时间，从而使他们可以将精力集中在更加重要的工作上，如探索更高效的测试用例设计方法、学习新技术等。

在敏捷开发模式下，项目团队依赖快速反馈循环来调整和改进产品。例如，在一个敏捷团队中，通过集成 ChatGPT 与自动化工具，运行自动化测试后，测试结果可以实时转化成可读的报告，给开发人员提供及时的反馈，从而使他们可以在当天就修复 Bug，确保产品质量与迭代速度并行提升。在一个大型企业中，可能有成百上千的自动化测试用例需要在夜间运行。以往，详细的测试总结报告可能要在第二天才能准备好，但有了 ChatGPT 后，在一夜之间输出自动化测试报告的同时还可以得到详细的测试总结报告。例如，在一个金融软件项目中，安全和功能测试尤其重要，ChatGPT 可以被定制、强化，以确保系统核心问题不会被遗漏。每个项目都有各自的特点，ChatGPT 的集成使得每个项目都可以有其专属的报告格式和内容。例如，一个网络应用可能需要关注页面加载速度和响应时间，而一个数据密集型应用可能更关注数据库的性能和数据一致性。通过 ChatGPT，测试报告可以被定制以反映不同的关注点，为项目团队提供他们需要的信息。

ChatGPT 与自动化工具的集成为测试团队提供了新的测试报告的编写和管理方式，提高了生成测试报告的效率，确保了测试团队能够在软件开发过程中保持快速和敏捷。随着测试策略的不断进化，ChatGPT 与自动化工具的集成也将继续发展，以满足不断变化的项目需求和应对新的技术挑战。

10.3.2　ChatGPT 集成到 CI/CD 的实践案例

在 CI/CD 环境中，每当代码库接收到新的代码提交请求时，自动化测试工具就会运行。集成了 ChatGPT 的工具可以在每次代码提交后自动创建和分发测试报告，确保所有团队成员都能获得最新的测试结果并及时做出响应。以接口测试报告为例，如图 10-1 所示，这份测试报告包含一些重要的数据信息，如总请求数、失败测试数等。这些数据无疑是每次执行测试后我们都关心的重要数据，那么能不能让 ChatGPT 提取测试报告中的这些数据并自动分析每次的执行结果呢？

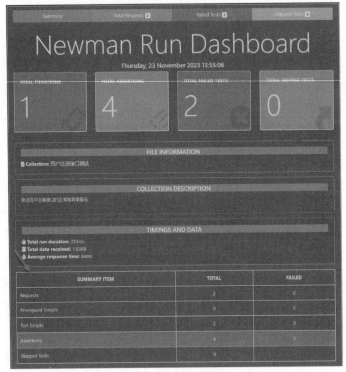

图 10-1　接口测试报告

结合 Newman 命令行工具中输出的测试报告格式的特点（当然，如果您使用的是其他的测试框架，如 pytest、unittest、JUnit 等，它们输出的测试报告格式可能有所不同，但是通常都会输出一份格式固定的 JSON 或者 HTML 格式的报告），我们可以在 ChatGPT 中上传测试报告并输入与 "结合上传的 HTML 测试报告，请帮我提取 SUMMARY ITEM 中的 Requests、Prerequest Scripts、Test Scripts、Assertions、Skipped Tests 这 5 行数据的 TOTAL 和 FAILED 列的数值，并整理成表格，表格共包含 3 列，分别是摘要项目、总数、失败数。" 类似的提示词。图 10-2 所示为 ChatGPT 输出的符合要求的表格数据。ChatGPT 按照笔者的要求整理出需要的数据并自动给出了恰当的说明。如果需要了解这些数据是如何提取的，可以单击图中箭头位置的链接。图 10-3 所示为提取接口测试结果数据对应的 Python 源代码。绝大多数企业的测试人员都具备测试辅助工具、测试平台等的开发能力，有了这些 Python 源代码以后，具备上述开发能力的测试人员就可以通过调用 OpenAI 公司开放的

API 来调用接口函数，直接获取相关数据，而后将这些数据格式化输出，如展现在网页或者 Word 测试报告模板中，再发送给项目管理人员等。当然这里只是抛砖引玉，笔者相信读者一定会有更多、更好的"奇思妙想"。

图 10-2　ChatGPT 输出的符合要求的表格数据

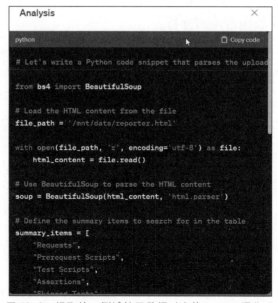

图 10-3　提取接口测试结果数据对应的 Python 源代码

可以让 ChatGPT 写一份本次接口测试的小结。图 10-4 所示为 ChatGPT 输出的本次接口测试的小结。由该图可知，ChatGPT 就像一位测试专家，非常准确、恰当地对本次接口测试的情况进行了小结。有时为了给出更符合要求的测试总结，可以与 ChatGPT 进行多轮交互，从而达到获取理想的测试总结的目标。

图 10-4　ChatGPT 输出的本次接口测试的小结

还可以上传一些手动整理的数据，让 ChatGPT 绘制折线图，如图 10-5 所示。图 10-6 所示为 ChatGPT 针对折线图给出的分析。

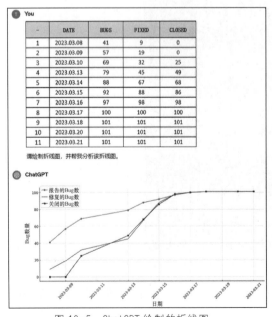

图 10-5　ChatGPT 绘制的折线图

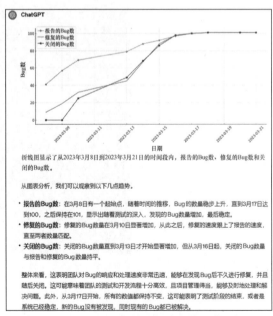

图 10-6　ChatGPT 针对折线图给出的分析

10.3.3 ChatGPT 在多项目管理的环境中的实践案例

在多项目管理的环境中，每个项目的关注点和信息需求可能各不相同。这时定制化的测试报告就显得尤为重要。ChatGPT 的灵活性和高度定制化能力可为不同的项目提供量身定制的测试报告。以下是几个关于如何利用 ChatGPT 来为不同项目生成定制化的测试报告的示例。

- 在一个大型电子商务平台项目中，测试报告需要特别关注支付系统、购物车功能和用户登录系统的性能。通过 ChatGPT，可以设计报告模板来专门突出这些功能或系统的测试结果，比如业务成功率、吞吐处理能力、响应时间等。定制化的测试报告可以包括与用户体验直接相关的关键指标。

- 医疗健康应用项目则特别关注保护用户隐私数据的安全性。因此，测试报告需要特别强调安全测试的结果，如认证、授权和数据加密方面的测试的结果。ChatGPT 可以生成详细的安全测试报告，包括各种安全测试用例的执行情况，以及针对发现的安全隐患的详细分析。

- 对于物联网应用项目，测试报告需要强调设备的稳定性、能耗以及其与其他设备的连接性。利用 ChatGPT，测试团队可以设置报告模板来强调设备在长时间运行中的表现，以及在不同网络条件下的连接稳定性测试结果。同时，测试报告还可以包含对失败测试的深入分析，帮助开发团队定位问题、优化产品。

- 在金融服务软件项目中，测试报告需要重点关注交易的处理能力和系统的高可用性。ChatGPT 能够生成包含事务吞吐量、系统响应时间和故障恢复时间等关键性能指标的测试报告。

通过这些示例可以看出，ChatGPT 不仅可以提升测试报告的生成效率，还能够确保测试报告在内容和格式上满足不同项目团队的特定需求。这种定制化的测试报告使得组织能够更有效地监控和改进其软件。未来，随着技术的不断发展和团队需求的改变，可能会出现更多创新的集成方式，这些方式将进一步提升软件测试的效率。这不仅有助于加速软件的上市，还能提高软件的质量和稳定性，最终提升客户满意度和增强其市场竞争力。我们期待着技术的未来，以及它如何继续推动千行万业的快速发展。

第 11 章　ChatGPT 在职业发展中的应用

在大数据、AI 技术快速发展的今天，持续学习、不断提升自身技能水平是每一位不想被社会淘汰的人不得不做出的选择。

本章主要探讨 ChatGPT 在技能进阶、职业规划和求职等方面的实际应用。

ChatGPT 可应用于技能进阶方面，如辅助学习英语和软件测试技能等。ChatGPT 可提供切实有效的学习建议，还可提供英语口语对话练习，帮助我们提高英语水平。对于软件测试技能，ChatGPT 可提出一些好的建议，快速生成技能进阶路线图，使我们对学习新技能有清晰的方向，引导我们循序渐进地学习。

ChatGPT 在职业规划方面可发挥重要作用。让 ChatGPT 根据我们的需求和目标生成详尽的学习计划，为个人职业发展提供指导。

ChatGPT 在求职过程中也可以发挥举足轻重的作用。它可自动生成优秀的求职简历，还可模拟面试环节，提出面试官可能提出的问题。ChatGPT 甚至可以给出符合要求的笔试试卷，并给出参考答案，大大优化求职过程。

11.1　ChatGPT 在技能进阶方面的应用案例

下面将通过两个案例介绍如何通过 ChatGPT 来提升技能。

首先，以如何学好一门外语为例，具体介绍操作 ChatGPT 的过程。

访问 ChatGPT 网站会发现，我们的页面显示可能有所不同，这是因为笔者的计算机里安装了可以进行语音输入的插件。如图 11-1 所示，页面的底部出现方框所标识的插件信息，读者不用着急，之后笔者会介绍如何安装这个插件。这里，笔者输入自己关心的问题，即"请问如何学好一门外语，比如：英语。"，当然也可以单击 🎤 图标进行语音输入。

稍等片刻后，会出现图 11-2 所示的 ChatGPT 响应信息。

图 11-1　已安装语音输入插件的 ChatGPT 页面信息

图 11-2　ChatGPT 响应信息

　　ChatGPT 从制订合适的学习计划、提高听说读写能力、练习口语、学习语法和词汇、参加培训课程、多做练习和接触英语文化这 7 个方面提出了建议。

　　很多学习外语的读者可能都有一个体会，就是词汇、语法等都掌握得很好，但发音和交流不尽如人意，那么能不能让 ChatGPT 扮演外国友人和我们聊天呢？当然可以，只需打开 Chrome 应用商店，如图 11-3 所示，安装一款名称为"Voice Control for ChatGPT"的浏览器插件。

图 11-3　Chrome 应用商店

如图 11-4 所示，在查找输入框中输入"voice"后按 Enter 键，Chrome 应用商店中就会显示"Voice Control for ChatGPT"插件链接。单击该插件链接，查看详细信息。

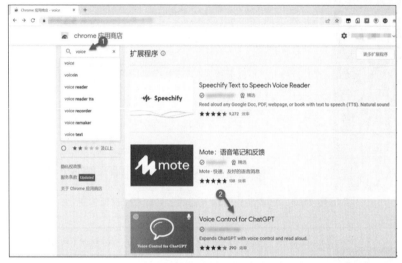

图 11-4 "Voice Control for ChatGPT" 插件链接

如图 11-5 所示，目前该插件已有 40 多万用户在使用，单击"添加至 Chrome"按钮安装该插件。

图 11-5 安装 "Voice Control for ChatGPT" 插件

"Voice Control for ChatGPT"插件安装完成后，会在 Chrome 浏览器工具条中出现一个图标，如图 11-6 所示。

图 11-6 "Voice Control for ChatGPT" 插件图标

在 ChatGPT 的底部出现 "Voice Control for ChatGPT" 插件，设置语言后，就可以和 ChatGPT 进行聊天了。ChatGPT 会以设置的语言进行响应，这里我们练习英语，所以选择 "English(US)" 选项，如图 11-7 所示。

图 11-7 设置语言

从语言下拉列表选择 "English(US)" 选项后，单击 🎤 图标，就可以和 ChatGPT 进行英文对话，如图 11-8 所示。可以看到 ChatGPT 响应的语言是英语，我们仿佛在和一位说英语的外国友人对话。因为 ChatGPT 基于上下文对话，所以它能做到及时纠正英语语法错误等。

图 11-8 ChatGPT 和笔者的英文对话

可以向 ChatGPT 提出任何我们关心的问题，如如何学习 Selenium 或者快速成为一名测试专家，它都能提供一些好的建议，如图 11-9 和图 11-10 所示。

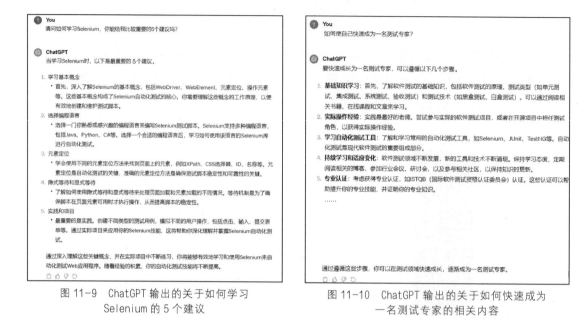

图 11-9　ChatGPT 输出的关于如何学习
Selenium 的 5 个建议

图 11-10　ChatGPT 输出的关于如何快速成为
一名测试专家的相关内容

11.2　ChatGPT 在职业规划方面的应用案例

AI 通过不断地迭代、积累数据，掌握更多的知识，从而给人类提供更多的优质服务。人类也需要不断学习、掌握先进的技术来提升生产力，结合个人来讲，我们必须要有清晰的职业规划并为之努力，才能成为时代的佼佼者。

与时俱进、持续学习已成为每个人必须面对的事实，作为一名 IT 从业者，其危机感可能会更加强烈。下面以规划一名功能测试人员成为一名性能测试人员为例，让 ChatGPT 来规划其如何学习性能测试工具 LoadRunner，介绍 ChatGPT 在职业规划方面的应用。

结合软件测试行业来讲，作为测试人员，只有不断地规划自己的学习路径，不断学习，持续提升自身的能力，才能适应行业的发展。如果测试人员现阶段一直从事功能测试工作，不拓展自身的知识体系，从长远发展来讲必将被时代淘汰。目前自动化测试、安全测试、性能测试或测试开发等职位具有更广阔的发展前景，对测试人员的要求也比较高。这里以性能测试为例，笔者觉得它是软件测试分类中最难做的测试工作之一。它不仅需要测试人员掌握一些关于操作系统、数据库、多种协议（HTTP/HTTPS、TCP、FTP 等）的知识，还需要测试人员使用相关性能测试工具来分析、定位系统瓶颈并给出处理意见等。是不是感觉头皮发麻，一头雾水了？别着急，让 ChatGPT 帮我们制订一份学习计划。LoadRunner 作为性能测试中较强大、工业级的性能测试工具，被银行、保险等行业的很多企业使用。这里就以学习 LoadRunner 性能测试工具为例，让 ChatGPT 生成一份学习计划，如图 11-11 所示。

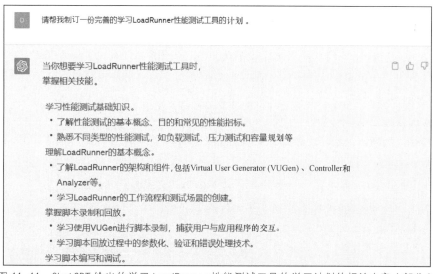

图 11-11　ChatGPT 给出的学习 LoadRunner 性能测试工具的学习计划的相关内容（部分）

ChatGPT 给出的完整的学习 LoadRunner 性能测试工具的学习计划的相关内容如下所示。

ChatGPT 给出的完整的学习 LoadRunner 性能测试工具的学习计划的相关内容

当你想要学习 LoadRunner 性能测试工具时，掌握相关技能。

学习性能测试基础知识。

- 了解性能测试的基本概念、目的和常见的性能指标。
- 熟悉不同类型的性能测试，如负载测试、压力测试和容量规划等。

理解 LoadRunner 的基本概念。

- 了解 LoadRunner 的架构和组件，包括 Virtual User Generator（VUGen）、Controller 和 Analyzer 等。
- 学习 LoadRunner 的工作流程和测试场景的创建。

掌握脚本录制和回放。

- 学习使用 VUGen 进行脚本录制，捕获用户与应用程序的交互。
- 学习脚本回放过程中的参数化、验证和错误处理技术。

学习脚本编写和调试。

- 掌握使用 VUGen 编写脚本的基本语法和函数。

- 学习如何模拟不同用户行为、生成随机数据和处理动态参数。

学习测试场景设计和执行。

- 了解 Controller 的功能和特点，学习如何创建测试场景。
- 学习如何配置负载模型、设置虚拟用户数量和持续时间等参数。
- 学习如何监控和分析性能指标，以及如何进行结果分析和报告生成。

深入了解 LoadRunner 的高级功能。

- 学习如何使用 LoadRunner 进行分布式测试和负载均衡。
- 探索 LoadRunner 的脚本增强功能，如使用 JavaScript 进行自定义脚本编写。
- 学习如何进行数据库性能测试、Web 服务性能测试和移动应用性能测试等。

实践项目和案例分析。

- 找到一些实际项目或案例，尝试应用 LoadRunner 进行性能测试。
- 分析测试结果，识别性能瓶颈，并提出优化建议。

持续学习和进阶。

- 加入 LoadRunner 相关的社区和论坛，与其他用户交流和分享经验。
- 深入研究 LoadRunner 的高级特性和扩展功能。
- 跟踪 LoadRunner 的最新版本和更新，学习新功能和改进。

通过按照上述学习路线图逐步学习和实践，你将能够逐渐掌握 LoadRunner 性能测试工具的技能，并成为一名有经验的性能测试工程师。记得在学习过程中保持实践和思考，这将有助于加深你对 LoadRunner 的理解和应用能力。祝你学习顺利！

从 ChatGPT 给出的学习计划中，不难发现，它是按照从易到难、从理论到实践的学习路径给出学习计划的，是可以执行的，也是不错的学习 LoadRunner 性能测试工具的学习计划。

这里仅以 LoadRunner 的学习计划为例，介绍了 ChatGPT 的使用方法，希望借此抛砖引玉。读者可以按以上方法输入自己关心的任何问题，让 ChatGPT 帮助解答。希望我们都能够做好职业规划，设定目标，让自己变得越来越强大。

11.3　ChatGPT 在求职方面的应用案例

ChatGPT 在求职方面又能给我们带来什么惊喜呢？它在求职方面的表现同样优秀，不仅可以写简历、充当面试官，还能生成笔试试卷、感谢信等。

下面笔者让 ChatGPT 帮助写一份完善的测试总监的求职简历，ChatGPT 输出的测试总监的求职简历如图 11-12 所示。

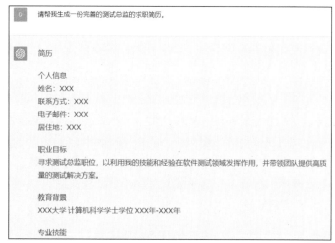

图 11-12 ChatGPT 输出的测试总监的求职简历（部分）

ChatGPT 输出的完整的测试总监的求职简历如下所示。

ChatGPT 输出的完整的测试总监的求职简历

简历

个人信息
姓名：×××
联系方式：×××
电子邮件：×××
居住地：×××

职业目标
寻求测试总监职位，以利用我的技能和经验在软件测试领域发挥作用，并带领团队提供高质量的测试解决方案。

教育背景
×××大学 计算机科学学士学位×××年—×××年

专业技能
在软件测试领域具备丰富的经验，熟悉各种测试方法和工具。
熟悉测试计划编写、测试用例设计和执行、缺陷管理等测试过程。
具备团队管理和领导能力，能够有效地组织和指导测试团队。
具备良好的沟通能力和团队合作精神，能够与开发团队和业务团队紧密合作。
熟悉敏捷开发方法和持续集成/持续交付流程。
熟练掌握测试自动化工具和脚本编写。

工作经历

测试总监×××公司×××年至今

负责领导和管理测试团队，确保项目按时交付高质量的测试成果。

制定测试策略，与项目团队紧密合作，确保测试工作与项目进度相一致。

设计和执行测试用例，及时发现和报告软件缺陷，并跟踪缺陷的解决情况。

领导测试团队进行自动化测试的开发和维护，提高测试效率和质量。

与开发团队和业务团队紧密合作，理解需求和业务流程，确保测试覆盖全面。

提供测试结果和报告给项目管理层，为决策提供准确的数据支持。

高级测试工程师　×××公司　×××年—×××年

负责制定测试用例，执行测试任务，确保软件产品的质量。

分析需求和设计文档，提出测试建议和改进意见，改善产品质量。

发现和报告软件缺陷，并与开发团队合作解决问题。

参与自动化测试脚本的开发和维护，提高测试效率和准确性。

协助测试团队进行问题跟踪和缺陷管理，保证缺陷的及时修复。

项目经验

项目名称：×××项目

项目描述：×××

项目角色：测试总监

项目时间：×××年—×××年

在项目中领导测试团队，负责整个测试过程的规划和执行。

制定测试策略，与项目团队紧密合作，确保测试工作按时高质量完成。

设计和执行测试用例，发现并报告软件缺陷，确保产品的稳定性和质量。

领导测试团队进行自动化测试的开发和维护，提高测试效率和准确性。

项目名称：×××项目

项目描述：×××

项目角色：高级测试工程师

项目时间：×××年—×××年

参与项目测试策略的制定和测试用例的设计。

执行测试任务，发现并报告软件缺陷，与开发团队合作解决问题。

参与自动化测试脚本的开发和维护，提高测试效率和准确性。

证书和奖项

×××认证（如果适用）

×××奖项（如果适用）

参考人员
可提供参考人员名单供需要时查询。

附加信息
具备良好的团队合作精神和沟通能力，能够与各个团队有效合作。
热爱学习新技术和方法，持续提升自己的测试技能。
具备出色的问题解决能力和分析能力，能够快速定位和解决测试过程中的问题。
以上是一份完善的测试总监求职简历，可以根据个人实际情况进行适当修改和补充。祝您求职顺利！

从这份完整的测试总监的求职简历可以看到，其结构清晰，内容也比较贴切。我们完全可以在此基础上进行适当修改、完善，形成一份优质的测试总监的求职简历。关于如何进行修改和完善，可查阅相关资料，这里不赘述。

ChatGPT 的“本领”远不止于此，它还可以充当面试官。图 11-13 和图 11-14 所示分别是笔者让 ChatGPT 充当自动化测试专家和测试总监，提出他们关心的 5 个问题。

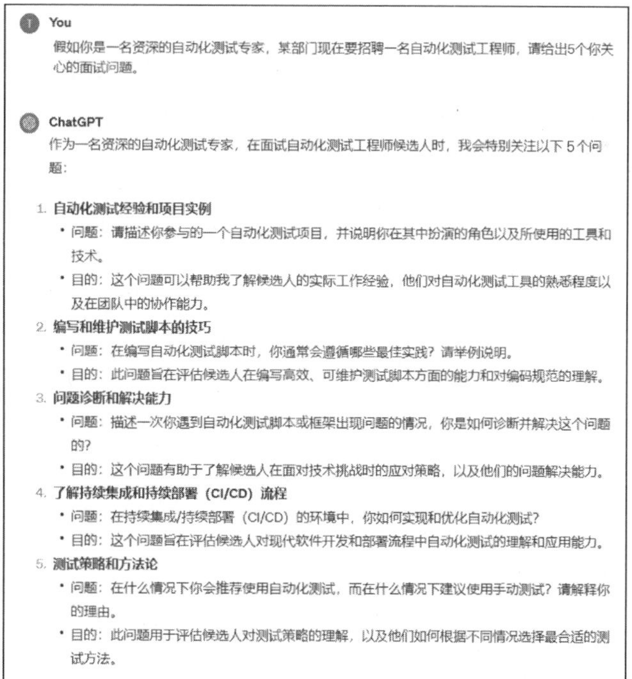
You
假如你是一名资深的自动化测试专家，某部门现在要招聘一名自动化测试工程师，请给出5个你关心的面试问题。

ChatGPT
作为一名资深的自动化测试专家，在面试自动化测试工程师候选人时，我会特别关注以下 5 个问题：

1. **自动化测试经验和项目实例**
   - 问题：请描述你参与的一个自动化测试项目，并说明你在其中扮演的角色以及所使用的工具和技术。
   - 目的：这个问题可以帮助我了解候选人的实际工作经验，他们对自动化测试工具的熟悉程度以及在团队中的协作能力。
2. **编写和维护测试脚本的技巧**
   - 问题：在编写自动化测试脚本时，你通常会遵循哪些最佳实践？请举例说明。
   - 目的：此问题旨在评估候选人在编写高效、可维护测试脚本方面的能力和对编码规范的理解。
3. **问题诊断和解决能力**
   - 问题：描述一次你遇到自动化测试脚本或框架出现问题的情况，你是如何诊断并解决这个问题的？
   - 目的：这个问题有助于了解候选人在面对技术挑战时的应对策略，以及他们的问题解决能力。
4. **了解持续集成和持续部署（CI/CD）流程**
   - 问题：在持续集成/持续部署（CI/CD）的环境中，你如何实现和优化自动化测试？
   - 目的：这个问题旨在评估候选人对现代软件开发和部署流程中自动化测试的理解和应用能力。
5. **测试策略和方法论**
   - 问题：在什么情况下你会推荐使用自动化测试，而在什么情况下建议使用手动测试？请解释你的理由。
   - 目的：此问题用于评估候选人对测试策略的理解，以及他们如何根据不同情况选择最合适的测试方法。

这些问题不仅考察技术能力，还涵盖了候选人的分析思维、解决问题的能力以及对自动化测试领域的深入理解。

图 11-13 ChatGPT 充当自动化测试专家时提出的 5 个其关心的问题

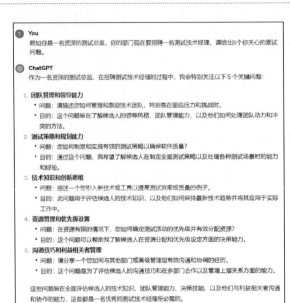

图 11-14　ChatGPT 充当测试总监时提出的
5 个其关心的问题

ChatGPT 还可以帮助生成笔试试卷。下面笔者让它作为测试总监，生成 8 道笔试题目，用于招聘高级测试工程师，要求试卷内容涵盖 PO（Paye Object，页面对象）设计模式、有效 CI、性能瓶颈定位方法、SkyWalking 链路追踪等内容，并且在给出题目的同时也给出参考答案。ChatGPT 输出的笔试试卷及其参考答案如图 11-15 所示。

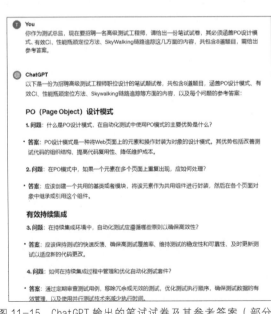

图 11-15　ChatGPT 输出的笔试试卷及其参考答案（部分）